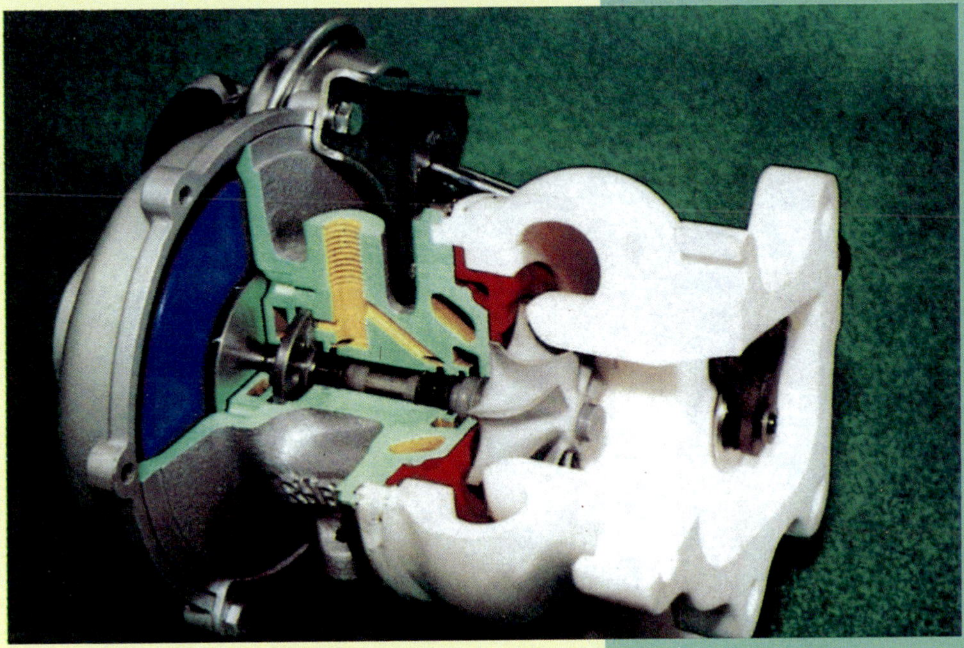

세라믹 터보차저

최근 자동차용 엔진에 많이 사용되고 있는 소형 터보차저의 일부 부품을 세라믹화한 플롯타입의 단면 컷

[사진제공/石川島播磨重工業(株)]

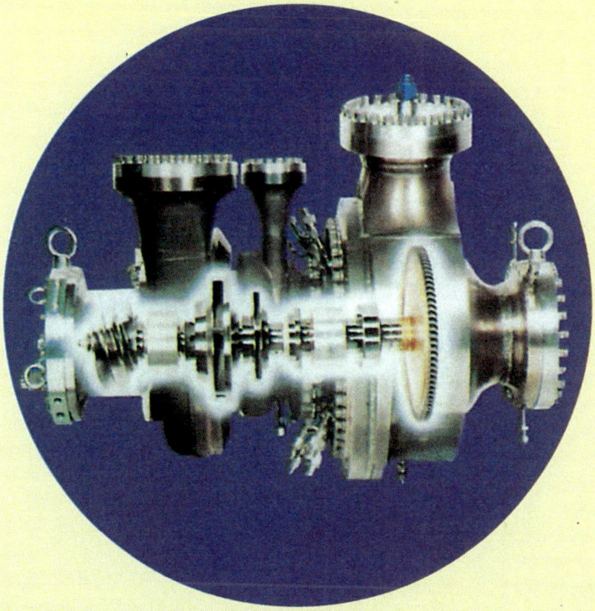

H-Ⅱ로켓용 액체산소펌프

좌측의 인듀서가 부착된 2단원심펌프가 우측의 단단터빈에 의해 구동된다. (회전수 20000 rpm)

[航空宇宙技術硏究所 角田支所]

MWT-250형

三菱風力發電裝置

MWT-250형 풍차는 피치가변타입으로, 기동, 정지, 출력 컨트롤을 이 피치 컨트롤에 의해 실시하고 있다. 풍속 5m/s에서부터 발전이 시작되고, 풍속에 따라 출력이 증가하며, 12.9m/s에서는 출력이 275kW에 달한다.

프랜시스수차 러너 내 흐름의 해석

프랜시스수차 러너 내의 3차원 점성 흐름의 해석 결과로, 흐름의 벡터를 컴퓨터 그래픽을 이용하여 표시한 것이다.

[사진제공/ 富士電機(株)]

자동차용 토크컨버터

토크컨버터 내부의 흐름은 3차원적으로 대단히 복잡하기 때문에 油点法에 의해 흐름의 상태를 파악하고, 효율 향상 등의 설계정보로 활용하고 있다. 또한, 최근 급속히 진보하고 있는 계산유체역학의 적용에 따라 컴퓨터에 의한 가시화도 시도되고 있다.
[사진제공/(株)エクセディ]

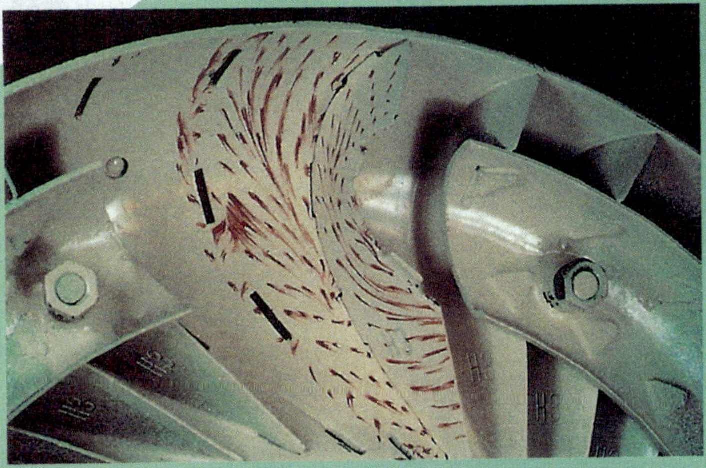

고로용 축류압축기

타 입 : MA180(가변정익식)
회전수 : 3000rpm
날개외경 : 1750mm
단 수 : 13
유 량 : 8700Nm^2/min
압력비 : 4.5
동 력 : 43,700kW
[三井造船(株) 제조]

인터널펌프
(원자로 내장형 재순환펌프)

개량형 BWR(沸騰水型 원자로)의 원자로 압력용기 하부에 직접 삽입하여 노의 물을 순환시키는 펌프로, 전기출력 135만 kW급 원자로에서는 10대가 설치된다. 인터널 펌프는 원자로 압력용기 저부에 설치된 회전차를 노 외의 모터(실이 없는 웨트 모터)로 구동하는 것으로, 베어링 및 모터 냉각계통도 노 외에 설치된다.
인터널 펌프의 채용에 따라 종래의 외부 재순환 루프가 필요없게 되어 원자로의 안전성·신뢰성의 향상에 기여하고 있다.
[사진제공/(株)東芝]

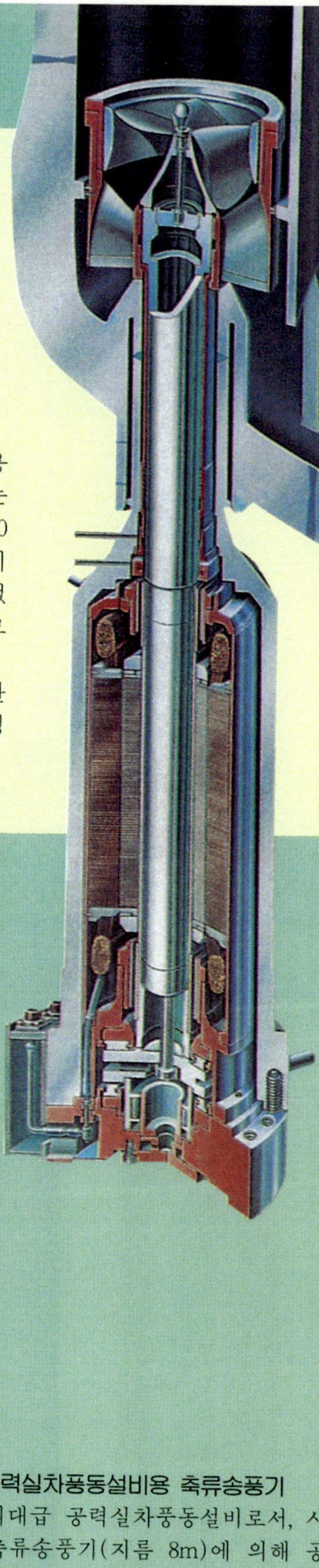

대형 공력실차풍동설비용 축류송풍기

세계 최대급 공력실차풍동설비로서, 사진의 대형 축류송풍기(지름 8m)에 의해 공력성능 등 다목적 시험을 행한다.
[사진제공/(株)荏原製作所]

ターボ機械 /ターボ機械協會篇

流 體 機 械

廉 萬 午 譯著

文 運 堂

저자 서문

기계적 에너지와 유체가 갖는 에너지 사이의 연속적인 변환을 행하는 유체기계, 특히 날개작용을 이용하는 유체기계에는 펌프·송풍기·압축기 및 수차 등이 있고 이것들은 인간생활과 산업활동에 없어서는 안 되는 것들이다. 이러한 유체기계가 만약 지구상에서 없어져 버린다면 그 순간부터 인류는 원시시대로 되돌아가 버리고 말 것이다.

터보형 유체기계의 전문학회인 터보기계협회에서는 창립 15주년 기념사업의 일환으로 유체기계의 기초편에서부터 각종 유체를 대상으로 한 응용편까지의 교재를 시리즈로 간행할 것을 계획했다. 그 내용은 최신 기술을 소개하는 한편, 이해하기 쉽게 기술할 것을 기본 목표로 하고, 현재 제일선에서 활약하고 있는 여러분들께 집필을 의뢰하였다. 이 시리즈가 유체기계를 배우려고 하는 학생 및 유체기계의 연구, 개발, 설계 또는 계획, 보수 등에 관계하는 기술자들에게 좋은 기술서로 이용될 수 있을 것으로 확신하고 있다.

또한 시리즈의 기초편인 이 책은 유체기계의 입문서로 대학, 전문대학에서 교과서로도 이용될 수 있도록 염두에 두고 학생들의 작동원리 및 구조의 개략적 이해에 도움이 되는 내용이 되도록 기획하였다. 이 책의 내용은 펌프·송풍기를 주대상으로 하고 수차, 유체커플링, 토크컨버터 및 풍차에 관해서도 개략적으로 소개하였다. 이렇게 많은 유체기계를 대상으로 하고 있으나 작동원리는 동일하고 구조도 유사한 점이 많기에 통일적으로 설명하여 독자가 용이하게 이해할 수 있도록 하였다. 협회에서 편집하기 때문에 몇몇 대학의 교수님들께 전문분야에 관한 집필을 의뢰했다. 그러나 한편으로는 이 책과 같은 입문서를 분담 집필하면 내용의 중복, 표현의 통일 등이 문제가 될 수 있으므로 이와 같은 문제점이 없도록 하기 위해 충분히 합의하고 연락을 긴밀히 하여 집필하였다.

이외에 특별히 유의한 사항은 다음과 같다.

1. 번잡한 식은 가능한 한 피하고, 기술도 가능한 한 단순하게 하였으며, 물리적인 의미를 명확하게 하도록 하였다.

2. 이러한 관점에서 그림을 많이 이용하고, 또한 쉽게 볼 수 있는 형으로 게재하였다.
3. 용어는 문부성 학술용어 JIS용어에 의하였는데, 기종이 다르면 같은 의미로 다른 용어가 사용된 경우도 있다. 이 책에서는 주로 펌프용어를 사용하도록 하고 필요에 따라 그 이외의 용어를 사용하였다.
4. 단위는 SI 단위를 사용하였다.

끝으로 이 책을 집필하여 주신 편집위원회의 간사 및 여러 위원들께 감사를 드리며, 출판하는 데 여러 가지로 도와주신 일본공업출판 주식회사의 여러분들께도 감사를 드린다.

터보機械 編集委員會
委員長 豊倉 富太郎

터보機械 編集委員會

委員長 豊倉富太郎(横浜國立大學), 감수
幹　事 小林　敏雄(東京大學), 제7장 및 제8장 집필
　　　赤池　志郎(神奈川工科大學), 제2장(2.3, 2.4) 및 제6장 집필
委　員 青木　克己(東海大學), 제4장 및 제9장 집필
　　　黒川　淳一(横浜國立大學), 제2장(2.1, 2.2) 집필
　　　眞下　俊雄(明治大學), 제5장 집필
　　　水木　新平(法政大學), 제3장(3.1～3.3) 집필
　　　山根隆一郎(東京工業大學), 제1장 집필
　　　山本　勝弘(早稲田大學), 제3장(3.4～3.6) 집필

역자 서문

유체기계는 유체와 기계 사이에 에너지를 연속적으로 변환하고 전달하는 기계로, 인류는 자연계에 존재하는 에너지를 이용하는 수단으로 유체기계를 사용하기 시작하였으며, 산업·교통·문명의 발달과 더불어 유체기계는 그 수요가 급격히 증가하고 기술 발달에 의해 성능 또한 날로 발전하고 있다.

역자는 과거 수년 간 대학에서 유체기계를 강의하면서 기존의 교재가 대동소이하여 새로운 교재가 필요함을 많이 느끼고 있었다. 이러한 상황에서 역자가 일본에 객원교수로 있을 때 이 책을 접하고 그 내용이 기존의 교재에 비해 여러 가지 관점에서 특색이 있게 저술되었다는 생각을 하였다.

이 책은 머리말에서 저자가 밝히고 있듯이 복잡한 식은 가능한 한 피하고 기술도 가능한 한 단순하게 하여 물리적인 의미를 명확하게 이해할 수 있노록 서술된 것이 특징이다. 이러한 관점에서 이 책은 그림을 많이 이용하고, 또한 그림을 쉽게 볼 수 있는 형으로 게재하여, 유체기계를 처음 공부하는 학생들이나 기술자들이 유체기계의 기본 원리를 쉽게 이해하고, 유체기계 전반에 걸친 다양한 지식을 습득할 수 있도록 하였다. 또한 집필에 여러 교수들이 참여하였기 때문에 그로 인해 더욱 새롭고 깊이 있는 내용이 많은 것도 이 책의 특색이다.

이 번역서가 유체기계를 공부하는 학생들과 기술자들에게 조금이나마 도움이 되기를 바란다. 다만 번역의 미숙으로 저자들의 뜻이 잘못 전달된 부분이 있을 것으로 사료되므로 이 부분에 대한 독자들의 충고와 지적을 바라는 바이다.

끝으로 일본공업출판사와 번역에 관한 계약을 해주시고 번역하는 동안 여러 면으로 도와주신 문운당 사장님 이하 여러 직원들에게 감사드리며, 또한 번역을 시작할 때부터 마칠 때까지 열과 성을 다해 도와준 역자 연구실의 윤일로 군과 신성철 군에게도 고마움을 전한다.

염 만 오

차 례

제 1 장 유체 에너지의 이용과 유체기계

제 2 장 유체기계의 구성요소와 내부 흐름

제 3 장 터보기계의 성능과 운전

제 4 장 터보펌프

제 5 장 터보송풍기 및 압축기

제 6 장 수차 및 펌프수차

제 7 장 유체커플링과 토크컨버터

제 8 장　터보차저

제 9 장　풍　차

유체 에너지의 이용과 유체기계

1

1-1 유체기계란 ?

유체기계(turbo machinery)는 회전차를 통하여 유체와 기계 사이에 에너지를 연속적으로 변환하여 전달하는 기계이다. 펌프는 물에 에너지를 주어 압력을 올리기도 하고 높은 위치로 보내는 기계이다. 공기에 에너지를 주어 유동시키기도 하고 압력을 높이는 것이 송풍기 및 압축기이다. 역으로 수차(하이드로 터빈이라고도 한다)는 물의 에너지를 회전차의 회전운동으로 바꾸어 발전기를 구동하는 것이고 터빈은 증기 등의 기체의 에너지를 기계의 회전운동으로 바꾸는 것이다.

우리 인간은 자연계에서 에너지원을 찾아 일상생활, 산업, 교통, 사회생활 등의 여러 면에 이용하고 있는데, 자연계의 에너지를 이용하는 경우 유체기계가 중요한 역할을 하고 있다.

발전을 예로 들면, 화력발전, 원자력발전에서는 석유 및 석탄, 원자력의 열에너지로 만들어낸 증기라는 기체의 에너지를 이용하여 증기터빈을 회전시켜, 발전기를 회전시키고 있다. 수력발전에서 수차가 중요한 것은 말할 필요도 없다. 풍력발전에서는 풍차가, 조력발전에서는 수차가 이용되고, 파력발전에서는 파의 상하에 의해서 공기를 압축, 팽창시켜 터빈을 회전시키고 있다. 최근 주목받고 있는 열전병합시스템(코제너레이션 시스템)에서 중심이 되는 기계는 가스터빈이고, 연료전지에서는 수소 등의 가스를 압축기로 공급한다. 이와 같이 발전에서는 유체기계가 중심적인 중요한 존재가 되고 있다.

한편 방재면에서도 유체기계가 활약하고 있다. 도시의 과밀화에 따른 태풍 및 큰비가 올 때 도심에서 급속히 물이 범람하는 수가 있는데, 눈에 띄지 않는 곳에 대형 펌프를 준비해 두었다가 배수를 행하여 재해를 방지하고 있다. 또 홍수의 위험이 있는 하천의 물을 다른 여유 있는 하천에 송수하여 홍수를 막는 것도 행하여지고 있다.

이상은 유체기계의 응용의 한 예에 지나지 않으며 그 외 응용범위는 상당히 광범위하며, 눈에 띄지 않는 곳에서 우리들의 생활을 지원해주고 있다.

1-2 유체기계의 예

우선 대표적인 유체기계의 예를 사진으로 나타낸다.

그림 1-1 고낙차 펌프수차(원심회전차)

그림 1-2 저낙차 펌프수차(원심회전차)

그림 1-3 가스터빈 로터(다단축류 터빈)

그림 1-4 하천배수용 펌프의 케이싱(사류펌프용)

그림 1-5 증기터빈(다단축류 터빈)

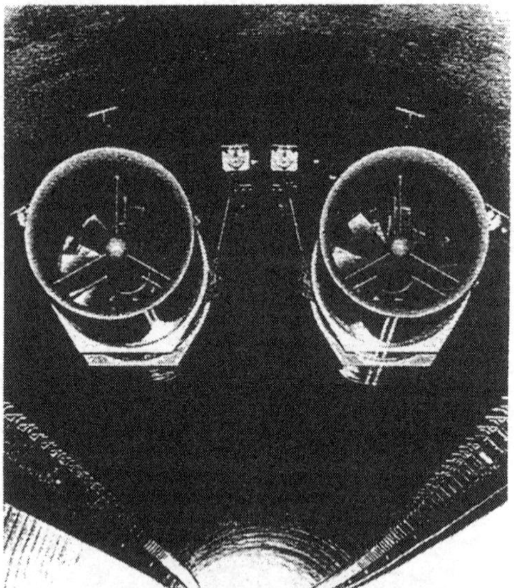

그림 1-6 고속도로의 터널환기용 팬(축류팬)

그림 1-7 **하천배수용 펌프**(가동익 사류펌프)

그림 1-8 **신간선 환기용 팬**(원심팬)

1-3 유체기계의 분류

1-3-1 에너지가 전달되는 방향에 의한 분류

유체기계의 대표적인 것은 펌프, 송풍기, 압축기, 수차, 터빈인데 이것들은 보는 관점에 따라 다음과 같이 분류된다.

유체기계는 기계와 유체 사이에 에너지를 변환하여 전달하는 기계이기 때문에 에너지의 전달방향에 의해 아래와 같이 분류할 수 있다. 즉 기계(회전차)에 의해 유체에 에너지를 주는 것과 유체의 에너지를 사용하여 기계(회전차)를 회전시키는 것이다. 이런 것들은 에너지의 전달방향이 반대이기 때문에 손실을 고려하지 않으면 가역적인 관계에 있다. 예를 들면 펌프를 역전시키면 수차가 되고 수차를 역전시키면 펌프가 된다. 이 관계를 이용한 것이 펌프수차이고, 한 회전차를 사용하여 펌프와 수차 양쪽의 작용을 할 수가 있다.

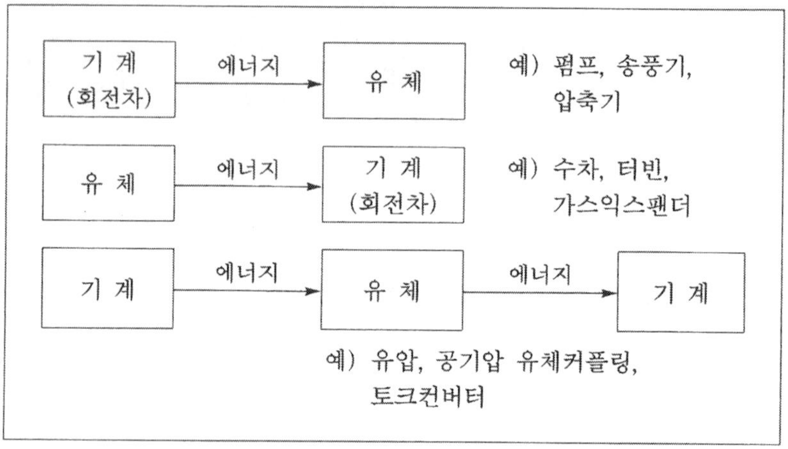

1-3-2 취급하는 유체에 의한 분류

유체기계는 취급하는 유체에 따라서도 분류할 수가 있다.

액체 : 수력기계 예 펌프, 수차
기체 : 공기기계 예 송풍기, 압축기

물과 기름 등의 액체를 취급하는 것을 수력기계라 하고, 펌프와 수차가 그 예이다. 공기, 암모니아, 천연가스, 고로가스, 아세틸렌, 염소 등 여러 종류의 기체를 취급하는 것이 공기기계이고, 송풍기, 압축기가 그 예이다.

유체가 액체인가 기체인가 하는 차이는 있으나 원리적으로는 같기 때문에 유체기계로서 통일적으로 원리를 이해하면 좋다.

유체의 압축성
- 무 : 수력기계
  - 공기기계(저압)
- 유 : 공기기계(고압)
  - 체적변화 → 유로 단면변화
  - 온도변화 → 냉각
- 액체 : 밀도 大, 점도 大 → 저속회전
- 기체 : 밀도 小, 점도 小 → 고속회전

그러나 물론 기체와 액체에는 다른 점이 있고, 그것이 기계의 구조에 반영된다. 그 하나는 압축성의 유무이다. 기체는 압축되면 체적이 감소하기 때문에, 예를 들면 다단압축기에서는 전단에서 후단으로 향하여 공기 유로단면적이 점차로 작아진다. 펌프의 경우 물이 압축되어도 체적이 감소하지 않기 때문에 이러한 배려는 필요하지 않다. 또 기체는 압축되면 온도가 상승하는데, 온도가 높은 기체를 더욱 압축하면 효율이 나빠지므로 도중에 냉각해야 한다. 액체의 경우 이러한 것은 필요없다.

기체를 취급하는 경우에도 압력이 그다지 높지 않은 송풍기 등에서는 체적변화가 작기 때문에 압축성을 고려할 필요는 없다.

액체의 밀도는 기체의 밀도보다 약 1000배 크다. 회전차와 유체 사이에 전달되는 에너지는 동압 $\frac{1}{2}\rho v^2$(ρ, v는 각각 유체의 밀도, 속도를 나타낸다)에 비례하기 때문에, 회전차가 같은 정도의 일을 한다고 하면, 수력기계(ρ가 크다)는 저속회전(v가 작다)이 되고, 공기기계(ρ가 작다)는 고속회전(v가 크다)이 된다.

1-3-3 기구 · 원리에 의한 분류

유체와 기계 간에 에너지를 전달하는 기계에는 유체형 유체기계 이외에 용적형 유체기계(positive-displacement fluid machinery) 등이 있고, 이것들을 통일하여 일반적으로 유체기계(fluid machinery)라 한다.

유체와 기계 사이에서 에너지를 교환하는 경우, 회전차를 회전시켜 발생하는 운동에너지를 이용하는 것이 유체형이고, 피스톤과 실린더 등으로 형성되는 공간의 팽창, 교축에 의한 체적변화를 이용하는 것이 용적형이다. 현재 유체형이 압도적으로 넓은 분야에서 사용되고 있고, 유체기계의 중심적 존재이기 때문에 이 책에서는 유체형만을 대상으로 하고 있다. 용적형은 주로 유압, 공기압 분야에서 폭넓게 사용되고 있다. 유체형과 용적형 범위에 들어가지 않는 특수한 원리에 의한 것이 특수형이다.

유체형	원심식	원심펌프	프란시스수차
		원심송풍기	반경류터빈
		원심압축기	
	사류식	사류펌프	사류수차
		사류송풍기	
		사류압축기	
	축류식	축류펌프	프로펠러수차
		축류송풍기	축류터빈
		축류압축기	
용적형	왕복식	왕복펌프	
		피스톤펌프	피스톤모터
		왕복압축기	
	회전식	치차펌프	치차모터
		베인펌프	베인모터
		나사펌프	나사모터
		이엽식 압축기	
		베인 압축기	
		나사 압축기	

특수형 – 와류펌프 분류펌프 기포펌프 수격펌프

1-4 유체의 에너지 · 동력

베르누이정리에서 잘 알려져 있는 것과 같이 물과 같은 비압축성 흐름의 경우 흐르고 있는 유체는 에너지를 운동에너지(동압), 압력에너지(정압), 위치에너지의 3개의 형으로 가지고 있다. 즉,

$$\frac{1}{2}v^2 + \frac{p}{\rho} + gz = E\,(\text{일정}) \qquad (1\text{-}1)$$

여기서, v : 유속　　g : 중력 가속도
ρ : 밀도　　z : 높이
p : 압력

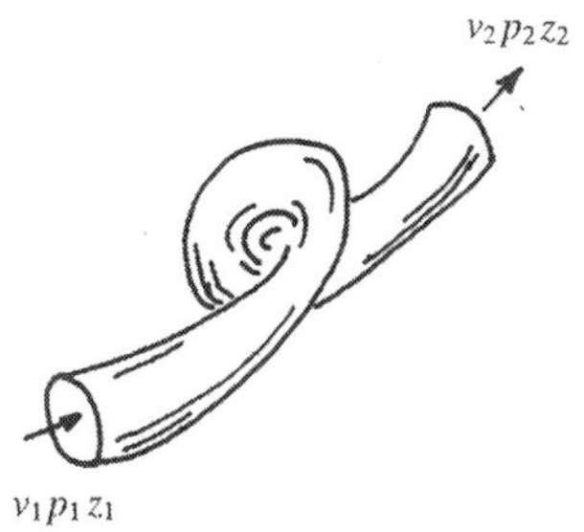

그림 1-9 유체의 에너지 변화

유체기계는 유체와 기계 사이에 에너지를 전달하는 기계이기 때문에 베르누이식이 나타내고 있는 것과 같이 에너지의 총계 E가 일정해서는 존재 의의가 없고, 어떻게 E를 크게 변화시킬 것인가가, 즉 E의 변화량 $\varDelta E$가 문제이다. $\varDelta E$는 식 (1-1)에 의해 다음과 같이 나타낼 수 있다(그림 1-9).

$$\varDelta E = E_2 - E_1$$
$$= \left(\frac{1}{2}v_2^2 - \frac{1}{2}v_1^2\right) + \left(\frac{p_2}{\rho} - \frac{p_1}{\rho}\right) + (gz_2 - gz_1) \qquad (1\text{-}2)$$

단, 첨자 1, 2는 각각 유체기계의 입구, 출구를 나타낸다.

또 전달되는 에너지 $\varDelta E$는 운동에너지의 형으로 전달되는 것[식 (1-2) 중 제1항]과 압력의 형으로 전달되는 것(제 2 항)이 있는데, 이 항들의 비율은 회전차의 구조에 따라 다르다(1-6 참조). 또 위치에너지의 변화는 운동에너지 및 압력의 변화에 비하여 상당히 작기 때문에, 실제로 이용되는 고성능 유체기계에서는 문제가 되지 않는다(이것이 문제가 되는 것은 옛날, 강변에서 곡식을 빻는데 이용된 물레방아와 같은 초보적인 기계이다).

$\varDelta E$는 유체의 단위질량당 에너지 전달을 나타내기 때문에, 유체기계 내를 흐르는 유체의 체적유량을 Q로 하면 단위시간에 통과하는 질량은 ρQ이고, 유체와의 사이에 단위시간에 전달되는 에

너지, 즉 동력 P는

$$P = \rho Q \Delta E \qquad (1\text{-}3)$$

가 된다. 이것은 펌프의 경우에는 물이 펌프로부터 받는 정미동력으로, 수동력(water power)이라 하고, 식의 형태를 바꾸면

$$P = \rho g Q H \qquad (1\text{-}4)$$

로 된다. $H(=\Delta E/g)$는 펌프의 전양정이라 하고, 물이 갖는 에너지를 밀어올린 높이로 나타낸 것이다. 펌프를 운전하는 데는 여러 가지 손실에 의해 잃는 에너지를 가해야 하기 때문에 이것보다 큰 동력이 필요하다.

식 (1-3)의 동력 P의 표현은 관습상 기종에 따라 다르다. 수차의 경우는 물이 잠재적으로 보유하고 있는 동력으로 나타내고, 수차입력이라 하며, 식은 (1-4)와 같지만 H를 유효낙차라고 한다. 실제로 수차에서 얻어지는 출력은 여러 종류의 손실을 제외한 것이기 때문에 이것보다 작아진다.

송풍기의 경우는 기체가 송풍기에서 받은 정미동력을 나타내고 공기동력이라 하며,

$$P = p_T Q \qquad (1\text{-}5)$$

로 표현한다. p_T는 전압상승이다.

1-4-1 에너지와 동력의 단위

에너지의 단위는 J(주울)이다. 에너지는 힘[N]과 거리[m]의 곱이고, 힘은 질량[kg]과 가속도[m/s^2]의 곱이므로

$$1\,\mathrm{J} = 1\,\mathrm{N\cdot m} = 1\,\mathrm{kg\cdot m^2/s^2}$$

이 된다. 동력 P는 단위시간당 에너지의 변화량이다. 그 단위는 W이고,

$$1\,\mathrm{W} = 1\,\mathrm{J/s}$$

이다. 1W는 작은 값이기 때문에 유체기계에서는 이것을 10^3배 한

kW 및 10^6배 한 MW가 많이 사용된다.

1-4-2 비에너지와 헤드

E는 유체의 단위질량당 에너지를 나타내고, 비에너지(specific energy)라 하며, 단위는 J/kg(m^2/s^2)이 된다.

이것을 중력가속도 g[m/s^2]로 나눈 E/g는 유체의 단위중량당 에너지를 의미하는데, 식 (1-1)의 좌변의 3항에서 알 수 있는 것과 같이 길이[m]의 차원을 가지고, 유체의 에너지가 유체의 높이로서 표현되는 것이기 때문에 헤드(head)라고도 한다. 펌프의 전양정, 수차의 낙차, 수로 등의 손실은 이 형으로 표현한 것이 물을 압상한 높이, 또는 낙하하는 높이, 또는 수면의 저하로서 직관적으로 이해하기 쉽고 편리하기 때문에 널리 사용된다.

비에너지 E에 밀도 ρ를 곱한 양은 식 (1-1)의 좌변 2항에서 알 수 있는 것과 같이 압력이 되는데, 의미는 유체의 단위체적당 에너지이다. 즉, 압력을 유체의 단위체적당 에너지로 생각할 수도 있는 것이다.

1-5 유체와 회전차 사이의 에너지 전달

1-5-1 회전차의 작용

선풍기는 날개가 회전하면 바람을 일으키고, 반대로 풍차는 바람에 의해 회전한다. 이러한 회전차는 흐름에 어떠한 작용을 하는 것일까?

선풍기를 예로 들면, 회전하고 있는 회전차의 상류측에서는 흐름이 느리고 하류측에서는 상당히 빨라진다. 흐름의 연속성을 생각하면 유선은 그림 1-10 (a)와 같이 되어야만 하고, 회전차의 회전에 의한 유체는 증속작용을 함을 알 수 있다. 이 경우, 그림과 같은 검사공간 $ABCD$를 취하면, 검사공간 내 유체의 운동량이 단위시간당 $\rho Q(v_2 - v_1)$만큼 변화하기 때문에 검사공간 내의 유체는 흐름방향에 다음과 같은 힘을 받게 된다.

$$F = \rho Q(v_2 - v_1) \tag{1-6}$$

이 힘은 동익(動翼)의 작용에 의해 생기는 힘이다.

이어 회전차의 외주에 그림 1-10 (b)와 같은 원형 케이싱을 붙인 경우를 고려한다. 회전차를 나온 흐름은 선회속도를 갖기 때문에, 그 운동에너지를 압력에너지로 유효하게 회복하기 위해 하류측에 정익(靜翼)이 설치되는 경우가 많다. 이 경우, 연속조건은 $v_1 = v_2 = v$가 되고 운동에너지는 증가하지 않으나 대신 유체는 힘×유속, 즉 Fv의 역학적 에너지를 받아 압력이 증대한다(증압작용). 유체가 동익 및 정익을 통과하는 사이에 받는 흐름방향의 힘은 덕트의 단면적을 S로 하면 다음과 같다.

$$F = S(p_2 - p_1) \tag{1-7}$$

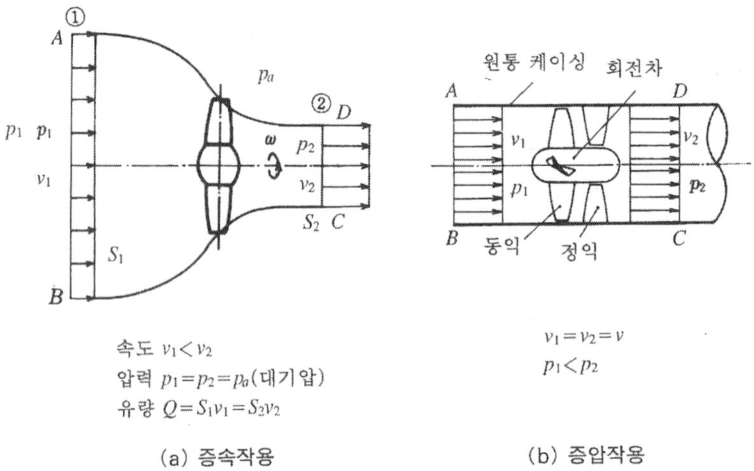

그림 1-10 회전차의 증속작용과 증압작용

1-5-2 속도 3 각형과 오일러 헤드

앞 절에서는 회전차에 의한 증속 또는 증압작용에 대해서 살펴보았다. 그러면 왜 회전차가 회전하면 증속 또는 증압작용이 발생하는 것일까?

문제를 일반화하여 그림 1-11 (a)에 나타낸 것과 같이 입구 A에서 유입되는 유체가 날개를 따라 흘러 출구 B에서 유출한다고 가정하면, 점 A 및 B에서 속도 벡터는 그림 1-11 (b)와 같이 된다. 회전차에 상대적인 속도(상대속도) w_1 및 w_2는 날개에 접하는 방향을 향하고, 이것에 주속 u_1, u_2를 벡터적으로 합하면 절대속도 v_1, v_2가 구해진다. 이것을 그림 1-11 (c)와 같이 3각형으로 나타낸 것을 속도 3 각형(velocity triangle)이라 하고, 회전차 흐름을 조사할 때 기본이 된다.

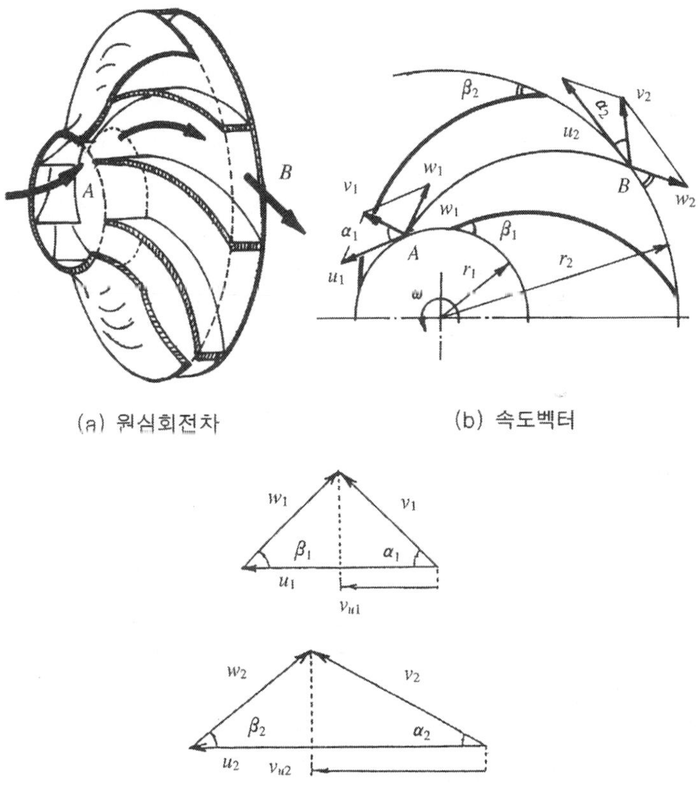

(a) 원심회전차 (b) 속도벡터

(c) 속도 3 각형

그림 1-11 원심회전차와 날개입구 · 출구의 속도 3 각형

한편 유량 Q의 유체가 회전차를 통과하는 사이에 회전차는 유체에 토크(힘의 모멘트) T를 준다. 각운동량의 정리에 의하면, 유체는 토크가 주어지면 각운동량(운동량의 모멘트)을 증가시켜, 그 단위시간당 증가분이 토크와 같다. 따라서 회전차의 입구에서 출구까지의 전 유체에 관해서 단위시간당 각운동량의 변화를 고려하면 식 (1-8)이 성립한다.

$$T = \rho Q (r_2 v_2 \cos \alpha_2 - r_1 v_1 \cos \alpha_1) \tag{1-8}$$

한편, 회전차의 각속도를 ω라 하면, 단위시간에 토크 T가 하는 일(동력) $T\omega$가 유체에너지를 증대시키기 때문에, 회전차를 통과하는 단위질량당 유체에너지의 증가량(비에너지)을 ΔE라 하면,

$$T\omega = \rho Q \Delta E \tag{1-9}$$

가 되고, 식 (1-8), (1-9)에서 ΔE는 다음과 같이 나타낼 수 있다.

$$\Delta E = u_2 v_2 \cos \alpha_2 - u_1 v_1 \cos \alpha_1 \tag{1-10}$$

이 식은 유체기계에 대한 이론식으로 처음으로 오일러(1707~1783)에 의해 유도된 것이기 때문에 오일러의 식이라 한다. 이 식이 발표된 이후 회전차의 형태에 관해서 종래의 직감에 의하여 만들어진 방법이 배제되고, 현재의 유체기계 모양으로 연결되는 합리적인 발전이 시작된 것이다.

ΔE를 g로 나눈 것을 오일러 헤드(Euler's Head)라 하고, 통상 H_{th}로 쓴다. 윗식의 우변을 그림 1-11 (c)에 나타내는 절대속도의 주방향성분 v_{u2}, v_{u1} 및 기하학적 관계를 이용하여 다시 쓰면 다음의 기본관계가 얻어진다.

$$\Delta E = u_2 v_{u2} - u_1 v_{u1} \tag{1-11}$$

$$H_{th} = \frac{1}{g} (u_2 v_{u2} - u_1 v_{u1}) \tag{1-12}$$

$$= \frac{v_2^2 - v_1^2}{2g} + \frac{u_2^2 - u_1^2}{2g} + \frac{w_1^2 - w_2^2}{2g} \tag{1-13}$$

1-5-3 에너지를 유효하게 전달하기 위한 회전차의 모양

유체가 회전차로부터 받는 에너지 ΔE는 식 (1-11)로 나타나고 다음과 같다.

$$\Delta E = u_2 v_{u2} - u_1 v_{u1} = w(r_2 v_{u2} - r_1 v_{u1})$$

$\Delta E > 0$: 펌프 송풍기 압축기

< 0 : 수차 터빈 가스익스팬더

유체기계가 펌프, 송풍기, 압축기와 같이 회전차에서 유체에 에너지를 주는 형식의 것이라면 유체가 받는 에너지 ΔE는 +가 되어야 하고, 반대로 수차 및 터빈에서는 ΔE가 −가 되어야 한다. 더욱이 ΔE는 단순히 + 또는 −라는 부호의 문제뿐만 아니라, 절대값이 커지지 않으면 충분한 일을 할 수가 없게 된다.

우선 펌프 등과 같이 유체에 에너지가 주어지는 경우를 고찰한다. $\Delta E > 0$, 즉 $r_2 v_{u2} > r_1 v_{u1}$, 또한 $r_2 v_{u2}$를 $r_1 v_{u1}$보다 충분히 크게 하기 위해서는 다음의 3가지 방법이 있고, 각각 원심, 축류, 사류 회전차에 대응한다.

(1) $r_2 > r_1$ → 원심회전차(외향흐름)
　　$(v_{u2} > v_{u1})$

(2) $(r_2 = r_1)$ → 축류회전차
　　$v_{u2} > v_{u1}$

(3) $r_2 > r_1$ → 사류회전차
　　$v_{u2} > v_{u1}$

각각의 구조 및 흐름의 모양은 그림 1-12, 1-13과 같다. 흐름의 방향 및 v_u의 변화에 주목하기 바란다.

원심회전차, 축류회전차, 사류회전차로 나누면 다른 종류의 회전차와 같이 보일 수가 있으나 그림 1-14에 나타낸 것과 같이 그 형태가 연속적으로 바뀌는 것이기 때문에 원심회전차, 축류회전차

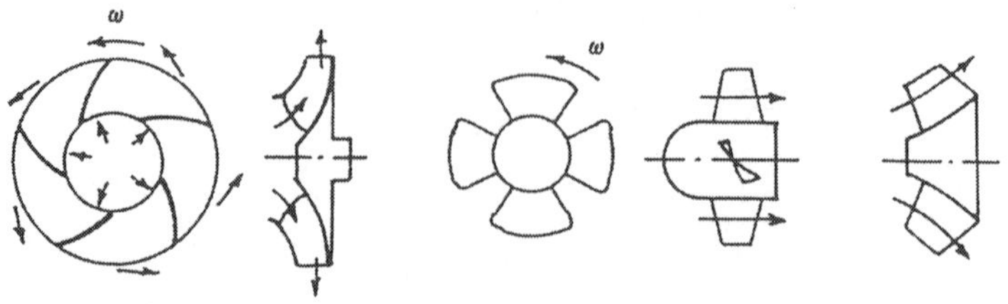

원심회전차 축류회전차 사류회전차

그림 1-12 $\Delta E > 0$ 경우의 회전차 형식

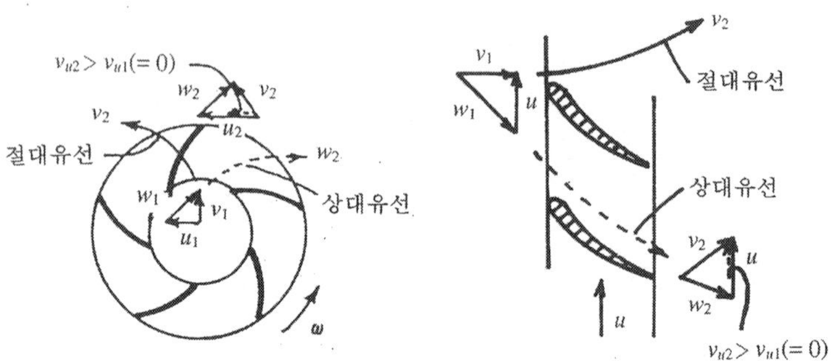

원심회전차 축류회전차

그림 1-13 회전차를 통과하는 흐름

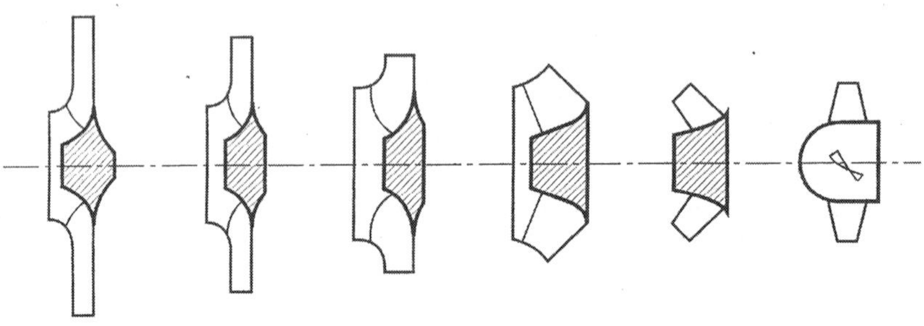

원심회전차 사류회전차 축류회전차

그림 1-14 회전차 모양의 연속적 변화

를 양극한으로 하여 중간에 사류회전차가 있고, 경계는 명확하지 않다. 상황에 따라 최적의 형상을 선택하여 사용할 수가 있다.

이상의 경우와는 반대로 수차 및 터빈과 같이 유체의 에너지를

이용하여 기계를 구동하는 경우는 이상의 설명을 완전히 반대로 생각하면 된다. $\Delta E < 0$이고 또한 $|\Delta E|$ 가 큰 조건을 구조적으로 실현하기 위해서는 다음과 같이 되어야 한다.

(1)	$r_2 < r_1$ $(v_{u2} < v_{u1})$	→ 원심회전차(내향흐름)
(2)	$(r_2 = r_1)$ $v_{u2} < v_{u1}$	→ 축류회전차
(3)	$r_2 < r_1$ $v_{u2} < v_{u1}$	→ 사류회전차

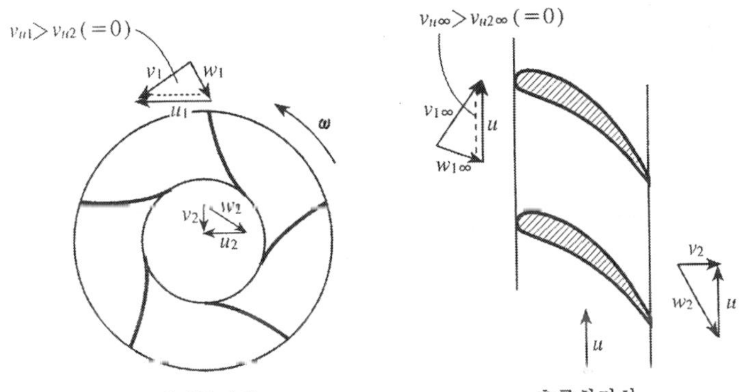

그림 1-15 $\Delta E < 0$ 경우의 회전차 형식과 흐름

▶ 예 외

$\Delta E > 0$, 즉 $r_2 v_{u2} > r_1 v_{u1}$의 조건을 실현하기 위해서는 앞에서 기술한 3가지 방식 외의 방법이 있고, 이것은 수학적으로도 명확하다. 예를 들면 $r_2 < r_1$이라 해도 $v_{u2} > v_{u1}$이 되면 된다. 횡류팬의 내부에서 이 상태가 발생한다. 반대로 외향흐름의 원심수차도 있을 수 있는데, 산업혁명시대의 프랑스에서는 이 형식의 수차가 대대적으로 사용되었다. 따라서 유체기계의 가능성은 특별한 모양에 한정된 것이라고는 할 수 없고 효율 등을 깊이 연구한 끝에 현재와 같은 모양이 되었다고 생각해야 할 것이다.

1-6 전달되는 에너지의 성분

회전차와 유체 사이에서 전달되는 에너지는 식 (1-11)로 주어지는데, 이 식을 변형하면 식 (1-13)에 준하여 다음과 같이 되고, 각 항은 각각 이하와 같은 의미를 갖는다.

$$\Delta E = \frac{1}{2}\left[(v_2^2 - v_1^2) + (u_2^2 - u_1^2) + (w_1^2 - w_2^2) \right] \qquad (1-14)$$

① $\frac{1}{2}(v_2^2 - v_1^2)$: 운동에너지의 변화(동압변화)
송풍기에서는 이 효과를 이용.
펠톤수차, 충동터빈도 이 효과를 이용.
펌프, 압축기에서는 디퓨저 정익 등에 의해 압력으로 변환할 필요가 있다(손실의 원인).

② $\frac{1}{2}(u_2^2 - u_1^2)$: 원심력에 의한 압력변화(정압변화)
원심회전차는 이 효과를 최대한으로 이용(고압력비).

③ $\frac{1}{2}(w_1^2 - w_2^2)$: 유로단면 변화에 수반하는 상대속도 변화에 의한 압력변화, 디퓨저 작용(정압변화).
상대속도를 압력으로 변환하는 경우 제손실이 생기기 쉽다(손실의 원인).

원심회전차 : ②가 지배적 → 고압력비
축류회전차 : ①과 ③을 이용, ②는 없음 → 저압력비
사류회전차 : ①, ②, ③을 모두 이용 → 중압력비

그림 1-11의 원심펌프를 예로 들면, 그림 1-16에 나타낸 것과 같이 회전차가 회전함으로써 원심력 작용과 디퓨저 작용에 의해 유체에 압력을, 그리고 토크에 의한 증속작용에 의해 운동에너지를 공급하는 것을 알 수 있다.

원심회전차는 유로폭이 출구를 향하여 좁게 되도록, 즉 유로 단면적이 그다지 변화하지 않도록 설계하는 것이 보통이고, 따라서 w_1과 w_2의 차가 작아, 에너지 전달의 대부분을 원심작용에 의존

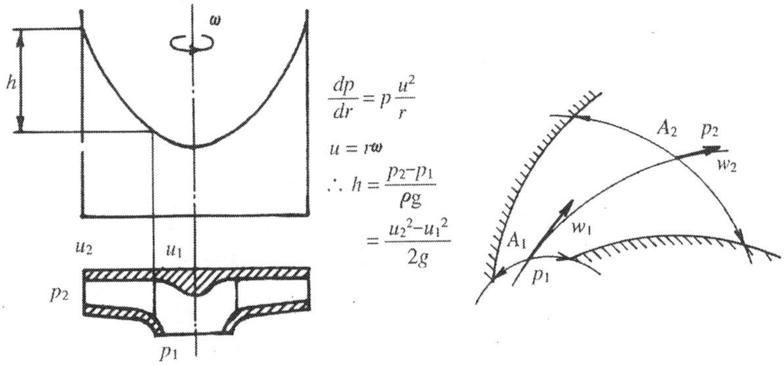

(a) 원심력 작용 (b) 디퓨저 작용

그림 1-16 원심력 작용과 디퓨저 작용에 의한 압력상승

하고 있다. 축류회전차에서는 날개의 입구와 출구의 반지름의 차가 같아 $u_1 = u_2$이기 때문에, 에너지의 전달은 주로 디퓨저 작용과 절대속도 증가에 따른 운동에너지의 증가에 의존한다. 따라서 축류회전차에서는 날개와 날개 사이의 유로의 설계가 중요하고, 원활한 속도변화를 달성하기 위해 날개를 익형으로 한다. 사류회전차에서는 두 회전차의 작용이 공존하여 에너지전달이 행해진다.

1-7 손실과 효율

이상 기술한 바와 같이 회전차와 유체 간에 에너지가 전달되는데 실제로는 그 과정에서 여러 에너지 손실(energy loss)이 생긴

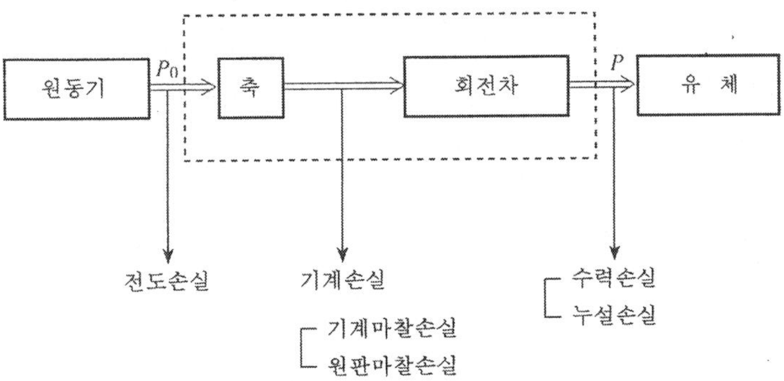

그림 1-17 펌프의 에너지 흐름

다. 전달되는 에너지의 손실에 의해 잃어버리는 에너지를 제외한 정미 전달에너지가 차지하는 비율을 효율(efficiency)이라 한다. 펌프를 예로 원동기에서 주어진 에너지의 흐름을 나타낸 것이 그림 1-17이다.

전동기 및 터빈이 원동기로써 펌프를 구동한다. 우선 원동기 출력축과 펌프 입력축을 접속하는 곳에서 손실이 생긴다. 원동기축과 펌프축이 커플링으로 직결되어 있는 경우에도 손실이 생기고, 치차 등에서 가속, 감속되면 손실이 발생한다. 이것이 전도손실이고, 이것에 수반하여 전도효율을 고려해야 한다.

전달된 동력이 회전차에 전해지는 경우 베어링의 마찰, 실(seal)에서의 마찰 등 기계적인 손실을 받는다(기계마찰손실). 회전차의 구조상 원판 위에 날개가 붙어 있는데, 이 원판은 유체에 에너지를 전달하는 데는 직접 기여하지 않고, 단순히 유체와의 사이에 마찰을 증가시킬 뿐이다. 이것이 원판마찰손실이다(3-1-4 참조). 기계마찰손실과 원판마찰손실을 합하여 기계손실이라 하고 이것에 수반하는 효율을 기계효율 η_m이라 한다.

회전차 및 안내날개, 디퓨저 등의 사이를 유체가 흐르는 경우, 마찰 2차흐름, 박리, 날개입구에서 박리 등의 유체역학적 손실(마찰손실, 충돌손실을 합하여 수력손실이라 한다)이 발생한다(2-2-3, 2-3-2 참조). 이에 관계하는 효율이 수력효율 η_h이다.

한편 회전차와 같은 회전부와 케이싱 등의 정지부 사이에는 틈새가 있고, 이곳을 통하여 누설이 생기기 때문에 고압의 유체가 쓸데없이 저압부로 흘러들어가게 되어 누설손실이 생긴다. 이에 관계하는 것이 체적효율 η_v이다.

이상의 모든 손실 및 그것에 관계하는 효율을 정리하면 다음과 같다.

(1) 유체역학적 손실

수력손실 (수력효율 η_h)
- 마찰손실 : 관내 흐름과의 대비로 계산한다.
- 충돌손실 : 날개 입구에서 흐름의 방향과 날개 설치각의 차이에 의한다.

누설손실 : 회전부와 정지부의 틈새에서의 누설 (체적효율 η_v)

(2) 기계손실 · 전도손실(기계효율 η_m · 전도효율)

기계마찰손실
- 베어링의 마찰
- 실(seal)부의 마찰

동력전도손실, 감속기 등에서의 손실

원판마찰손실 : 날개를 붙인 원판부가 유체 중에서 회전하는 경우의 마찰손실

펌프의 축에 가해지는 동력 P_0를 축동력이라 하고, 수동력 P와의 비 $\eta = P/P_0$를 전효율(total efficiency)이라 한다. 전효율 η는 각 효율의 곱으로써 $\eta = \eta_h \eta_v \eta_m$으로 되고, 회전차의 형상, 전도 상태에 의해 변화한다(4-1-3 참조).

송풍기에서의 손실과 효율도 거의 같은 방법으로 생각해도 좋다(5-3 참조). 수차에서는 전달되는 에너지의 방향이 반대로 되나, 같은 모양의 손실과 효율을 생각할 수 있다.

압축기 및 터빈에서는 열적인 손실, 즉 열전도에 의해 주위로 나가는 열에너지 및 그것에 관계되는 효율을 고려해야 한다.

예 제

【1-1】 어떤 최신식 화력발전소에서 터빈 입구의 증기의 압력은 31 MPa, 온도 560℃(이때의 비에너지에 상당하는 비엔탈피는 3.30 MJ/kg), 출구에서는 5 kPa, 30℃(비엔탈피는 0.13 MJ/kg), 증기의 유량은 490 kg/s이다. 열효율 및 터빈, 발전기 등의 효율을 포함하는 전체효율을 45 %로 하는 경우, 얻어지는 전력을 구하라.

해답 엔탈피의 차는

$$\Delta E = E_2 - E_1$$
$$= 3.30\times10^6 - 0.13\times10^6 = 3.17\times10^6 \text{ J/kg}$$

출력은

$$P = \eta\rho Q\Delta E$$
$\eta = 0.45$, $\rho Q = 490$ kg/s이므로
$$P = 0.45\times490\times(3.17\times10^6) = 6.99\times10^8 \text{ W}$$
$$= 699 \text{ MW}$$

【1-2】 앞 문제 [1-1]의 전력을 낙차 600 m의 양수발전소에서 양수하여 저장하고자 한다. 펌프운전시 1대당 유량을 35 m³/s로 하고, 펌프수차, 전동기 등 전체의 효율을 80 %로 하면 펌프수차를 몇 대 운전해야 하는가?

해답 펌프수차 1대의 펌프운전시 필요한 동력은

$$P = \rho gQH/\eta$$
$\eta = 8.0$, $\rho = 1\times10^3 \text{ kg/m}^3$, $g = 9.8 \text{ m/s}^2$,
$Q = 35 \text{ m}^3/\text{s}$, $H = 600 \text{ m}$

이므로

$$P = (1\times10^3)\times9.8\times35\times600/0.80$$
$$= 2.57\times10^8 \text{ W} = 257 \text{ MW}$$

따라서

$$699/257 = 2.72 \rightarrow 2\text{대}$$

이러한 펌프수차를 8시간 펌프운전하는 것으로 하여 양수되는 수량은

$$35 \times (8 \times 60^2) \times 2 = 2.02 \times 16^6 \text{ m}^3$$

약 202만 톤이다.

> **【1-3】** 풍속 7 m/s의 바람이 부는 지역에 풍차 발전설비를 설치하여 앞의 문제 [1-1]과 같이 전력을 얻고자 한다. 회전차지름 30 m의 프로펠러식 풍차를 사용하는 것으로 하여, 몇 개의 풍차가 필요한가? 단, 풍차, 발전기 등 전체의 효율을 40 %로 한다.

해답 (1) 풍차 회전면에 유입하는 바람이 갖는 동력 P_0는

$$P_0 = 1/2\rho v^3 \cdot \frac{\pi d^2}{4}$$

$\rho = 1.2 \text{ kg/m}^3$, $v = 7 \text{ m/s}$, $d = 30 \text{ m}$이므로

$$P_0 = 1/2 \times 1.2 \times 7^3 \times \pi/4 \times 30^2 = 1.45 \times 10^5 \text{ W} = 145 \text{ kW}$$

풍차 1대의 출력 P는

$$P = \eta P_0 = 0.4 \times 145 = 58.0 \text{ kW}$$

따라서

$$(699 \times 10^6)/(58.0 \times 10^3) = 1.21 \times 10^4 \rightarrow 12100\text{대}$$

참 고

태양에너지 태양에서 지구에 내리쬐는 에너지는 일본 부근에서는 1 m^{2}당 약 1 kW이다(이것은 풍속 12 m/s의 바람이 갖는 에너지와 거의 같다). 따라서 위의 발전소 출력은 손실을 모두 무시하면 $6.99 \times 10^5 \text{ m}^2$ 면적(한 변이 약 840 m의 정방형)이 태양에서 받는 에너지에 상당한다.

태양전지 현재의 태양전지 패널의 출력은 1 cm^{2}당 약 11 mW이다. 따라서 위의 전력을 이것으로 발전하는 데는 태양전지의 면적이

$$(699 \times 10^6)/(11 \times 10^{-3}) = 6.35 \times 10^{10} \text{ cm}^2 = 6.35 \text{ km}^2$$

(한 변이 약 2.5 km인 정방형)

가 필요하다.

【1-4】 원심펌프의 회전차의 치수는 바깥지름 235 mm, 안지름 110 mm, 회전폭은 입구에서 27 mm, 출구에서 10 mm, 출구 회전각 22.5° 였다. 회전수가 3000 rpm일 때 유량은 3 m^3/min이다. 날개 입구에서 흐름은 반지름방향으로 유입한다고 보고, 모든 손실을 무시하고 다음의 물음에 답하라.

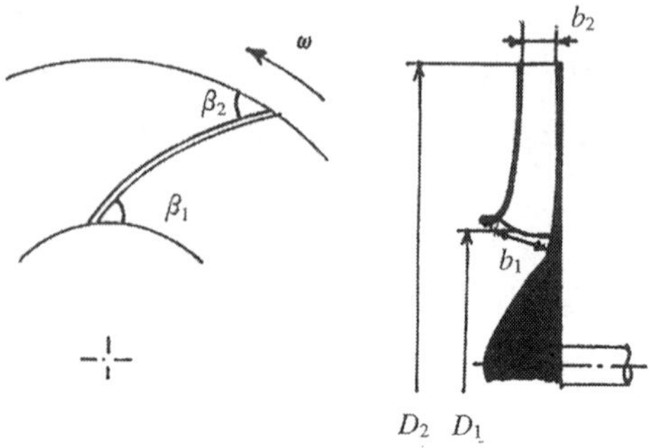

(1) 회전차 입구 및 출구에서 흐름의 절대속도, 상대속도, 회전차 원주속도를 구하고, 정확한 속도 3 각형을 그려라.

(2) 오일러 헤드를 구하라.

(3) 오일러 헤드에서 원심력의 기여는 몇 %인가?

(4) 오일러 헤드에서 정압변화에 기여한 것은 몇 %인가?

해 답 (1) 입구에서

원주속도 : $u_1 = \pi D_1 n/60 = \pi \times 0.11 \times 3000/60 = 17.28$ m/s

절대속도 : $v_1 = (Q/60)/(\pi D_1 b_1)$

$= (3/60)/(\pi \times 0.11 \times 0.027) = 5.36$ m/s

유입하는 흐름은 선회하지 않기 때문($v_{u1} = 0$), 입구 속도 3 각형은 직각 3 각형이 되므로

상대속도 : $\omega_1 = \sqrt{v_1^2 + u_1^2} = \sqrt{5.36^2 + 17.28^2} = 18.09$ m/s

날 개 각 : $\beta_1 = \tan^{-1}(v_1/u_1) = \tan^{-1}(5.36/17.28) = 17.23°$

출구에서

원주속도 : $u_2 = \pi D_2 n/60 = \pi \times 0.235 \times 3000/60 = 36.91$ m/s

절대속도의 반지름방향 성분 : $v_{m2} = (Q/60)/(\pi D_2 b_2)$

$= (3/60)/(\pi \times 0.235 \times 0.01)$

$= 6.77$ m/s

상대속도 : $w_2 = v_{m2} / \sin\beta_2 = 6.77/\sin 22.5° = 17.69$ m/s

속도 3 각형에서 절대속도의 원주방향 성분은

$$v_{u2} = u_2 - w_2 \cos\beta_2$$
$$= 36.91 - 17.69 \cos 22.5° = 20.57 \text{ m/s}$$

절대속도 : $V_2 = \sqrt{v_{m2}^2 + v_{u2}^2} = \sqrt{6.77^2 + 20.57^2} = 21.66$ m/s

이러한 결과를 이용하여 속도 3 각형을 그리면 다음과 같다.

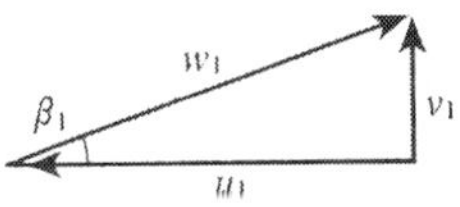

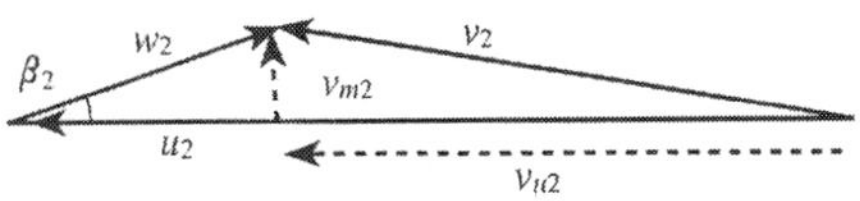

(2) 오일러 헤드는

$$H_{th} = (u_2 v_{u2} - u_1 v_{u1})/g$$
$$= (36.91 \times 20.57 - 0)/9.8 = 77.47 \text{ m}$$

(3) 원심력의 변화에 의한 수두 H_u는

$$H_u = (u_2^2 - u_1^2)/2g = (36.91^2 - 17.28^2)/19.6 = 54.27 \text{ m}$$

따라서 그 비율은

$$H_u / H_{th} = 54.27/77.47 = 0.701 \rightarrow 70.1\,\%$$

(4) 상대속도의 변화에 의한 수두 H_w는

$$H_w = (w_1^2 - w_2^2)/2g = (18.09^2 - 17.69^2)/19.6 = 0.73 \text{ m}$$

그 비율은

$$H_w / H_{th} = 0.73/77.47 = 0.009 \rightarrow 0.9\,\%$$

따라서, 전체의 에너지 전달 중에서 정압변화에 의한 비율은

$$(H_u+H_w)/H_{th} = 70.1+0.9 = 71.0\ \%$$

보충 운동에너지의 변화에 의한 수두 H_v는

$$H_v = (v_2^2-v_1^2)/2\,g = (21.66^2-5.36^2)/19.6 = 22.47\ \text{m}$$

그 비율은

$$H_v/H_{th} = 22.47/77.47 = 0.290 \rightarrow 29.0\ \%$$

정압변화의 비율과의 합이 100 %가 되는 것을 확인할 수 있다 .

【1-5】 축류팬이 1200 rpm으로 회전하고 있다. 회전차 평균반지름 300 mm의 위치에서 공기(밀도 1.2 kg/m^3)는 축방향으로 33 m/s의 절대속도로 유입하고, 동익에 의한 상대속도의 회전각은 18° 이다.

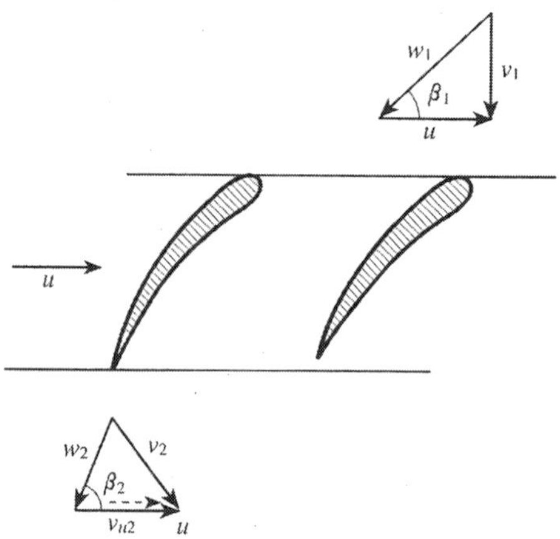

(1) 모든 손실을 무시하고 얻어지는 전압상승을 구하라.

(2) 이 중 정압상승의 비율은 얼마인가 ?

해답 (1) 회전차 평균반지름 $r = 0.3$ m의 위치에서

원주속도 : $u = 2\pi nr/60 = 2\pi\times1200\times0.3/60 = 37.70$ m/s

입구에서 절대속도 $v_1 = 33$ m/s, 유입하는 흐름은 선회가 없기 때문에 ($v_{u1} = 0$) 입구 속도 3 각형은 직각 3 각형이 되기 때문에

유입각 : $\beta_1 = \tan^{-1}(v_1/u) = \tan^{-1}(33/37.70) = 41.20°$

출구에서,

유출각 : $\beta_2 = \beta_1 + \delta = 41.20° + 18° = 59.20°$

절대속도의 원주방향 성분 : $v_{u2} = u - v_1 \cot\beta_2$

$= 37.70 - 33 \cot 59.20° = 18.03 \text{ m/s}$

따라서, 전압상승 p_T는

$$p_T = \rho u(v_{u2} - v_{u1}) = 1.2 \times 37.70 \times (18.03 - 0) = 815.7 \text{ Pa}$$

(2) 입구에서 상대속도 : $w_1 = \sqrt{v_1^2 + u^2}$

$= \sqrt{33^2 + 37.70^2} = 50.10 \text{ m/s}$

출구에서 상대속도 : $w_2 = v_1/\sin\beta_2 = 33/\sin 59.20° = 38.24 \text{ m/s}$

에너지 전달에 의한 원심력의 기여는 없기 때문에 정압상승은 상대속도의 변화에 의한 p_w뿐이고, p_w는

$$p_w = \rho(w_1^2 - w_2^2)/2 = 1.2(50.10^2 \quad 38.42^2)/2 = 620.3 \text{ Pa}$$

따라서, 전압상승에서 정압상승이 차지하는 비율은

$$p_w / p_T = 620.3/815.7 = 0.761 \rightarrow 76.1\,\%$$

속도 3 각형은 다음과 같다.

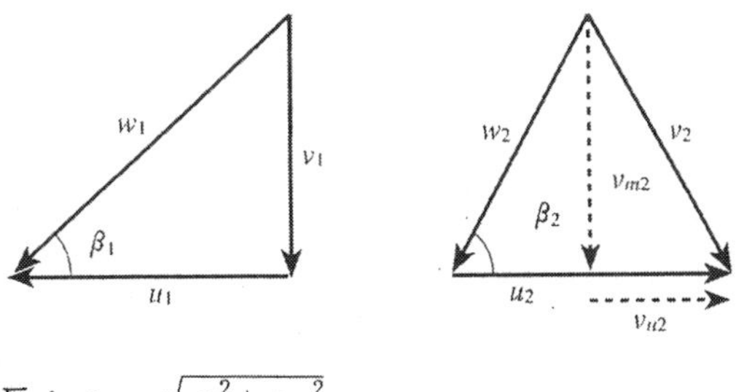

보충 출구 절대속도 : $v_2 = \sqrt{v_1^2 + v_{u2}^2}$

운동에너지 변화에 의한 상승압력 :

$$p_v = \rho(v_2^2 + v_1^2)/2 = \rho v_{u2}^2/2 = 1.2 \times 18.03^2/2 = 195.0 \text{ Pa}$$

따라서, 전압상승에서 운동에너지 변화가 차지하는 비율은

$$p_v / p_t = 195.0/815.7 = 0.239 \rightarrow 23.9\,\%$$

운동에너지 변화가 차지하는 비율과 정압상승이 차지하는 비율의 합은

$$23.9 + 76.1 = 100.0\,\%$$

가 된다.

【1-6】 어떤 상용차용 유체차저의 회전수는 최고 300,000 rpm, 컴프레서의 바깥지름 D_2는 30 mm이다. 모든 손실을 무시하고, 입구에서 선회 없이 유입하는 것으로 하여 다음의 물음에 답하라.

(1) 회전차 입구 평균지름 $D_1 = 10$ mm, 회전차 높이 $b_1 = 6$ mm, 회전차각 $\beta_1 = 60°$로 하여 유량을 계산하라.

(2) 출구 회전각 $\beta_2 = 40°$, 출구 회전차 폭 $b_2 = 3$ mm로 하여 압력비(입구와 출구의 절대압의 비)를 계산하라. 단, 입구조건은 20℃, 대기압 101.3 kPa, 이때의 공기밀도를 1.2 kg/m³로 한다.

해답 (1) 입구에서

원주속도 : $u_1 = \pi D_1 n/60 = \pi \times 0.01 \times 300,000/60 = 157.1$ m/s

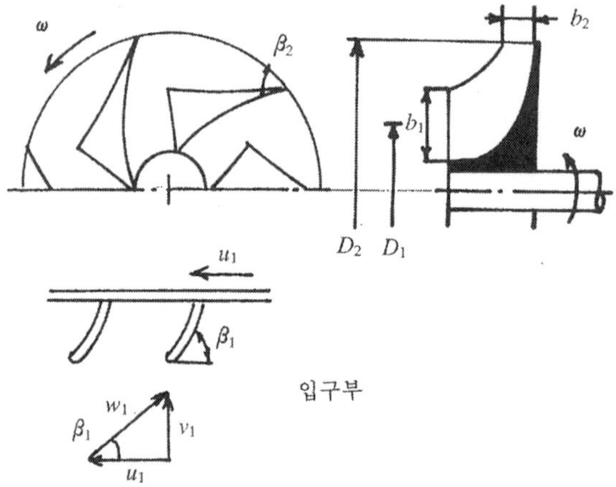

유입시에 선회가 없기 때문에 속도 3 각형은 직각 3 각형이 되고

절대속도 : $v_1 = u_1 \tan\beta_1 = 157.1 \tan 60° = 272.1$ m/s

유　　량 : $Q = \pi D_1 b_1 v_1 = \pi \times 0.01 \times 0.006 \times 272.1$

$= 5.13 \times 10^{-2}\ \mathrm{m^3/s}$

이것은 배기량 1000 cc의 엔진이 3000 rpm으로 회전할 때의 공기유량에 상당한다.

(2) 출구 원주속도 : $u_2 = \pi D_2 n/60 = \pi \times 0.03 \times 300{,}000/60 = 471.2\ \mathrm{m/s}$

절대속도의 반지름방향 성분 : $v_{m2} = (Q/60)/(\pi D_2 b_2)$

$= 5.13 \times 10^{-2}/(\pi \times 0.03 \times 0.003)$

$= 181.4\ \mathrm{m/s}$

절대속도의 원주방향 성분 : $v_{u2} = u_2 - v_{m2} \cot \beta_2$

$= 471.2 - 181.4 \cot\ 40° = 255.0\ \mathrm{m/s}$

입구에서 선회가 없기 때문에 $v_{u1} = 0$. 따라서

전압상승 : $p_T = \rho u_2 v_{u2} = 1.2 \times 471.2 \times 255.0$

$= 144.2\ \mathrm{kPa}$

이것이 모두 정압으로 변환된다고 가정하면 출구압력 p_2는 대기압력 p_a를 더하여

$$p_2 = p_a + p_T = 101.3 + 144.2 = 245.5\ \mathrm{kPa}$$

따라서, 압력비는 $p_2/p_1 = 245.5/101.3 = 2.42$

또 입구와 출구의 속도 3 각형은 다음과 같다.

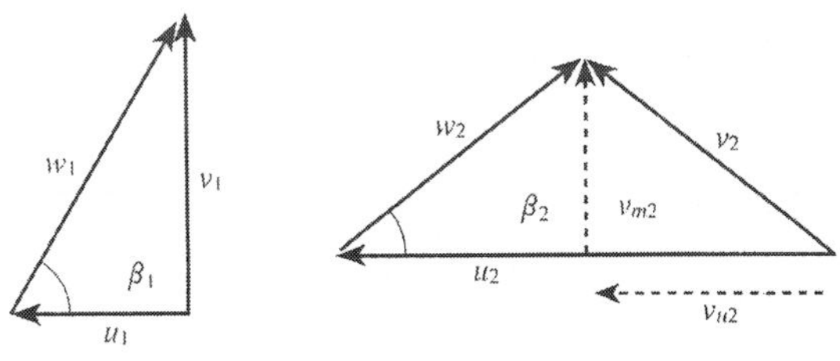

[1-7] 최근 우리나라에서 주목되고 있는 펌프에 해양개발에 관련된 해저의 암반을 물 제트로 파괴하기 위한 초고압 펌프가 있다.

4단 원심식으로 전양정 4500 m, 토출량 0.5 $\mathrm{m^3/min}$이다. 전효율을 75 %, 회전차 바깥지름 200 mm, 날개 출구각 20°, 출구날개폭을 10 mm로 하여 회전수(rpm)를 추정하라.

해답 1단당 비에너지는

$$\Delta E = gH/N\eta = 9.8\times 4500/(4\times 0.75) = 14700 \text{ J/kg}$$

한편, 유입시의 선회를 무시하여 오일러의 식에서

$$\begin{aligned}\Delta E &= u_2 v_{u2} = u_2\{u_2 - Q\cot\beta_2 / (\pi D_2 b_2)\}\\ &= u_2\{u_2 - (0.5/60)\times\cot 20° / (\pi\times 0.2\times 0.01)\}\\ &= u_2(u_2 - 3.644)\end{aligned}$$

위의 두 식에서

$$u_2^2 - 3.644\,u_2 - 14700 = 0$$

이 2차방정식의 양의 해를 구하면

$$u_2 = (3.644 + \sqrt{3.644^2 + 4\times 14700})/2 = 123.1 \text{ m/s}$$

따라서, 회전수는

$$n = u_2\times 60/(\pi D_2) = 123.1\times 60/(\pi\times 0.2) = 11753 \text{ rpm}$$

통상의 펌프의 회전수가 1500 rpm, 빨라야 3000 rpm인 것에 비하면 훨씬 고속회전인 것을 알 수 있다.

유체기계의 구성요소와 내부 흐름

2

2-1 중요 구성요소

유체기계의 가장 중요한 구성요소인 회전차(impeller)의 형상에 관해서는 이미 1-5절에서 상세하게 취급했기 때문에, 여기서는 이 이외의 구성요소에 관해 설명한다.

회전차의 상류 및 하류에는 회전차에 흐름을 유도하고, 또 회전차에서 유출하는 흐름을 토출하여 관로에 유도하기 위해, 그림 2-1에 나타낸 것과 같은 여러 종류의 고정유로(stationary channel)가 설치되어 있다.

회전차의 상류측에 설치된 고정유로에는 흐름을 균일하게 하고, 동익에 원활하게 유입시키기 위해 사용되는 정익(입구 안내익, guide vane) 및 흐름이 축에 수직한 방향으로 유입하는 경우에 이용되는 흡입케이싱[그림 2-1 (a)] 등이 있다.

한편, 회전차에서 나온 흐름은 큰 주속도 성분을 가지는 것이 많아 그 상태에서는 주속도에 기인하는 운동에너지는 점성 때문에 열이 되고 만다. 이것을 압력에너지로서 유효하게 회복하기 위해, 회전차의 하류에 넓은 유로(diffuser)가 설치된다.

디퓨저에는 여러 종류의 형식이 있고, 축류회전차에 대해서는

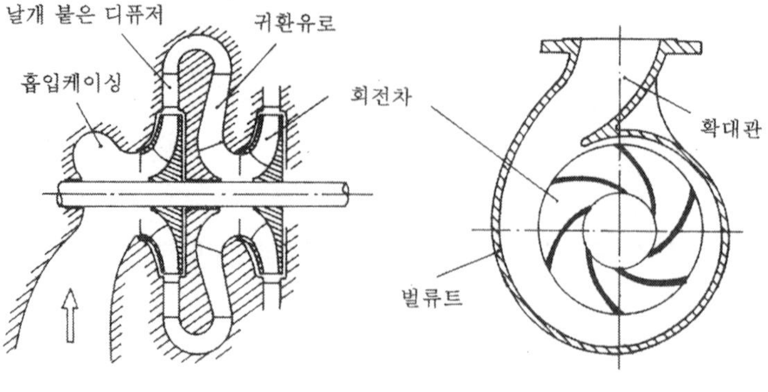

(a) 다단원심펌프의 경우 (b) 벌 류 트

그림 2-1 유체기계의 구성요소

정익(출구 안내날개)이, 원심회전차에 대해서는 그림 2-1(a)와 같은 날개 붙은 디퓨저 또는 그림 2-1(b)와 같은 와권형의 케이싱(벌류트, volute)과 확대관의 조합이 주로 사용된다. 날개 붙은 디퓨저를 나온 흐름은 도시한 것과 같이 귀환유로(return channel)를 경유하여 다음 단에 유도되든가, 벌류트에 의해 모인다.

유체기계의 구성요소를 나타내는 한 예로서, 국산 로켓 H-II의 메인 엔진 LE-7에 사용되고 있는 액체산소 펌프의 전체 구조를 그림 2-2에 나타낸다. 그림의 좌측에는 주펌프와 프리버너펌프의 2대의 펌프가 합쳐져서 배치되고, 우측의 축류터빈으로 구동되는 구조이다. 주펌프에서 토출된 액체산소(LOx)의 일부는 프리버너 펌프에서 더욱 승압되어 예연소기에 유도되고, 액체수소(LH_2)와 혼합되어 수소 과다의 가스가 되어 그림의 터빈을 구동한다. 따라서, 산소와 수소가 벽을 사이에 두고 흐르기 때문에, 누설을 억제하는 축봉(seal)장치가 대단히 중요하고 2종류의 축봉장치가 병용되고 있다.

2대의 펌프는 원심회전차를 가지고 그 출구에는 안내날개가 설치되어 벌류트로 유도되고 있다. 주회전차의 전방에는 캐비테이션 성능(3-4절)을 향상시키기 위해 보조회전차(인듀서, inducer) 및 안내날개가 붙어 있어, 주회전차 입구의 압력을 상승시키고 있다. 또 터빈은 축류회전차를 가지고 흡입케이싱을 경과하여 정익에서

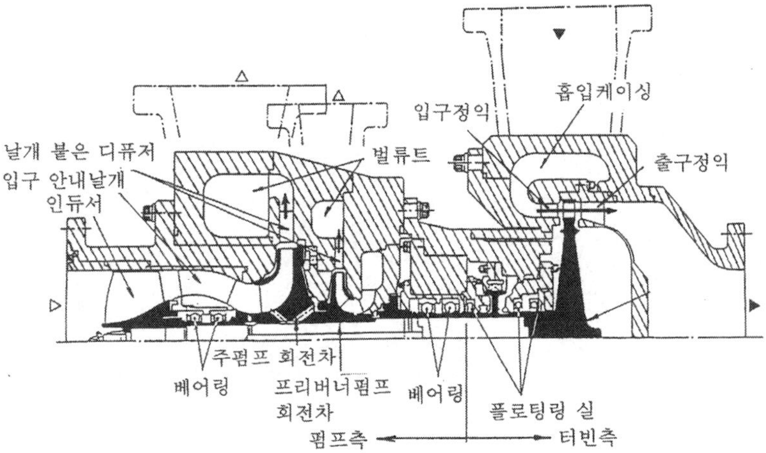

그림 2-2 액체산소펌프의 구성

증속된 가스는 동익에 유입하여 터빈을 돌리고, 다음에 출구 정익에서 압력을 회복한다.

펌프 및 송풍기, 압축기와 같이 유체에 에너지를 주는 기계에서는 회전차를 나온 흐름의 속도에너지가 크기 때문에, 회전차의 하류측 고정유로의 설계가 중요하다. 한편, 수차 및 터빈과 같이 유체로부터 에너지를 회수하는 기계에서는 상류측 고정유로의 설계가 중요하다.

2-2 원심회전차

2-2-1 원심회전차의 구조와 내부 흐름

원심회전차(centrifugal impeller)는 이미 그림 1-11에 나타낸 것과 같이, 수매에서 십수매의 완곡된 날개를 양측에서 2매의 원판으로 물려, 한 방향의 원판에 흡입구를 붙인 구조이다. 그림 2-3 (a)에 나타낸 것과 같이 흡입구가 없는 쪽을 주판(또는 후면 슈라우드, main shroud)이라 하고, 다른 쪽을 측판(전면 슈라우드, front shroud)이라 한다. 측판이 없는 것을 오픈(개방형) 회전차, 있는 것을 클로즈드(밀폐형) 회전차라 한다. 2개의 회전차를 등을 대고 합쳐 양측에 흡입구를 붙인 형식을 양흡입형[그림 2-3

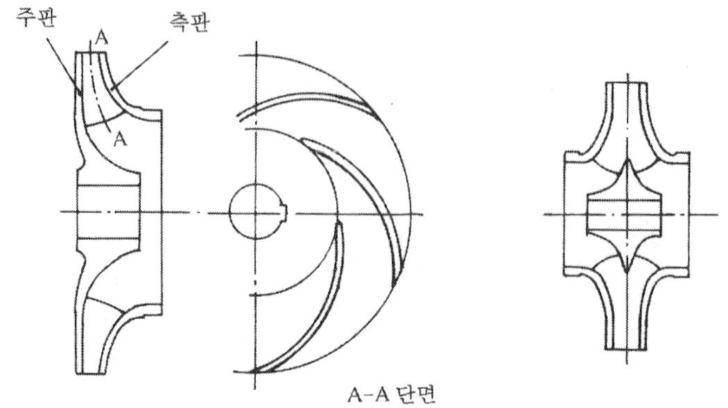

(a) 단흡입 회전차 (b) 양흡입 회전차

그림 2-3 원심회전차의 구조

(b)](double suction type)이라 하고, 유량은 단흡입형(single suction type)의 약 2배가 된다.

원심회전차 안을 흐르는 마찰이 없는 흐름을 고찰한다. 회전차의 출입구를 막고, 유량 0의 상태에서 회전시키면, 날개와 날개 사이의 유로에는 그림 2-4(a)에 나타낸 것과 같은 흐름이 형성된다. 특히 회전차의 회전을 정지시켜 유체를 흘리면, 그림 2-4(b)와 같이 빠져나가는 흐름이 형성된다. 따라서 원심회전차의 흐름은 이러한 2개의 흐름의 합으로서 그림 2-4(c)와 같은 흐름이 되고, 날개의 양측에 속도 차가 생겨 압력면 및 부압면이 형성된다.

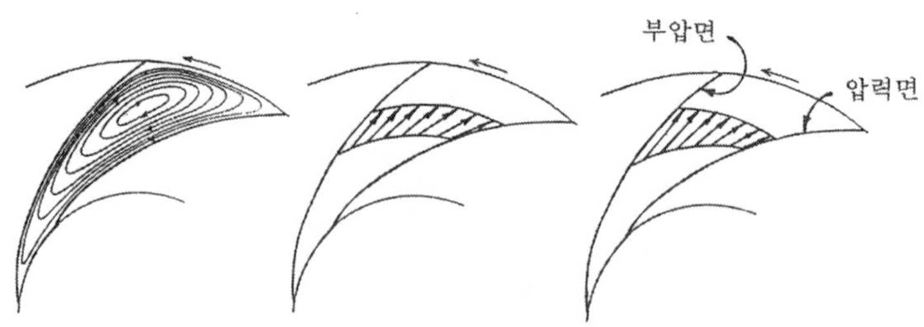

(a) 순환흐름 (b) 빠져나가는 흐름 (c) (a)+(b)

그림 2-4 원심회전차의 내부 흐름

실제의 흐름에는 마찰이 있기 때문에 2차흐름(2-4-2 참조)이 야기되어, 날개 출구에서는 고속영역이 압력면에 치우친 복잡한 속도분포가 된다. 원심날개차 안의 압력이 날개에 따라서 어떻게 상승하고 있는가를 고찰해 보자. 압력분포는 그곳에 작용하는 힘의 밸런스에 의해 정해지기 때문에 회전하고 있는 회전차 안의 단위체적의 유체부분에 착안한다. 회전차의 회전에 의해 원주속도 $u=r\omega$에 기인하는 원심력 $\rho u^2/r$가 반지름방향으로 작용하는데, 그 외에도 그림 2-5에 나타낸 것과 같이 유로의 굽힘(곡률반지름 R)에 의한 원심력 $\rho w^2/R$ 및 상대속도 $\boldsymbol{w}$에 직각인 방향에 코리오리힘* $2\rho\omega w$가 작용한다. 회전차의 회전에 의한 원심력과 평형이 되도록 반지름방향으로 압력이 증대하는 것은(원심력작용) 1-6절에서 배웠으나, 더욱이 흐름과 직각방향에도 관로의 굽힘에 의한 원심력 및 코리오리힘과 평형이 되도록 압력분포가 생기는 것이다.

정지한 익렬에서는 영각을 가진 흐름이 닿으면 날개의 상·하면에 압력차가 생겨, 흐름과 직각방향으로 항력을 발생하는데(날개작용), 회전하고 있는 원심회전차의 경우에는, 더욱이 코리오리힘에 의한 압력차가 더해지기 때문에, 날개 양면에는 정지익렬의 경우보다도 훨씬 큰 압력차를 생기게 한다. 또 축류 회전차에서의 코리오리힘은 반지름방향을 향하고, 날개 양면의 압력차에는 기여하지 않는다.

그림 2-5 원심회전차의 날개 사이 유로의 유체에 작용하는 힘의 밸런스

(*) 코리오리힘에 관하여

지금 지구의 북극에서 일본을 향하여 미사일을 발사했다고 하자. 지구는 서에서 동으로 회전하고 있기 때문에 미사일이 일본에 도착하는 시각에 일본은 지나가 버리고 말아 미사일은 동지나해에 떨어지게 된다. 이것을 지구상의 인간이 관측하면, 미사일에는 진행방향 및 지구축의 방향과 수직인 겉보기 힘이 작용한 것이 된다. 이 겉보기 힘을 코리오리힘이라 하고, 일반적으로 회전계에서 상대속도 벡터 $\boldsymbol{w}$로 운동하는 질량 m의 물체에는

$$\boldsymbol{F}_c = -2m\omega \times \boldsymbol{w}$$

의 코리오리힘이 작용한다. 여기서 $\boldsymbol{w}$는 회전각속도 벡터이다.

2-2-2 미끄럼과 이론양정

식 (1-12)의 오일러헤드는 흐름이 날개를 따라서 유출한다는 가정하에서 유도된 것으로, 이 가정은 얇은 날개가 무한 매수인 이상적인 상태에 대해서는 성립한다. 그러나 실제의 날개는 두께를 가지고, 매수도 유한하기 때문에 상대 흐름은 날개에 따른 방향으로는 유출하지 않는다. 따라서 원심회전차의 전 헤드는 식 (1-12)로 주어지는 오일러헤드보다도 저하한다. 그래서 이 절에서는 날개 매수가 유한한 경우의 헤드(이론양정이라 한다, theoretical head)를 유도한다.

유한 매수의 날개인 경우, 회전차의 출구에서는 날개 상·하면의 압력차가 급격히 없어지기 때문에, 압력면으로부터 부압면으로 향하는 흐름이 야기되어 그림 2-5에 나타낸 것과 같이 상대흐름은 날개 출구각도 β_{2b}보다 작은 각도 β_2로 유출되는 것이다. 이것은 날개 출구에서 흐름에 주방향의 미끄럼(slip)이 생겼다고 보면 되고, 그림 2-6에 나타낸 날개 출구의 속도 3 각형에서 날개수가 무한인 경우 유체의 주속도를 $v_{u2\infty}$, 유한인 경우에 유체의 주속도를 v_{u2}, 따라서 미끄럼속도 $(v_{u2\infty} - v_{u2})$를 ku_2로 나타낼 때 k를 미끄럼계수(slip factor)라 한다.

미끄럼계수 k를 안다면, 그림 2-6의 속도 3 각형에서 v_{u2}를 이하의 식 (2-3)에서 구할 수 있다.

$$H_{th} = (u_2 v_{u2} - u_1 v_{u1})/g \tag{2-1}$$

$$= \frac{u_2^2 - u_1^2}{2g} + \frac{w_1^2 - w_2^2}{2g} + \frac{v_2^2 - v_1^2}{2g} \tag{2-2}$$

여기서, $v_{u2} = (1-k)u_2 - v_{m2} \cot \beta_{2b}$ (2-3)

$k = (v_{u2\infty} - v_{u2})/u_2$: 미끄럼계수

u_2, u_1 : 날개 입구, 출구의 원주속도

w_2, w_1 : 날개 입구, 출구의 미끄럼을 고려한 상대속도

v_2, v_1 : 날개 입구, 출구의 미끄럼을 고려한 절대속도

u_{m2} : 날개 출구의 메리디안 속도

β_{2b} : 날개 출구각도

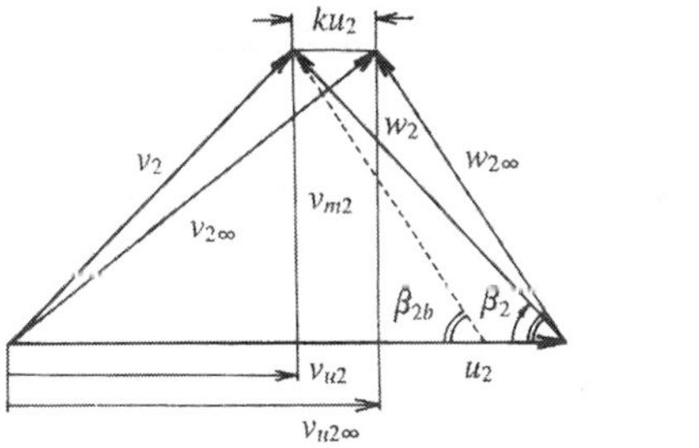

그림 2-6 날개수가 유한인 경우 날개 출구의 속도 3 각형

따라서, 이 미끄럼을 고려한 v_{u2}를 사용하면, 날개수가 유한인 경우의 이론양정 H_{th}는 식 (1-12), (1-13)과 같은 형으로 되고 이론양정의 식 (2-1)에서 날개 입구에서 흐름에 선회(예선회라 한다, pre-whirl)가 없다면 $v_{u1} = 0$이므로 $H_{th} = u_2 v_{u2}/g$가 된다. 한편, 식 (2-3)의 메리디안속도 v_{m2}는 날개 출구 면적을 $A_2 = 2\pi r_2 b_2$ (b_2는 날개 출구폭)으로 하면 $v_{m2} = Q/A_2$가 되므로 식 (2-1)에 대입하면 H_{th}는

$$H_{th} = (1-k)u_2^2 / g - (u_2 \cot \beta_{2b} / g A_2)Q \tag{2-4}$$

윗식의 미끄럼계수 k는 유량에 의해 거의 변화하지 않기 때문에 H_{th}는 Q에 대하여 직선적으로 변화하고, 그 구배는 $-\cot\beta_{2b}$에 비례한다. 따라서 이론양정-유량특성은 그림 2-7과 같이 되고, 동일 유량에 대해서는 날개 출구각도 β_{2b}가 클수록 이론양정이 커지고 구동동력도 커진다.

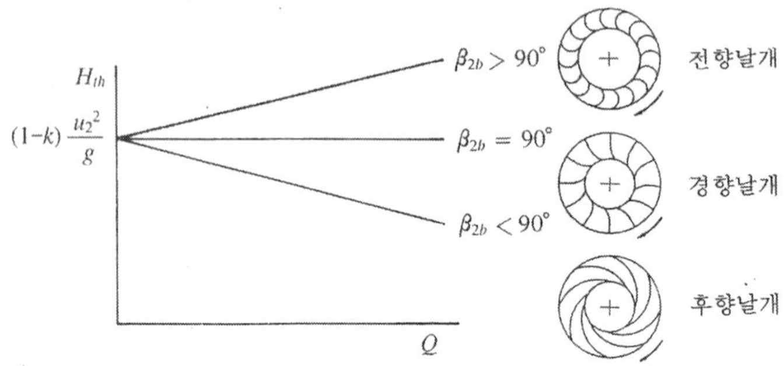

그림 2-7 이론양정-유량특성과 날개 출구각도

펌프에서는 양정의 유량에 대한 변화가 오른쪽 위로 올라가는 곡선이 되면, 진동 및 소음이 발생하여 불안정한 성능(3-5절 참조)을 나타내는 수가 많기 때문에, 통상은 $\beta_{2b} = 20 \sim 35°$로 취한다. 송풍기 및 압축기에서는 밀도가 작은 유체를 취급하기 때문에 회전속도를 높게, 또한 β_{2b}를 크게 취한다. 효율을 중시하는 경우에는 $\beta_{2b} = 45°$ 부근으로 취하는데, 고속회전의 경우에는 강도상의 이유로 $\beta_{2b} = 90°$ 부근으로 택하는 수가 많다. 또 전 회전속도에서 높은 압력상승을 꾀하는 다익 송풍기에서는 $\beta_{2b} > 90°$로 선정한다.

원심회전차의 미끄럼은 본래 날개수가 유한하므로 양정의 저하량을 간편하게 계산하기 위한 경험값이 있고, 날개수 z가 많을수록 작아진다. 원심회전차의 설계상 미끄럼계수 k를 바르게 아는 것이 중요하고, 이론적 또는 실험적인 연구가 많이 되어 왔다. 그 중에서도 이하에 나타내는 Wiesner의 식은 사용하기 쉽고, ±5% 정도의 오차로 미끄럼계수를 구할 수 있기 때문에 널리 사용되고 있다.

$$r_1/r_2 < \varepsilon : k = \sqrt{\sin\beta_{2b}}/z^{0.7}$$

$$r_1/r_2 > \varepsilon : k$$
$$= 1-(1-\sqrt{\sin\beta_{2b}}/z^{0.7})\{1-(r_1/r_2-\varepsilon)^3/(1-\varepsilon)^3\} \quad (2\text{-}5)$$

단, $\varepsilon = 1/\exp(8.16\sin\beta_{2b}/z)$이다.

2-2-3 원심회전차의 손실과 전양정

유체가 회전차를 흐르는 사이에 여러 종류의 에너지 손실(수력손실, hydraulic loss)이 발생하기 때문에 실제의 전 헤드는 식 (2-1)로 주어지는 이론양정 H_{th}보다도 더욱 저하한다. 이하에 회전차 내의 수력손실 및 실제의 전 헤드(전양정이라 한다, total head) H에 관해서 설명한다.

회전차의 수력손실에는 벽면의 마찰에 기인하는 마찰손실(friction loss) h_f, 날개 입구에서 흐름이 날개에 충돌하여 급감속하기 때문에 생기는 충돌손실(shock loss) h_s, 그리고 회전차 내의 감속손실 h_d 및 불균일 흐름이 균일화될 때의 혼합손실 h_m이 있다. 원심회전차의 감속손실 및 혼합손실은 마찰손실 및 충돌손실에 비하여 비교적 작은데, 벌류트가 있는 회전차에서는 비설계점에서 벌류트 흐름과 날개 출구 흐름의 매칭이 나쁘기 때문에 혼합손실이 커진다. 따라서 전양정 H를 일반적으로 이하와 같이 나타낸다.

$$H = H_{th} - h_f - h_s - h_m \quad (2\text{-}6)$$

여기서, h_f : 회전차 유로의 마찰손실

h_s : 회전차 입구의 충돌손실

h_m : 회전차 출구의 혼합손실

또 유체기계의 전양정은 윗식에서 상류 및 하류측 고정유로의 수력손실을 뺀 것이 된다(2-4 참조).

원심회전차에서는 날개각도 β_b, 날개폭 b, 날개길이 l, 날개매수 z, 날개면의 곡률과 표면조도 e 등 수력손실에 영향을 미치는 파라미터가 많기 때문에 각 수력손실을 정확하게 계산하기는 어렵다. 그래서 여기서는 날개 사이의 흐름을 1차원의 등가원관으로 치환하여 수력손실을 계산하는 방법을 제시한다.

날개 입구 및 출구의 수력반지름(hydraulic radius)을 각각 m_1 및 m_2로 하면, 날개 사이 흐름은 평균 수력반지름이 $m=(m_1+m_2)/2$이고 길이 l, 상대조도 $e/4m$의 등가원관으로 치환할 수 있다. 따라서 날개의 마찰손실을 이하와 같이 나타낼 수 있다.

$$h_f = c\lambda(l/4m)w_m^2/2g \qquad (2\text{-}7)$$

여기서,

$w_m=\sqrt{(w_1^2+w_2^2)/2}$: 날개 입구, 출구의 평균상대속도

$\lambda=\lambda(Re,\ e/4m)$: 관마찰계수(Moody 선도에서 구한다)

$c=2.8\sim3.2$: 실험상수

$R_e=4mw_m/\nu$: 레이놀즈수

또한 충돌손실 h_s는 그림 2-8에 나타낸 것과 같이 날개 입구의 흐름이 날개의 방향과 일치하지 않을 때, 주속도 성분이 w_{u1}'에서 w_{u1}으로 급감속하게 되고, 충돌성분은 $\Delta w_{u1}=w_{u1}'-w_{u1}$으로 주어진다. 따라서 충돌손실은 입구의 예선회속도 v_{u1}'를 이용하여 아래와 같이 나타낼 수 있다.

$$h_s=\Delta w_{u1}^2/2g=(u_1-v_{u1}'-v_{m1}\cot\beta_{1b})^2/2g \qquad (2\text{-}8)$$

또, $h_s=0$이 되는 유량 $Q=Q_s$를 무충돌 유량이라 한다.

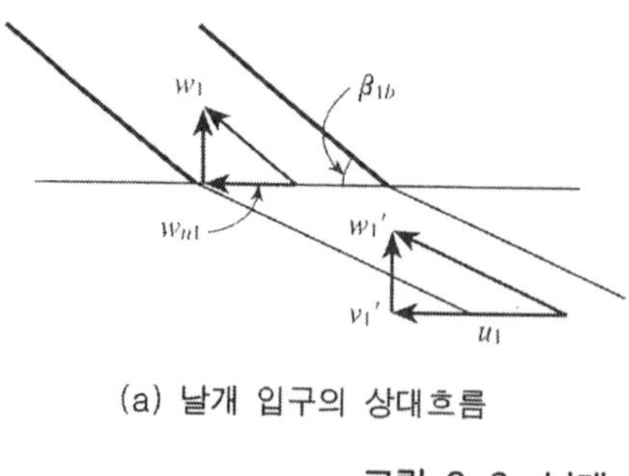

(a) 날개 입구의 상대흐름

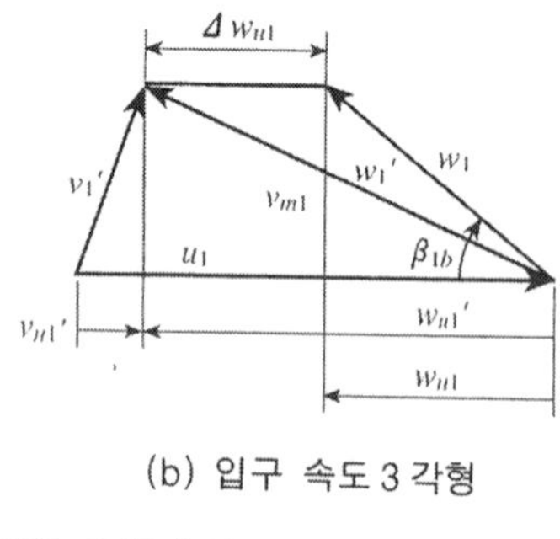

(b) 입구 속도 3 각형

그림 2-8 날개 입구의 충돌손실

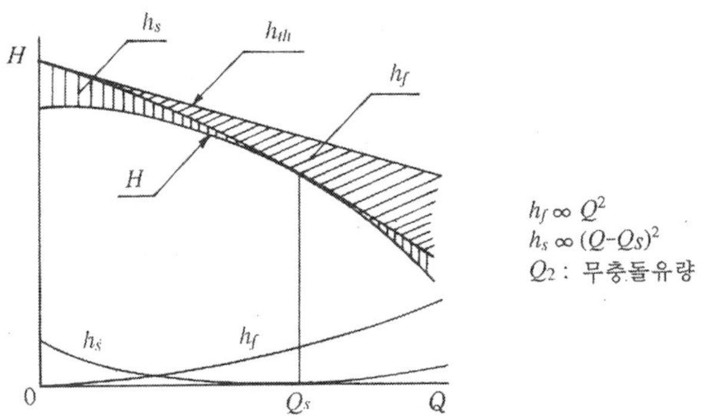

그림 2-9 원심회전차의 양정곡선

식 (2-7)의 w_m은 유량 Q에 비례하고, 또 식 (2-8)의 Δw_{u1}은 $(Q-Q_s)^2$에 비례하기 때문에 h_f는 Q^2에, h_s는 $(Q-Q_s)^2$에 비례한 2차곡선이 된다. 한편, 이론양정 H_{th}는 Q에 대하여 직선이 되기 때문에, 결국 식 (2-6)의 전양정 H는 유량 Q에 대하여 그림 2-9와 같이 변화하고, 이 곡선을 양정곡선(head curve)이라 한다.

2-3 축류회전차

2-3-1 축류회전차의 구조와 내부 흐름

축류회전차(axial flow impeller)는 그림 2-10에 나타낸 것과 같이 다수의 동익을 원통형 또는 원통형과 비슷한 형상의 로터 주위에 붙인 것으로, 흐름은 이 프로펠러 모양의 회전차를 통과하는 사이에 운동량의 수수를 행한다. 흐름면은 원통면 또는 원통면과 비슷한 형이고, 날개 입구와 출구의 반지름이 같기 때문에 이론양정은 식 (2-1), (2-2)에서 $u_1 = u_2 = u$로 두면 이하와 같이 간단히 정리된다.

$$H_{th} = u(v_{u2} - v_{u1})/g = u(w_{u1} - w_{u2})/g \quad (2\text{-}9)$$

$$= (v_2^2 - v_1^2)/2g + (w_1^2 - w_2^2)/2g \quad (2\text{-}10)$$

절대속도 v 및 상대속도 w를 구하는 데는 그림 2-10 (a)에 2점 쇄선으로 나타낸 원통흐름면을 그림 2-10 (b)와 같이 평면으로 전

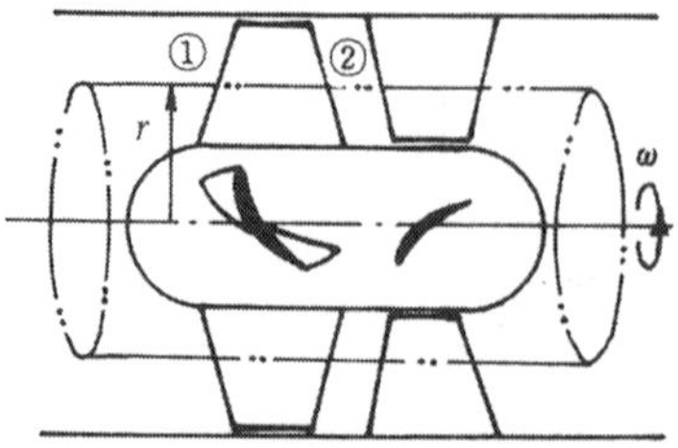

(a) 축류회전차

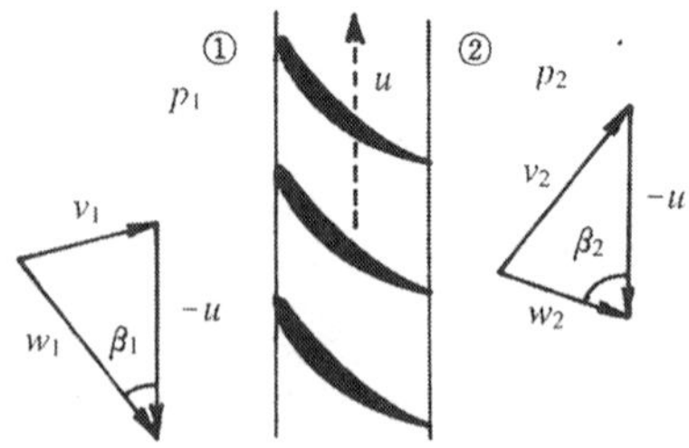

(b) 전개면과 익렬

그림 2-10 축류회전차의 구성과 익렬

개하여 생각하면 된다. 전개면상에서는 날개가 무한히 배열되어 있는데, 이를 익렬(cascade)이라 한다.

그림 2-10(b)의 전개면에서 상대흐름(날개와 더불어 회전하는 좌표계에서 본 흐름)은 절대속도 v와 $-u$를 벡터적으로 합성한 상대속도 w의 흐름이 된다. 즉, 상대흐름장으로 생각하면 속도 w_1으로 정지익렬에 유입하는 흐름이 익렬에 의해 전향되어 속도 w_2로 유출하는 것이 된다. 만약 이 과정에서 손실이 없다면, 베르누이정리[식 (1-1)]가 성립하기 때문에 압력상승은 아래와 같다.

$$p_2 - p_1 = \rho(w_1^2 - w_2^2)/2 \qquad (2\text{-}11)$$

회전차의 원주속도 $u = r\omega$는 반지름에 비례하여 증대하는데, 날개에 유입하는 흐름의 절대속도 v_1은 반지름방향으로 거의 같기 때문에 각도 β_1은 반지름과 더불어 작아지고, 속도 3 각형을 반지름방향으로 포개가면, 날개는 반지름방향으로 뒤틀린 형이 된다. 따라서, 축류회전차의 흐름을 이해하기 위해서는 우선 익렬주변의 흐름을 이해하고, 다음에 이것을 반지름방향으로 포개는 룰을 이해해야 한다.

2-3-2 익렬을 통과하는 흐름

익렬의 작용을 이해하는 데는 통상 2가지의 접근방법이 취해진다. 하나는 익렬을 유로 단면적 변화의 관점에서 취할 수 있는 방법으로, 유로가 굽어지는 것에 의한 단면적 변화를 이용하여 디퓨

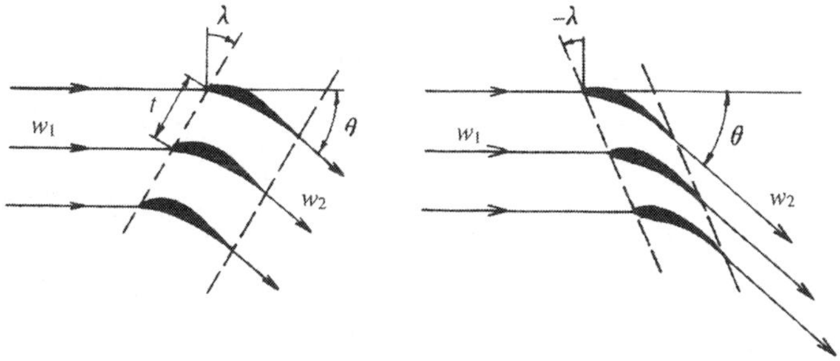

(a) 감속익렬 (b) 증속익렬

그림 2-11 감속익렬과 증속익렬

저 작용을 일으키도록 하는 고찰방법이다(유로이론). 또 하나의 방법은 흐름의 방향을 바꾸어 증속·감속을 행하는 힘을 날개작용에 의한 힘과 관련시켜 고찰하는 방법이다(날개이론). 전자는 익렬의 작용을 전체적으로 이해하는 데 적합하고, 후자는 여러 종류의 날개형에 대하여 데이터의 축적이 풍부하고 더구나 법칙성이 얻어지기 쉽다는 이점이 있기 때문에 축류회전차 이론의 주류가 되고 있다.

우선, 유로이론의 입장에서 익렬의 작용을 조사해 보자. 그림 2-11은 동일 날개형을 동일 피치로, 또한 전향각 θ도 동일하게 되도록 하고, 익렬의 어긋남만을 바꾼 2개의 배열 (a)와 (b)의 흐름을 비교한 것이다. 익렬이 흐름의 법선과 이루는 각도를 λ라 하면, 연속의 조건으로부터 w_1과 w_2의 비는 아래와 같다.

$$w_2/w_1 = \cos\lambda/\cos(\theta-\lambda) \tag{2-12}$$

따라서, $\lambda > \theta/2$에서는 $w_1 > w_2$, 또 $\lambda < \theta/2$에서는 $w_1 < w_2$이다. 전자는 감속익렬이라 하고, 식 (2-11)에서 $p_1 < p_2$, 즉 압력상승이 이루어진다(디퓨저 작용). 한편 후자는 증속익렬이라 하고 $p_1 > p_2$, 즉 압력에너지를 속도에너지로 변환하는 경우에 이용된다(노즐작용).

이어 제2의 날개이론의 입장에서 축류회전차의 이론 관계식을 유도한다. 날개형은 그림 2-12(a)에 나타낸 것과 같이 골격선

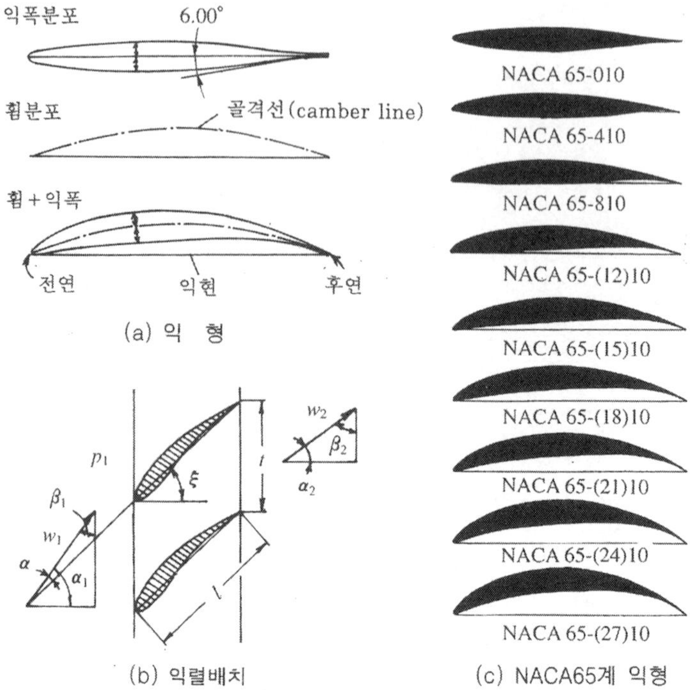

그림 2-12 익형 및 익렬

(camber line)과 날개 두께에 의해 결정되고, 전연(leading edge)과 후연(trailing edge)을 연결하는 선분을 익현(chord), 그 길이를 익현길이(chord length)라 한다. 익형의 대표적인 것으로써 NASA(미국항공우주국)의 전신인 NACA가 송풍기용으로 개발한 NACA65 시리즈 익형이 잘 알려져 있고, 그 형태를 그림 2-12 (c)에 나타낸다. 익형의 기호는 (최대골격)+(최대익폭)으로 나타내고, 예를 들면 65-1210은 최대골격이 익현길이의 12%이고 최대익폭이 익현길이의 10%의 익형이다. 또, 유입흐름의 익현방향에 대한 각도를 영각(attack angle)이라 하고, 설계영각에서 양력(후술)은 최대골격에 비례한다. 이러한 익형을 그림 2-12 (b)와 같이 정렬하면 익렬이 되고, t를 피치, ξ를 스태그각(stagger angle), 그리고 유입각 α_1과 유출각 α_2의 차 $\theta \equiv \alpha_1 - \alpha_2$를 전향각(deflection angle)이라 한다. 익렬의 성능은 날개형태 외에 주로 현절비(solidity) $\sigma = l/t$(l : 익현길이), 영각 $\alpha = \alpha_1 - \xi$ 및 스태

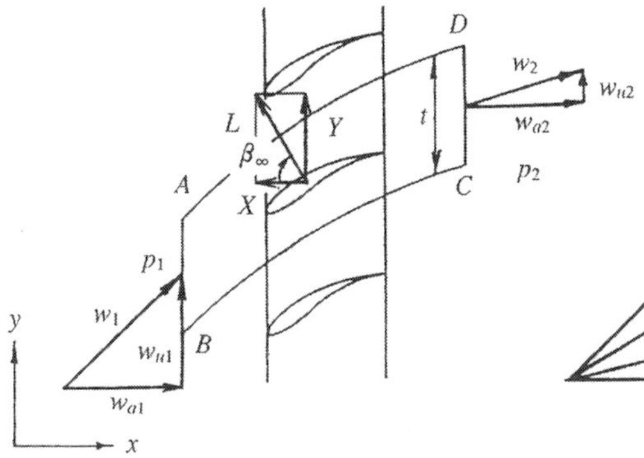

(a) 익렬을 통과하는 흐름

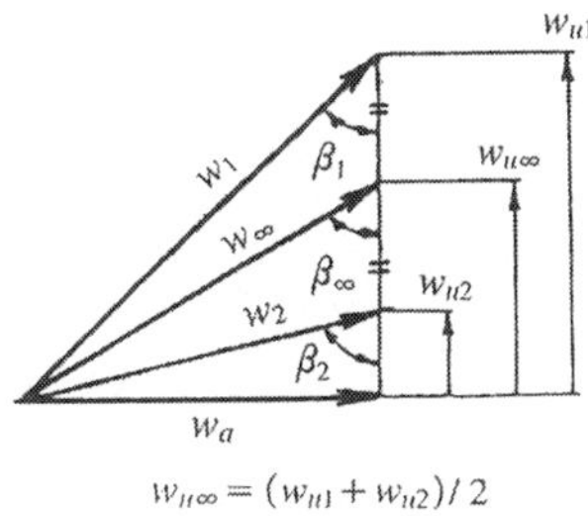

(b) 상대속도 벡터

그림 2-13 익렬을 통과하는 흐름과 상대속도 벡터

그각에 의해 지배된다.

우선, 익렬을 통과하는 흐름에 손실이 없는 경우의 이론을 유도한다. 익렬은 흐름의 방향을 바꾸므로 그 운동량을 변화시키고 흐름으로부터 힘 L을 받는다. 유선에 따라서 그림 2-13(a)와 같은 검사면 $ABCD$를 취하면, 검사면 내의 날개가 받는 힘은 검사면의 유체가 단위시간에 받는 운동량 변화에 의한 힘의 반력과 같다. 그래서 L의 x, y 성분을 (X, Y)로 하면

$$X = -t(p_1 - p_2)$$
$$Y = -\rho t(w_{a2}w_{u2} - w_{a1}w_{u1}) \tag{2-13}$$

검사면에 연속의 법칙을 적용하면 $w_{a1} = w_{a2} \equiv w_a$로 쓸 수 있다. 따라서 윗식의 압력차는 식 (2-11)로부터 이하와 같이 표시된다.

$$p_2 - p_1 = \rho(w_{u1}^2 - w_{u2}^2)/2 \tag{2-14}$$

식 (2-13) 및 (2-14)에서 X와 Y의 비는 이하와 같다.

$$X/Y = (w_{u1} + w_{u2})/2w_a \equiv \cot\beta_\infty \tag{2-15}$$

윗식을 만족하는 β_∞는 그림 2-13(b)에 나타낸 것과 같이, w_1과 w_2의 벡터평균 $\boldsymbol{w}_\infty = (\boldsymbol{w}_1 + \boldsymbol{w}_2)/2$가 이루는 각도와 같고 X와 Y의 합력 L은 w_∞에 수직이 된다. 이 날개가 받는 L을 양력(lift)

이라 하고, $C_L \equiv L/(\rho l w_\infty^2/2)$로 쓸 때 C_L을 양력계수(lift coefficient)라 한다.

$L=\sqrt{X^2+Y^2}$이므로, 식 (2-13), (2-14)에서 C_L은 이하와 같다.

$$C_L\sigma = 2\varDelta w_u / w_\infty \tag{2-16}$$

단, $\varDelta w_u = w_{u1} - w_{u2}$이다.

이상에 나타낸 기본 관계식은 익렬을 통과하는 흐름에 손실이 없는 것으로 하여 유도한 것이다. 그러나 실제의 흐름에는 마찰이 있기 때문에 날개에 항력(drag)이 작용하여 손실이 생긴다. 따라서 날개에 작용하는 힘 F는 벡터 평균속도 $\boldsymbol{w}_\infty$에 수직으로 되지 않는다. 따라서 그림 2-14에 나타낸 것과 같이 F를 $\boldsymbol{w}_\infty$에 수직한 성분과 평행한 성분으로 나누면, 수직성분 L이 양력, 평행성분 D가 항력이 된다. 합력 F의 x, y 성분 (X, Y)는 운동량 이론을 적용하면 식 (2-17)과 같다.

$$\begin{aligned} -t(p_1-p_2) &= X = L\cos\beta_\infty - D\sin\beta_\infty \\ -\rho t w_a(w_{u2}-w_{u1}) &= Y = L\sin\beta_\infty + D\cos\beta_\infty \end{aligned} \tag{2-17}$$

식 (2-17)에서 익렬 내에서 생기는 손실 h_l을 고려하면 식 (2-18)을 얻는다.

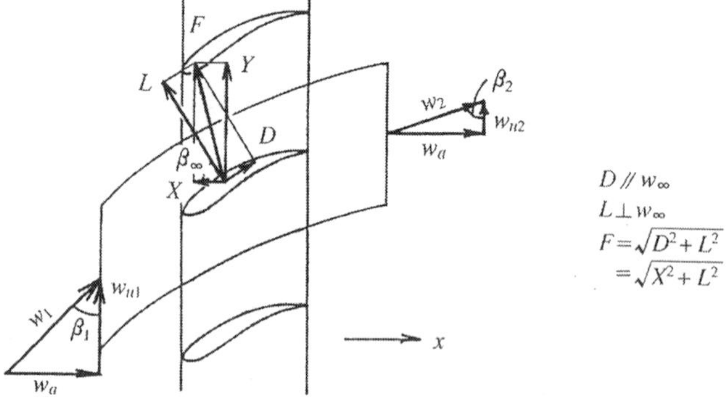

그림 2-14 손실이 있는 경우의 흐름과 항력

$$p_2 - p_1 = \rho(w_{u1}^2 - w_{u2}^2)/2 - \rho g h_l$$
$$= \rho \Delta w_u w_{u\infty} - \rho g h_l \quad (2\text{-}18)$$

항력 D는 식 (2-17)의 2개의 식으로부터 L을 소거하여 식 (2-18)을 대입하고, $\tan\beta_\infty = w_a / w_{u\infty}$의 관계를 이용하면 이하와 같다.

$$D = \rho g h_l t \sin\beta_\infty = \rho g h_l t w_a / w_\infty$$
$$= \rho g Q h_l / w_\infty \quad (2\text{-}19)$$

여기서, $Q = tw_a$는 1피치당의 유량

윗식에서 손실이 0일 때 항력도 0이 되는 것과, 단위시간당 항력일 Dw_∞가 $\int gQh_l$, 즉 손실동력과 같다는 것을 알 수 있다.

항력 D와 양력 L의 비 $\varepsilon = D/L$는 항양비(drag lift ratio)라 하고, 익렬 성능을 나타내는 중요한 특성값이다. 식 (2-17)의 두 식에서 D를 소거하여 식 (2-18), (2-19)를 이용하면, 식 (2-16)에 대응하는 식은 이하와 같다.

$$C_L \sigma = 2\Delta w_u / \{ w_\infty (1 + \varepsilon \cot\beta_\infty)\} \quad (2\text{-}20)$$

익형의 결정은 필요한 이론양정 H_{th}를 달성하려고 하는 $(C_L, \sigma, \varepsilon)$의 조합을 선정하는 것이다. 이 이론양정은 식 (2-9)에서 $H_{th} = u\Delta w_u / g$로 주어지기 때문에 결국 필요한 속도변화 Δw_u를 달성할 수 있도록 하는 익렬 파라미터의 조합을, 식 (2-20)을 만족하도록 정하는 것이다. 익렬의 솔리디티 σ가 정해지면 (C_L, ε)은 후술하는 익렬 데이터 중에서 식 (2-20)을 만족하도록 정하여 익형을 결정한다.

동익의 효율 η_i는 전양정 $(H_{th} - h_l)$의 이론양정 H_{th}에 대한 비로서 정의된다. h_l은 식 (2-19)로부터, 또 H_{th}는 식 (2-20)으로부터 구해지기 때문에 식 (2-21)과 같다.

$$\eta_i = 1 - h_l / H_{th}$$
$$= 1 - \{ C_L \sigma \varepsilon w_\infty^2 / \sin\beta_\infty \} / \{ C_L \sigma \, u w_\infty (1 + \varepsilon \cot\beta_\infty)\}$$
$$= 1 - \varepsilon w_\infty / \{ u \sin\beta_\infty (1 + \varepsilon \cot\beta_\infty)\} \quad (2\text{-}21)$$

또, 그림 2-11(b)와 같은 증속익렬의 경우에는 $w_1 < w_2$이기 때문에 식 (2-20) 및 (2-21)에 대응하는 식은 아래와 같다.

$$C_L\sigma = 2\Delta w_u / \{w_\infty(1-\varepsilon\cot\beta_\infty)\}$$

$$\eta_i = 1-\varepsilon w_\infty / \{u\sin\beta_\infty(1-\varepsilon\cot\beta_\infty)\} \qquad (2\text{-}22)$$

단, 이 경우의 Δw_u는 $\Delta w_u = w_{u2}-w_{u1}$이다.

2-3-3 반지름평형과 플로패턴(flow-pattern)

축류회전차 1개의 원통면상의 흐름에 대하여 앞절의 힘의 평형관계가 성립한다. 그러나 반지름방향에 인접하는 흐름면과의 사이에서도 압력을 매개로 하여 서로 힘을 미치기 때문에, 이 힘의 평형합성 관계에 의해 각 흐름면상의 속도 3각형은 일정한 구속을 받아 반지름방향에 규칙적인 변화를 하는 것이 된다. 이러한 일정한 구속을 받는 흐름 양식을 플로패턴(flow-pattern)이라 하고, 그 반지름방향의 변화를 규정하는 힘의 관계를 반지름평형이라 한다.

축류회전차 전후의 흐름은 일반적으로 선회하며, 그 원심력에 따라 반지름방향에 압력분포를 생기게 한다. 따라서 여기서는 절대흐름(정지계에서 본 흐름)에 주목한다. 축류회전차의 입구·출구의 반지름 r의 위치에서 선회속도성분이 v_u이기 때문에 단위체적의 유체에 작용하는 원심력은 $\rho v_u^2/r$이고, 이것이 반지름방향의 압력구배 dp/dr와 평행하기 때문에,

$$\frac{dp}{dr} = \rho\frac{v_u^2}{r} \qquad (2\text{-}23)$$

한편, 전 헤드 H는 일반적으로 반지름방향으로 일정하기 때문에,

$$H = (v_u^2 + v_a^2)/2g + p/\rho g = \text{const.} \qquad (2\text{-}24)$$

윗식을 r로 미분하여 식 (2-23)과 조합하면 아래의 식이 얻어진다.

$$v_a\frac{dv_a}{dr} = -\frac{v_u}{r}\frac{d}{dr}(rv_u) \qquad (2\text{-}25)$$

윗식은 축류식의 플로패턴을 결정하는 것으로 단순평형방정식이라 한다.

회전차 전후에서 주속도성분 v_u가 자유와형인 경우에는 $rv_u =$ const.이기 때문에 식 (2-25)에서 축방향속도 v_a가 반지름에 관계없이 일정하게 된다. 회전차의 전방에서 const.의 값을 0으로 택하면, $v_{u1} = 0$이 되고, 흐름은 선회하지 않고 회전차에 유입되기 때문에 회전차 상류에는 안내날개가 필요없게 된다(전치 동익형). 이 경우 동익 선단에서는 날개의 주속도가 현저하게 커 상대속도 w_1도 현저하게 커지기 때문에 날개의 뒤틀림도 이것에 맞게 커야 한다. 따라서 자유와가 아닌 선회의 분포를 주어 날개를 설계하는 경우가 많은데, 이 경우 축류속도는 회전차의 전후에서 변화하게 된다.

2-3-4 익렬데이터와 내부 흐름

익형, 솔리디티 및 스태그각이 주어지면 익렬이 결정된다. 익렬의 성능은 전향각 $\theta = \beta_2 - \beta_1$, 양력계수 C_L, 항력계수 $C_D = D/(\rho l w_\infty^2/2)$(drag coefficient) 및 항양비 ε에 의해 표시되고 이러한 것들이 영각 α에 대하여 어떻게 변화하는가를 나타내는 것이 익렬데이터이다.

NACA에서는 골격 및 익폭이 다른 여러 종류의 익형에 대하여 풍동실험을 행하여 많은 데이터를 공표하고 있고 그 한 예를 그림 2-15에 나타낸다. 그림 (a)에는 C_L, C_D, ε의 역수인 양항비 $1/\varepsilon$ 및 θ의 영각 α에 대한 변화가 나타나 있고, 그 중에서 영각이 다른 3개의 상태 Ⓐ, Ⓑ, Ⓒ에 대한 익면상의 압력분포(P: 전압, p: 정압) 및 흐름의 모양이 각각 그림 (b) 및 (c)에 나타나 있다. 영각이 Ⓑ의 상태에서 흐름은 날개에 원활하게 유입하고 양호한 압력분포가 되어 있으나, 영각이 너무 작은 Ⓐ의 상태에서는 양력계수가 작고 압력면(p)에서 흐름이 실속(stall)하기 때문에 항력계수가 크다. 한편, 영각이 너무 큰 Ⓒ의 상태에서는 역으로 부압면(s)상에서 큰 실속이 일어나기 때문에, 항력계수가 급격히 커

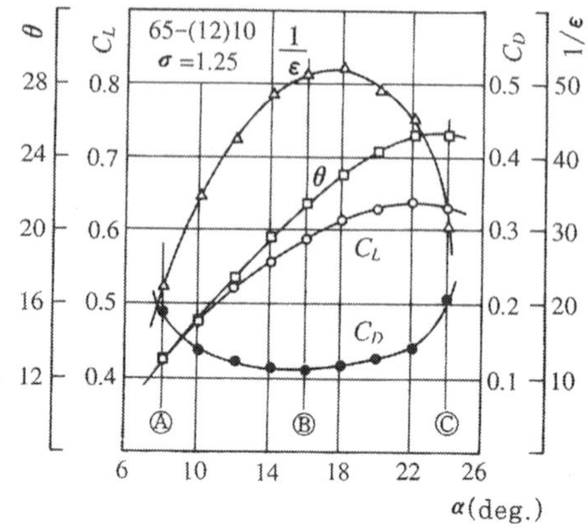

(a) 익렬의 성능

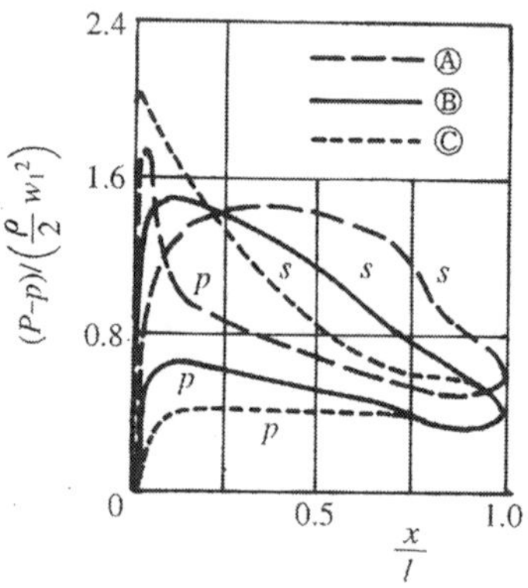

(b) 익면 압력분포

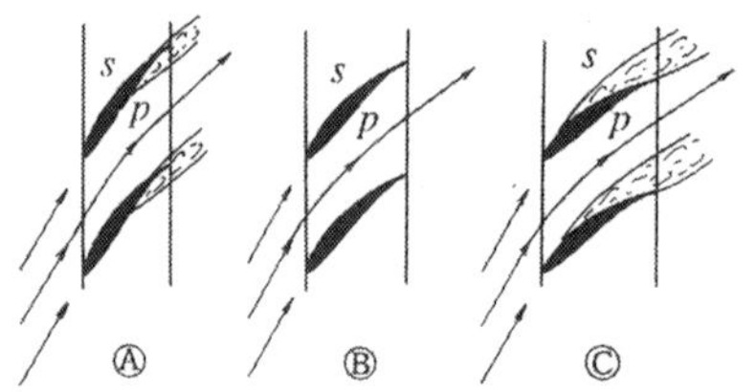

(c) 익렬흐름과 실속

그림 2-15 익렬의 성능과 흐름

진다. 익렬의 설계영각은 날개에 따르는 흐름이 원활하고 양항비가 최대가 되는 점 부근에 설정된다.

이상에 나타낸 것과 같이, 익렬의 성능은 실속이 일어나면 현저하게 저하한다. 따라서 실속한계를 아는 것은 익렬 설계상 중요하고, 2차원 정지익렬의 실험 결과에 의하면 다음 식으로 정의되는 확산계수(diffusion factor)가 0.6을 넘으면 날개가 실속을 일으키는 것이 분명하게 되어 있다.

$$£ = (w_{\max} - w_2)/w_{mean}$$

$$= 1 - w_2/w_1 + \Delta w_u/2\varepsilon w_1 \qquad (2\text{-}26)$$

윗식의 확산계수 $\pounds$은 익면상에서 최고속도 w_{max}에서 출구속도 w_2까지의 감속의 정도를 나타내는 것인데, 그 크기는 2차원 익렬과 실제의 회전익렬에서는 다소 다르다. 또, 실제의 축류회전차에서도 동익과 정익 또는 동익의 선단부와 뿌리부의 흐름이 현저하게 다르기 때문에 $\pounds$의 값도 다르다. 그 예로서 동익 및 정익의 손실 파라미터를 확산계수에 대하여 플롯한 것을 그림 2-16에 나타낸다. $\zeta = h_l/(w_\infty^2/2g)$은 손실계수이다. 동익의 날개뿌리 및 정익에서는 확산계수가 0.6이 되어도 손실은 그다지 커지지 않으나, 동익의 선단 부근에서는 그림 (b)에 나타낸 것과 같이 선단 틈새의 누설 및 원심력에 의한 저에너지 유체의 집적(集積) 등으로 인해 $\pounds$의 값이 0.4 이상이 되면 손실이 현저하게 커지는 것을 알 수 있다.

마지막으로 익렬의 설계법을 기술한다. 익렬의 설계는 흐름의 유입각 α_1이 주어질 때 필요한 선향각 θ를 달성하기 위해 익렬, 즉 익형의 최대골격과 최대익폭 그리고 익렬의 솔리디티 σ와 스태그각 ξ를 결정하는 것이다. 이 중에서 최대골격은 설계영각 α_D에서 양력계수 C_{L0}에 비례하고, 또 최대익폭은 익렬의 설계 성능에 거의 영향을 주지 않기 때문에 결국 (C_{L0}, θ, σ, ξ, α_D)를 결정하게 된다. 따라서 NACA에서는 설계영각에 따른 익렬데이터

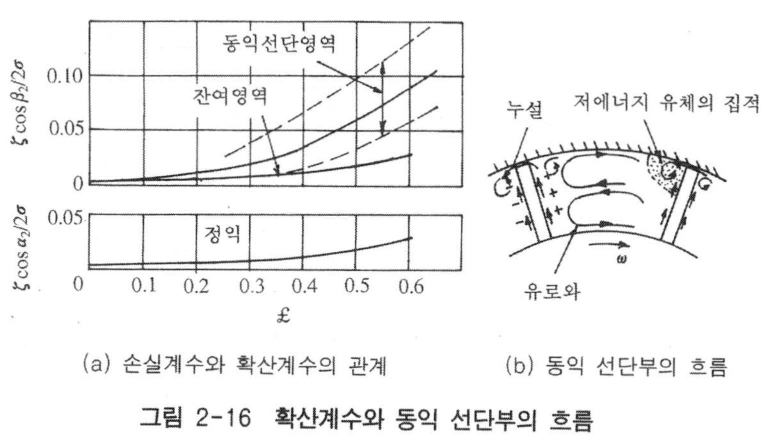

(a) 손실계수와 확산계수의 관계 (b) 동익 선단부의 흐름

그림 2-16 확산계수와 동익 선단부의 흐름

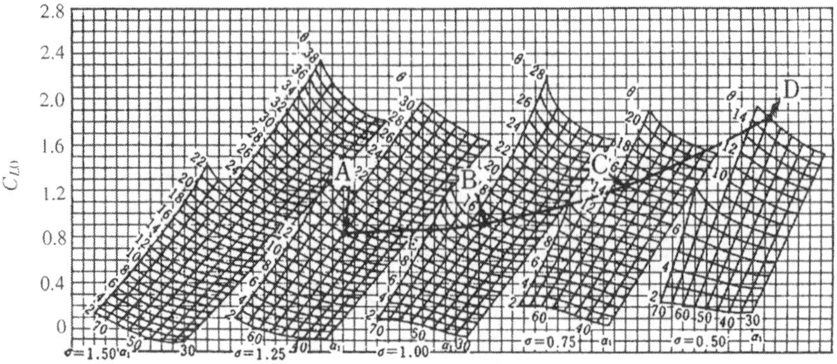

(a) 골격 선정용 카펫선도

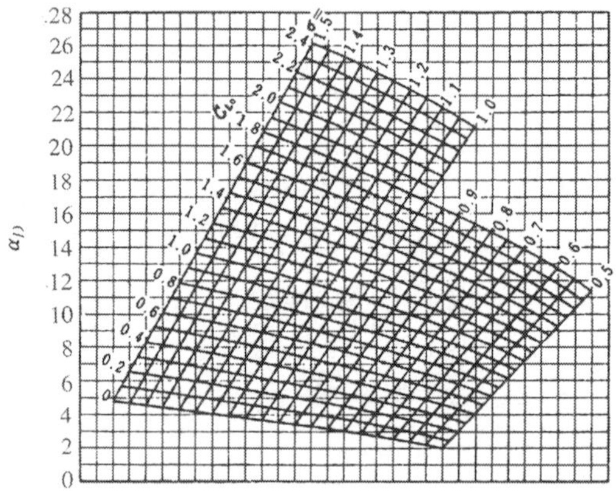

(b) 설계영각 선정선도

그림 2-17 NACA65 시리즈 익형의 설계선도

를 설계상 편리한 형으로 정리한 것을(카펫선도라 함) 공표하고 있으며 그 한 예를 그림 2-17에 나타낸다. 익렬의 설계수순은 우선 σ를 가정하여 그림 (a)에서 $(\alpha_1,\ \theta,\ \sigma)$에 대응하는 C_{LD}를 읽고 다음에 그림 (b)에서 $(C_{LD},\ \sigma)$에 대응하는 α_D를 읽으면 된다. 또, 최초에 가정하는 σ의 값은 날개의 선단과 뿌리의 강도를 고려하여 선정하면 되고, 또 σ의 값이 그림 (a)상에 없을 때는 그림 중의 선분 $ABCD$와 같이 $(\alpha_1,\ \theta)$의 동일한 점을 연결하는 선을 그어 내삽법에 의해 σ를 읽으면 된다.

2-4 고정유로

2-4-1 유체기계의 고정유로

이미 2-1절에서 고정유로에 대한 설명을 했기 때문에, 여기서는 그림 2-1에 복잡한 다단원심펌프의 구조 예(그림 2-18)와 중요한 고정유로의 일람표(표 2-1)를 나타낸다.

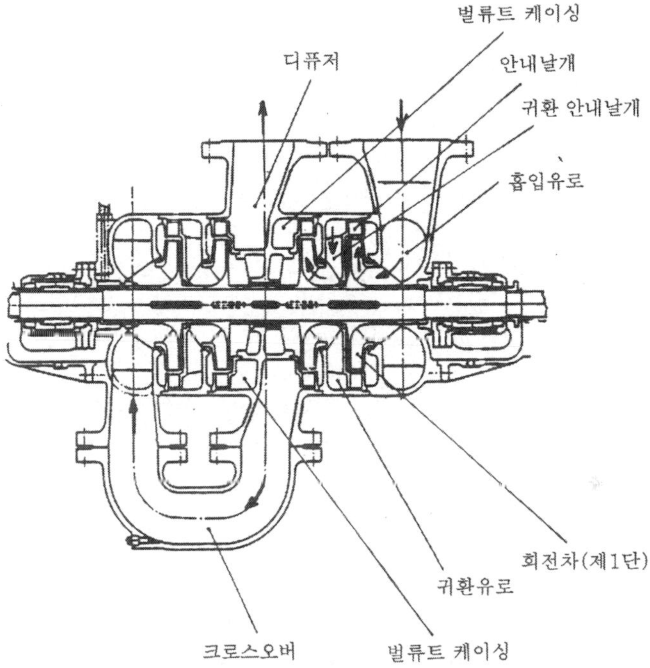

그림 2-18 다단원심펌프

표 2-1 중요한 고정유로

유로 명칭	용도·형식	적용 기종
벌류트 케이싱	회전차의 토출측에 벌류트를 가지는 벌류트형 케이싱	원심펌프
스크롤	상 동	원심송풍기 원심압축기
디퓨저 케이싱	회전차의 토출측에 안내날개형상의 디퓨저를 갖는 케이싱	원심펌프

표 2-1 (계 속)

유로 명칭	용도 · 형식	적용 기종
디퓨저	회전차의 토출측 등에서 속도 케이싱의 일부를 압력헤드로 변환하는 확대 유로	유체기계
날개 없는 디퓨저	회전차의 토출측에 링모양의 판으로 구성하는 디퓨저	원심펌프
날개 붙은 디퓨저	날개 없는 디퓨저 내에 원형익렬의 안내날개를 설계한 것	원심펌프
흡입유로	흡입구에서 회전차 입구로 들어오는 유로부분	유체기계
크로스오버	다단펌프에서 전단에서 후단으로 양액을 유도하는 관모양의 유로부분	다단원심펌프
안내날개	유체를 희망하는 방향으로 유도하기 위해 설치된 날개 또는 디퓨저로서 설치된 날개	유체기계
귀환유로	다단유체기계의 중간단의 유로로 외주에서 회전차 입구를 향하여 내부로 유도하는 부분	다단유체기계

2-4-2 유로 내의 흐름과 손실

【1】 흐름과 손실

유로의 역할을 하고 또한 효율 좋게 유체를 유도할 수 있는 고정유로를 설계하는 것은 유체기계의 성능 향상에 있어 중요하다. 유체기계의 고정유로 내의 흐름은 벽면으로 둘러싸인 내부흐름으로 대부분의 경우 똑같은 흐름은 기대할 수 없고, 증속, 감속하는 흐름이든가 굽은 흐름이 조합된 복잡한 흐름이다.

내부흐름이기 때문에 당연히 벽면에 의한 마찰손실(friction loss)이 생긴다. 유로의 마찰손실은 식 (2-7)과 같은 형태로 다음 식과 같이 구해진다.

$$h_f = \lambda\left(\frac{l}{4m}\right)\frac{v_m^2}{2g} \tag{2-27}$$

여기서, h_f : 마찰손실헤드

λ : 관마찰계수

l : 유로의 길이

m : 수력반지름

v_m : 유로 내 흐름의 제곱평균속도

난류의 경우, 관마찰계수 λ는 레이놀즈수와 벽면조도의 함수이다. 레이놀즈수는 기계의 설계사양으로부터 정해지고, 대부분의 경우 흐름은 난류이기 때문에 마찰손실을 경감시키기 위해서는 관마찰계수를 감소시켜야 한다. 따라서, 유로벽면을 가능한 한 원활하게 가공해야 한다.

유로는 일반적으로는 일정하지 않아 그림 2-19와 같은 단면적이 좁아지거나 또는 넓어지는 유로의 조합으로 고정유로가 구성된다.

그림 2-19 (a)의 좁아지는 유로에서는 유로 내에서의 흐름이 증속한다. 이러한 증속류에서는 유로를 따라 압력구배가 마이너스가 되기 때문에 흐름은 압력차에 의한 흐름방향으로 밀려 벽면을 따라 흐르고 좁아지는 유로에서는 마찰손실만이 주로 문제가 된다.

그림 2-19 (b)의 넓어지는 유로(디퓨저)에서 흐름은 감속하고 유로를 따라 압력은 상승한다. 이 경우 벽면 근방의 흐름은 흐름의 운동에너지를 벽면마찰에 의해 잃게 되고 유로에 따른 압력상승을 이겨낼 수 없을 때 벽 근처의 흐름은 역류한다. 다시 말해 벽면경계층의 박리가 생긴다(flow separation). 이러한 흐름장에

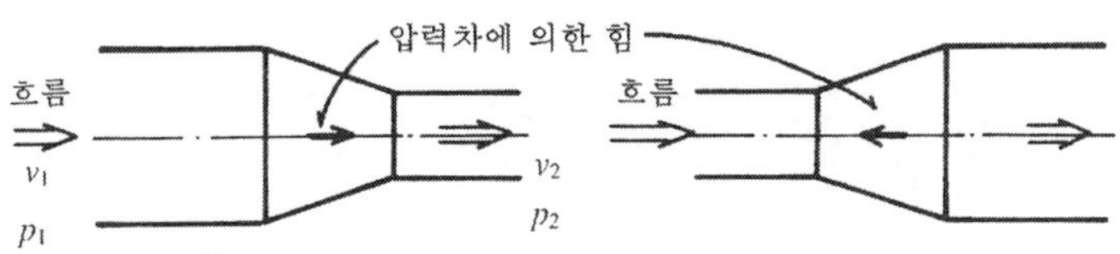

$v_1 < v_2$
$p_1 > p_2$

(a) 좁아지는 흐름

$v_1 > v_2$: 평균유속
$p_1 < p_2$: 압력

(b) 넓어지는 흐름

그림 2-19 유 로

서 유체는 소용돌이쳐 유로흐름의 손실이 증대한다.

단면적이 일정한 유로라도 굽은 흐름에서는 유체 입자에 작용하는 원심력과 그 방향의 흐름장의 압력구배에 의한 힘의 평형이 깨어져 벽면 근처의 유체는 주류와는 다른 방향으로 흐르는 것을 알 수 있다. 이러한 흐름을 2차흐름(secondary flow)이라 하고, 2차흐름이 발생하면 그것에 의한 손실이 부가된다.

유로 내 흐름의 손실	벽면의 마찰 경계층의 박리 2차흐름

【2】 경계층과 흐름의 박리

그림 2-20은 넓어지는 유로 내 흐름의 속도분포를 나타낸 것이다. 유로 내의 흐름은 속도가 같은 주류부와 벽면 근처의 속도구배가 큰 영역으로 나눌 수 있다.

속도가 일정한 주류부의 흐름은 점성이 없는 이상유체의 흐름으로 취급할 수 있으나, 벽면 근처의 속도구배가 큰 영역에서는 유체의 점성이 적어도 그 영향을 무시할 수 없다. 이러한 영역을 경계층(boundary layer)이라 한다. 경계층은 층류경계층과 난류경계층이 있다.

경계층의 특성값으로써 식 (2-28)의 배제 두께(displacement

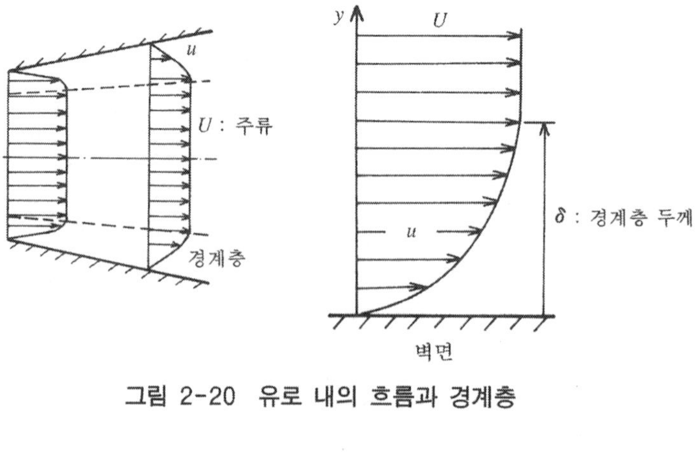

그림 2-20 유로 내의 흐름과 경계층

thickness)와 식 (2-29)의 운동량 두께(momentum thickness)가 사용되고, 양자 사이에는 식 (2-30)의 운동량 적분방정식이 성립한다.

$$\delta_1 = \frac{1}{U}\int_0^{\delta}(U-u)dy \tag{2-28}$$

$$\delta_2 = \frac{1}{U^2}\int_0^{\delta}u(U-u)dy \tag{2-29}$$

$$U^2\frac{d\delta_2}{dx} + U\frac{dU}{dx}(2\delta_2+\delta_1) = \frac{\tau_{w0}}{\rho} \tag{2-30}$$

여기서, δ_1 : 배제 두께

δ_2 : 운동량 두께

δ : 경계층 두께

U : 주류속도

u : 경계층 내의 속도

x : 유로에 따른 거리

y : 벽면에서의 거리

τ_{w0} : 벽면의 전단응력

ρ : 밀도

배제 두께 δ_1 벽면의 존재로 속도가 감소한 것에 의한 유량의 감소분이 두께 δ_1 부분의 주류의 유량과 같다고 둔 것. 즉, 주류를 고려하는 경우, 경계층의 발달에 의한 배제 두께만 유로폭이 좁게 된 것이 된다. 따라서, 이 두께를 앎으로써 벽면에 따른 압력분포, 또는 넓어지는 유로 등의 감속효과를 평가할 수 있다.

운동량 두께 δ_2 경계층 내 속도의 감소에 의해 잃는 운동량을 두께 δ_2의 경계층 외의 주류의 운동량과 같다고 한 것으로, 운동량 결손량을 나타낸다. 이 값을 앎으로써 유로단면적에 작용하는 마찰력을 평가할 수 있다.

그림 2-20과 같이 벽면에 형성되는 경계층은 하류로 갈수록 그

두께가 증가하고, 경우에 따라서는 경계층 내 흐름의 에너지가 감소하여 유로에 따른 역압력구배에 이길 수 없어, 흐름이 벽면에서 떨어져 경계층의 박리가 생긴다. 난류경계층의 경우 경계층이 발달하여 다음 식의 형상계수(shape factor) H가 1.78~2.3에 달하면 박리가 생긴다.

$$H = \frac{\delta_1}{\delta_2} \tag{2-31}$$

또 박리가 생기지 않는 안정한 층류경계층에서는 $H \fallingdotseq 2.6$, 난류경계층에서는 $H \fallingdotseq 1.4$의 값을 갖는다.

【3】 2차흐름

유체기계의 고정 유로 내의 흐름은 대부분이 선회성분을 갖기 때문에 유로 내에 2차흐름이 발생한다.

그림 2-21의 날개 없는 디퓨저 내의 흐름과 같은 선회하는 흐름을 고찰한다. 선회류에서는 유로 내의 반지름방향의 압력구배는 단면 평균 주방향 속도성분(선회성분)에 의해 정해진다. 한편, 벽면 마찰에 의해 벽면 근처의 흐름의 속도는 평균속도 이하가 되기 때문에, 그곳의 유체 입자에 작용하는 주류에 직각방향의 원심

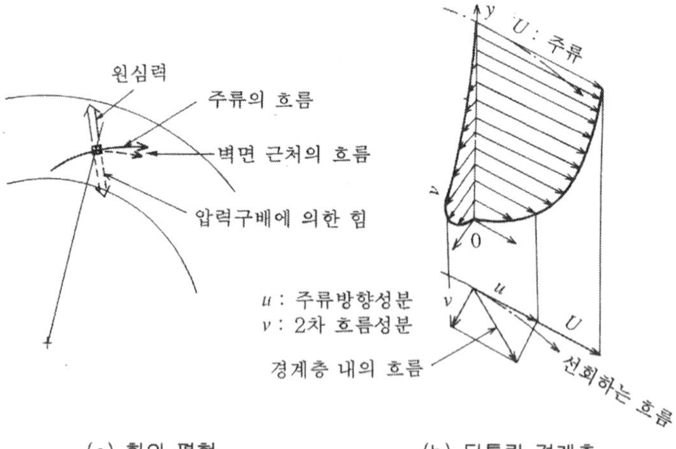

(a) 힘의 평형 (b) 뒤틀림 경계층

그림 2-21 2차흐름과 뒤틀림 경계층

그림 2-22 귀환 안내날개 유로 내의 2차흐름

력은 유로 내의 압력차에 의한 힘보다 작게 되고, 벽면 근처의 유체는 그림 (a)와 같이 선회하는 주류의 내측으로 밀려 나간다. 따라서 이와 같이 선회하는 흐름에서는 근처의 흐름은 주류의 방향과 일치하지 않게 되고 벽면에 따른 경계층은 그림 (b)와 같은 뒤틀림경계층(skewed boundary layer)이 된다.

그림 2-22는 귀환유로 내의 안내날개 유로 내에 발생한 2차흐름의 예로 주류는 익면을 따라 흐르고 있기 때문에 벽면을 따라 흐르는 방향이 이것과 다소 다르다는 것을 알 수 있다.

날개 없는 디퓨저, 귀환유로 등에서 특히 흐름의 선회성분이 큰 경우에는 2차흐름에 의해 반지름방향 속도성분이 큰 영향을 받는다. 또 원형 익렬로 구성되는 안내날개의 내부 등에서도 큰 2차흐름이 발생한다. 2차흐름은 유로 내 흐름의 속도성분을 변화시킬 뿐 아니라 유로 내의 손실 증대의 원인이 되기 때문에 유로를 설계하는 경우에는 충분히 주의해야 한다.

2-4-3 디 퓨 저

【1】 디 퓨 저

디퓨저는 유체 흐름의 감속유로 일반을 말하고, 속도헤드의 일부를 압력헤드로 변환하는 확대 유로로 유체기계의 고정유로의

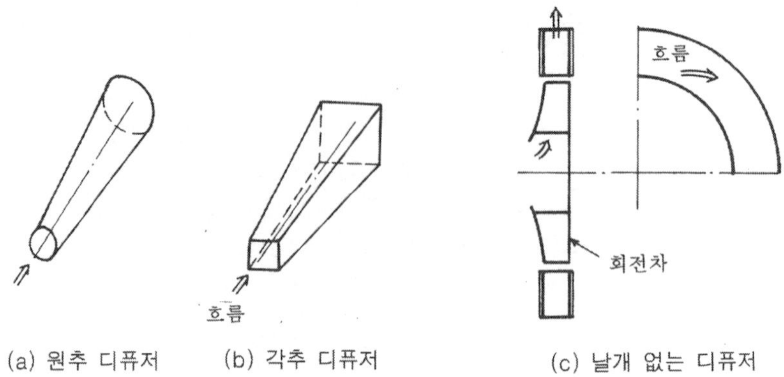

그림 2-23 디퓨저의 종류

중요한 구성요소이다. 디퓨저의 기본 형상을 그림 2-23에 나타내었다. 그림 (a), (b)의 원추, 각추 디퓨저는 원형, 4각형 관을 넓힌 것이고 그림 (c)의 날개 없는 디퓨저는 링모양 2원판 사이에서 감속 유로가 만들어진다.

【2】 디퓨저 내의 흐름과 손실

그림 2-24에 유로 높이를 일정하게 하여 측벽을 넓혀 단면적을 증대시키고 있는 2차원 디퓨저 내의 흐름의 예를 나타낸다. 확대각은 $\theta=10°$의 것으로 높이 방향의 중앙 단면의 속도분포이다. 입구 부근의 $X/W_1=2$의 경우에는 벽면에 발달하고 있는 경계층은 얇으나 흐름이 $X/W_1=4$, 8로 유로 내에 들어옴에 따라 벽면상의 경계층이 벽에서 박리하게 된다. 이와 같이 넓어지는 각을 크게 하면 벽면의 경계층에는 박리가 생겨 유로 내의 흐름은 불안정하게 되고 손실이 증대하게 된다. 확대각을 크게 하면 흐름은 벽면에 따르지 않고 양벽면상에 대규모의 박리영역이 존재하여 더 이상 디퓨저로서의 흐름을 감속할 수 없게 된다.

2차원 디퓨저에 관해서 흐름의 불안정영역을 구한 Kline의 실험결과를 나타낸 것이 그림 2-25이고, 그림에서 흐름이 불안정하게 되는 확대각 θ와 디퓨저 길이 X/W_1와의 관계를 알 수 있다. A의 영역은 흐름에 박리가 생기지 않는 안정영역이며, 확대각 또는 디퓨저 길이를 크게 하면 디퓨저 내에는 박리가 생겨 흐름이

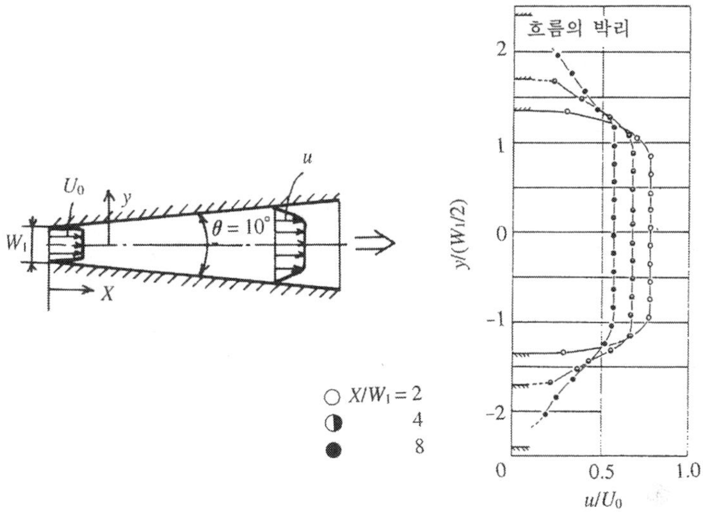

그림 2-24 2차원 디퓨저 내의 속도분포

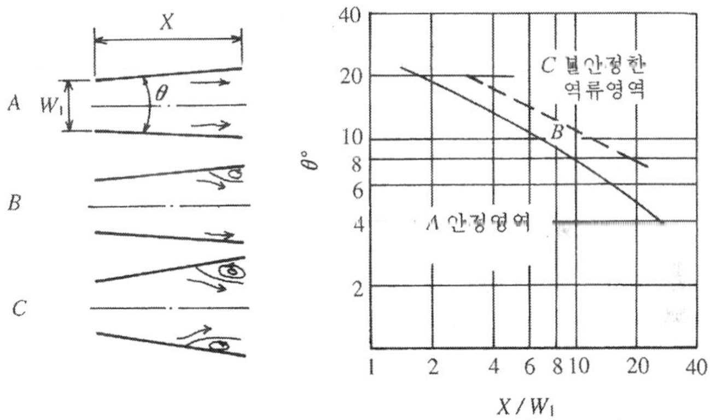

그림 2-25 2차원 디퓨저 내의 흐름

불안정하게 된다(영역 c).

원추 디퓨저 내 흐름의 손실헤드 h_L을 식으로 나타내면 다음과 같다.

$$h_L = \zeta \frac{(V_1^2 - V_2^2)}{2g} \tag{2-32}$$

여기서, h_L : 손실헤드

ζ : 손실계수

v_1, v_2 : 디퓨저 입구, 출구의 평균유속

원추 디퓨저에 관한 Gibson의 실험결과에 의하면 확대각 θ에 의한 손실계수는 그림 2-26과 같이 변한다. ζ의 최소값은 $\theta \fallingdotseq 5.5°$에서 얻어지고, 확대각을 너무 작게 하면, 소정의 압력상승을 얻기 위해서 디퓨저를 길게 할 필요가 있다.

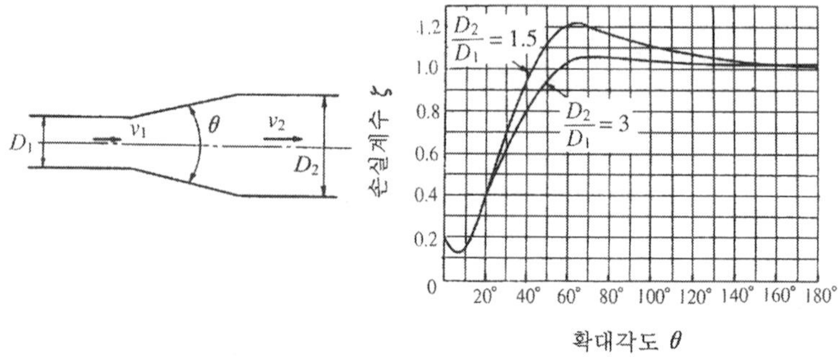

그림 2-26 원추 디퓨저의 손실

【3】 압력회복률

디퓨저의 성능은 다음의 압력회복률(pressure recovery coefficient)로 평가된다.

$$C_p = \frac{(p_2 - p_1)}{\rho \dfrac{v_1^2}{2}} \tag{2-33}$$

여기서, C_p : 압력회복률

p_1, p_2 : 입구, 출구의 압력

v_1 : 디퓨저 입구의 평균유속

ρ : 밀도

그림 2-27에 예로 2차원 디퓨저의 압력회복률에 대한 실험결과를 나타낸다. 그림 중의 1점쇄선 A는 디퓨저 길이가 일정한 경우 최대 압력회복률이 얻어지는 면적비 AR를 구하는 선이고, 1점쇄선 B는 면적비가 주어진 경우 최대 압력회복률이 얻어지는 무차원 디퓨저 길이이다. 일반적으로 2차원 및 원추 디퓨저에서는 최

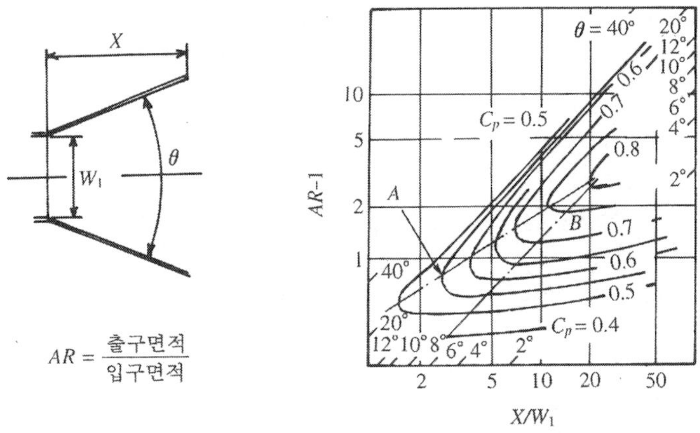

그림 2-27 2차원 디퓨저의 압력회복률

대 압력회복률을 주는 확대각은 디퓨저의 길이 X/W_1에 따라 그림 2-27에 나타낸 것과 같이 7~20°의 범위에서 변화하고, C_p의 값도 변화한다. 또, 디퓨저의 성능은 유입하는 흐름의 벽면에 따른 경계층의 두께에도 좌우되기 때문에 확대각을 크게 하고 싶은 경우에는 디퓨저 입구에서 경계층의 흡입 등을 행하여 그 성능개선을 꾀할 수도 있다.

2-4-4 안내날개

유체기계 내의 유체를 가능한 한 작은 손실로 희망하는 방향으로 흐름을 유도하기 위해 고정유로 내에 여러 종류의 안내날개를 설치한다.

원심유체기계에서는 안내날개로써 원형날개(circular cascade)가 많이 이용된다. 원형 익렬은 그림 2-28과 같이 날개가 원주상에 등간격으로 배열되어 있는 것으로, 내측에서 바깥으로 흐르는 경우 흐름은 감속되고, 반대로 외측에서 안으로 흐르는 경우 흐름은 증폭된다.

그림 2-29는 원형날개의 예로 원심송풍기의 회전차 주변에 설치한 안내날개의 사진이다.

흐름을 증속시킬 필요가 있는 수차의 가이드베인에 이용되는 원형 익렬을 통과하는 흐름의 방향은 안쪽으로 향하는데 펌프수

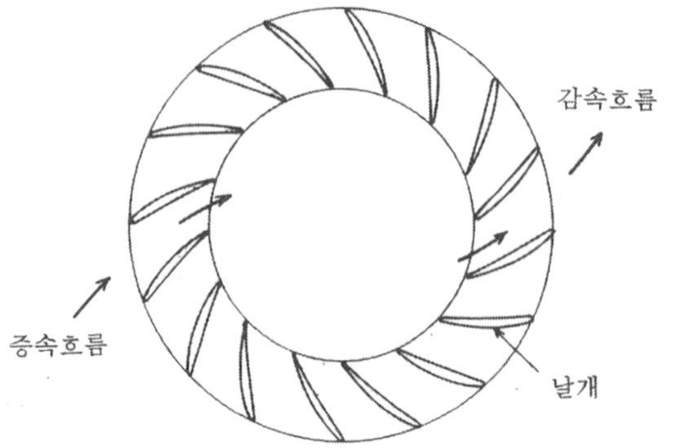

그림 2-28 원형 익렬

그림 2-29 원심송풍기의 안내날개

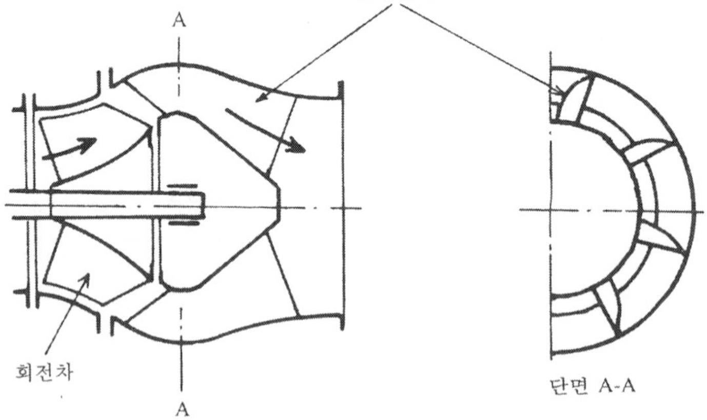

그림 2-30 사류펌프의 안내날개

차의 가이드베인과 같이 펌프, 수차 운전시에 원형 익렬을 통하는 흐름의 방향이 변하는 것도 있다. 또 이러한 가이드베인에서는 날개의 설치각을 바꾸어 수차, 펌프수차 운전시의 유량을 조정한다.

원환모양에 날개를 설치하여 흐름을 유도하는 것으로 그림 2-30에 나타낸 사류펌프의 회전차 출구측의 안내날개가 있다. 이것도 회전차에서 나온 강한 선회성분을 갖는 흐름을 감속시키면서 축방향으로 유도하는 것이다.

2-4-5 벌류트 케이싱

원심회전차의 출구에 벌류트를 설치하여 회전차에서의 유체를 모아서 디퓨저부에 흐름을 유도하기 위해 그림 2-1(b)와 같은 벌류트 케이싱을 설치한다.

그림 2-1(b)와 같이 회전차 주변에 직접 벌류트 케이싱을 설치하는 경우와 디퓨저 펌프[그림 4-3(b) 참조]와 같이 회전차의 외주에 디퓨저부를 설치하고 그 외측에 벌류트 케이싱을 설치하는 경우가 있다. 또 부분 유량으로 펌프 등을 운전하면 케이싱 내의 압력이 원주방향으로 변하고 반지름방향으로 트러스트가 작용한다. 이 힘을 경감시키기 위해 이중 벌류트 케이싱으로 하는 것도 있다(그림 4-15 참조).

유체에서 그 에너지를 취하는 수차 등에도 러너의 주변에 흐름을 유도하기 위해 같은 모양의 벌류트 케이싱이 설치된다. 이 경우 흐름의 방향은 역으로 된다.

2-4-6 귀환유로

귀환유로(return channel)는 다단 원심유체기계의 전단과 후단의 회전차 중간에 설치되는 유로로 전단회전차에서 후단회전차의 입구를 향하여 안쪽으로 유체를 유도하는 부분을 말한다.

그림 2-31에 귀한유로의 구조 예를 나타낸다. 전단회전차 ①에서 나온 흐름은 안내날개 ②를 통과하여 외주로부터 귀환유로 ③에 들어온다. 귀환유로 내에는 귀환 안내날개 ④가 설치되어 있

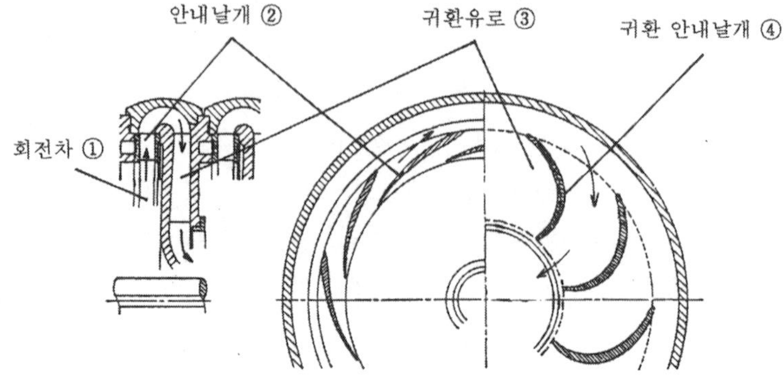

그림 2-31 귀환유로의 구조 예

다. 귀환 안내날개를 나온 흐름은 거의 반지름방향(90°)을 향하고 있고, 다음 회전차에 선회가 없는 흐름을 유입시키게 되어 있다.

2-5 축봉장치

유체기계 내의 유체가 외부로 누설되거나 또는 내부가 부압인 경우 외기의 흡입을 방지하기 위해서 주축이 케이싱을 관통하는 곳에 축봉(seal)장치가 설치된다.

유체기계의 축봉장치로는 목적에 따라 글랜드 패킹(gland packing), 라비린스(labyrinth), 메커니컬 실(mechanical seal)이 이용된다.

【1】 글랜드 패킹

펌프 등의 축봉장치로서 글랜드 패킹이 이용된다. 글랜드 패킹은 목면 또는 석면 끈에 그리스와 흑연을 침투시킨 것으로 주축 주변에 그림 2-32와 같이 수개 늘어 놓아, 패킹 누름으로 눌러 흐름을 방지한다. 글랜드 패킹으로는 완전한 실(seal)을 하기 어렵고 습동저항이 커 마모가 생기기 쉬우나 간단하게 사용할 수 있다.

펌프에서 스러스트를 격감시킬 목적으로 회전차에 평형 구멍을 만드는 경우(4-3 참조), 주축이 흡입구와 접속된 부압 부분을 관통하기 때문에 축봉부로부터 외부의 공기가 침입하는 수가 있다. 이러한 경우 완전한 축봉을 행하기 위해 그림 (b)와 같이 글랜드

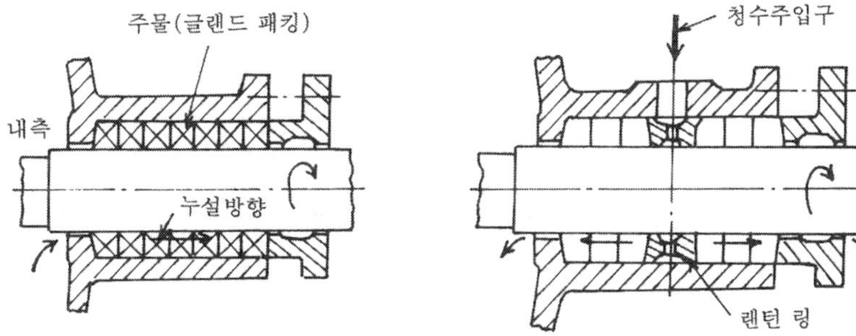

(a) (b)

그림 2-32 글랜드 패킹

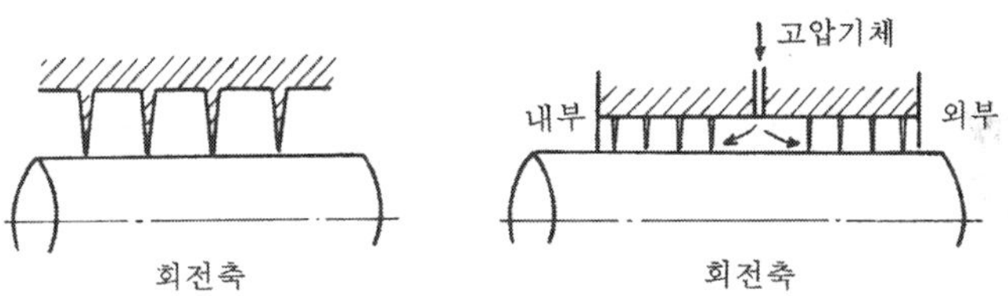

(a) (b)

그림 2-33 라비린스

패킹의 중앙부에 토출측에서 고압수를 공급하여 수봉(water seal) 헌다.

【2】 라비린스

기체를 취급하는 송풍기와 압축기 등에서는 그림 2-33과 같이 선단에 뾰족한 구멍을 뚫은 원판을 케이싱 또는 축에 다수 설치하여 그 인선의 극간을 좁게 유지한 라비린스에 의해 축봉하는 것이 있다. 또 그림 (b)와 같이 고압 기체를 라비린스의 중앙부에서 공급하여 보다 완전한 축봉을 행할 수가 있다. 액체를 취급하는 기계에도 유사한 것이 사용되는 것이 있다.

라비린스방식은 간단하고 동력손실이 없으나, 실 부분이 길어 약간의 누설을 수반하는 것이 결점이다.

【3】 메커니컬 실

그림 2-34에 메커니컬 실의 구조 예를 나타낸다. 메커니컬 실은 축에 수직인 2개의 평면(종동링과 시트링) 사이의 접촉 압력에

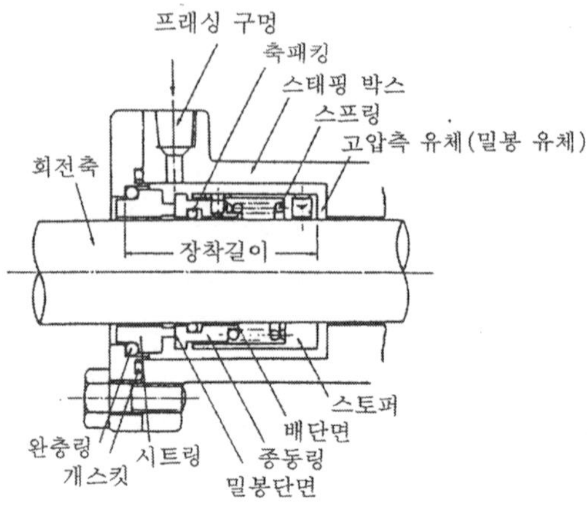

그림 2-34 메커니컬 실의 구조 예

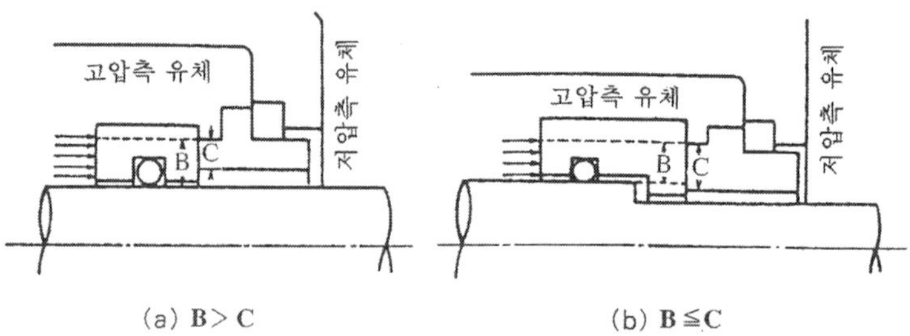

그림 2-35 메커니컬 실의 밸런스

의해 축봉을 행하는 실이다. 축 또는 케이싱을 타고 나온 누설은 축패킹과 완충링으로 방지시킨다.

메커니컬 실은 다종다양하나 대별하면 언밸런스형식과 밸런스 형식으로 분류할 수 있다. 전자는 그림 2-35(a)에 나타낸 바와 같이 종동링에 대하여 축방향으로 이동하는 힘으로 작용하는 고압측 유체의 압력을 받는 축방향의 투영면적 B가 축봉 끝면의 축방향의 투영면적 C보다 큰 구조를 말하고, 후자는 그림 2-35(b)와 같이 B의 면적이 C의 면적과 같든가 또는 작은 구조를 말한다.

언밸런스형식보다 밸런스형식이 고압유체를 축봉하는 데 많이 사용된다.

메커니컬 실의 성능을 좌우하는 중요한 설계인자는 밀봉 끝면 재료의 선정이다. 밀봉 끝면 재료에 요구되는 특성을 표 2-2에 나타낸다. 사용 조건에 따라 여러 종류의 재료를 선정하나 통상 경질재와 연질재의 조합을 사용한다.

표 2-2 메커니컬 실용 밀봉 끝면 재료에 요구되는 특성

요구되는 특성		설계 요건
① 기계 강도	대	내압, 내압변형
② 자기윤활성	양호	내건성, 고부하성
③ 상대재료와의 상대성	양호	융합성, 내면거칠기
④ 내마찰성	대	수명
⑤ 열전도성	양호	방열
⑥ 내열성	양호	내고온
⑦ 내열충격성	양호	내쪼개짐
⑧ 선팽창계수	소	내열변형, 치수안정성
⑨ 내식성	양호	내암코로전(corrosion), 이로전(erosion)
⑩ 가공성	양호	절삭성, 성형성

경질재료는 저부하용으로 소입강 및 주철 등의 금속이, 저중 부하용으로 세라믹 및 스테라이트가, 중고 부하용으로서 텅스텐 카바이드계의 초경합금 및 탄화규소 등이 사용된다. 연질재로는 자기윤활성이 있고 건습동특성이 좋은 그라파이트 카본이 대부분의 경우 사용된다.

메커니컬 실은 모든 유체에 사용될 수 있고 완전한 실이 가능하다. 또 고속, 고압에 견디고 수명이 길어 축의 마모가 생기지 않게 하나 그랜드 패킹 및 라비린스에 비하여 고가이다.

예 제

【2-1】 이하와 같은 치수의 원심펌프의 회전차가 회전속도 $n = 1800\,\text{rpm}$, 토출유량 $Q = 0.4\,\text{m}^3/\text{min}$으로 운전되고 있다. 날개입구, 출구의 속도 3 각형 및 회전차의 전양정 H를 구하라. 물의 동점성계수는, $\nu = 1.00 \times 10^{-6}\,\text{m}^2/\text{s}$이다.

회전차출구 : 반지름 $r_2 = 85\,\text{mm}$, 날개각도 $\beta_{2b} = 23°$,
날개폭 $b_2 = 10\,\text{mm}$

회전차입구 : 반지름 $r_1 = 40\,\text{mm}$, 날개각도 $\beta_{1b} = 14°$,
날개폭 $b_1 = 25\,\text{mm}$

날개길이 $l = 105\,\text{mm}$, 날개매수 $z = 6$, 날개 표면조도 $e = 0.05\,\text{mm}$
단, 회전차입구흐름에 선회는 없는 것으로 하고, 날개두께는 무시해도 좋다.

해답 토출유량 $Q = 0.00667\,\text{m}^3/\text{s}$이므로 날개 입구 및 출구의 메리디안속도는

$$v_{m1} = Q/2\pi r_1 b_1 = 1.06\,\text{m/s}, \quad v_{m2} = Q/2\pi r_2 b_2 = 1.25\,\text{m/s}$$

회전속도 $n = 1800\,\text{rpm}$이므로 회전차의 원주방향 속도는

$$u_1 = r_1\omega = 7.54\,\text{m/s}, \quad u_2 = r_2\omega = 16.02\,\text{m/s}$$

날개 입구에 선회가 없기($v_{u1} = 0\,\text{m/s}$) 때문에 유입각은

$$\beta_1 = \tan^{-1}(v_{m1}/u_1) = 8.0°$$

미끄럼계수는 식 (2-5)에서

$$k = \sqrt{\sin\beta_{2b}}/z^{0.7} = 0.178(\varepsilon = 0.587 > r_1/r_2)$$

따라서 날개 출구에서 절대속도의 원주방향 성분 v_{u2}는 식 (2-3)에서

$$v_{u2} = (1-k)u_2 - v_{m2}\cot\beta_{2b} = 10.23\,\text{m/s}$$

$$\therefore\ \beta_2 = \tan^{-1}\{v_{m2}/(u_2 - v_{u2})\} = 12.2°$$

이상에서 속도 3 각형은 다음 그림과 같이 그려진다.

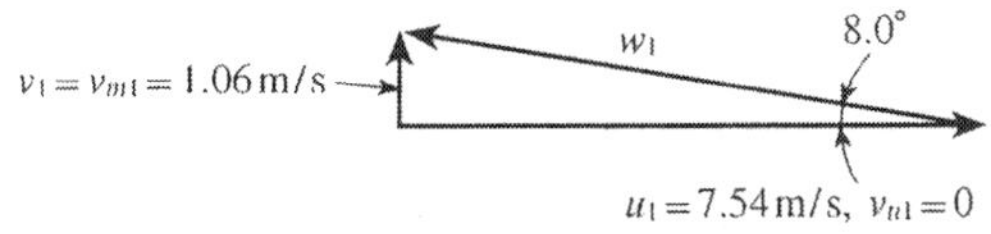

입구 속도 3 각형

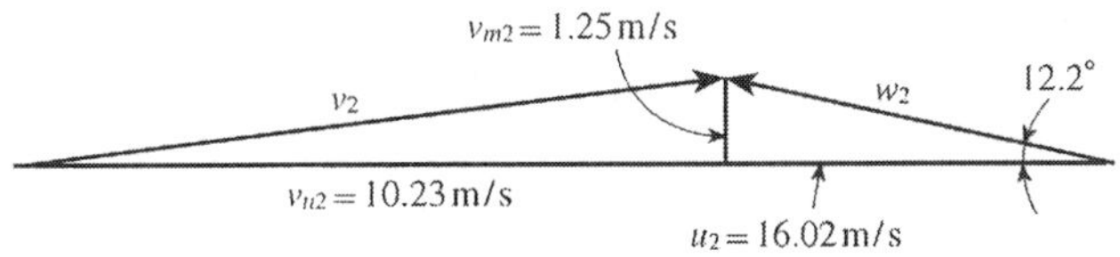

출구 속도 3 각형

다음에 전양정 H는 이론양정에서 충돌손실 h_s [식 (2-8)] 및 마찰손실 h_f [식 (2-7)]를 빼어 구할 수 있고 $v'_{u1} = 0$을 고려하여

$$H = u_2 v_{u2}/g - h_s - h_f$$
$$h_s = \Delta w_{u1}{}^2/2g = (u_1 - v'_{u1} - v_{m1}\cot\beta_{1b})^2/2g = 0.55\,\mathrm{m}$$

식 (2-7) 중 평균상대속도 w_m은 속도 3 각형으로부터

$$w_1 = 7.61\,\mathrm{m/s},\quad w_2 = 5.92\,\mathrm{m/s},$$
$$\therefore\ w_m = \sqrt{(w_1^2 + w_2^2)/2} = 6.82\,\mathrm{m/s}$$

또, 수력반지름 m_1 및 m_2는 유로단면적을 단면적 둘레길이로 나눈 것이므로

$$m_1 = \{(2\pi r_1/z)\cdot b_1\}/2\{2\pi r_1/z + b_1\} = 0.0078\,\mathrm{m}$$
$$m_2 = \{(2\pi r_2/z)\cdot b_2\}/2\{2\pi r_2/z + b_2\} = 0.0045\,\mathrm{m}$$
$$\therefore\ m = (m_1 + m_2)/2 = 0.0062\,\mathrm{m}$$

대표 레이놀즈수 $R_e = 4m\,w_m/\nu = 1.7\times10^5$, 상대조도 $e/4\,\mathrm{m} = 0.0020$이므로 무디(Moody)선도에서 등가원관의 관마찰계수 $\lambda = 0.025$가 되고 관마찰손실은

$$h_f = 3.0\lambda(l/4m)w_m^2/2g = 0.74\,\mathrm{m}$$
$$\therefore\ H = 16.72 - 0.55 - 0.74 = 15.43\,\mathrm{m}$$

[2-2] 축류송풍기의 회전차의 팁지름 $d_1 = 1\,\text{m}$, 보스지름 $d_b = 0.6\,\text{m}$이다. 회전속도 $n = 1200\,\text{rpm}$일 때, 전압(全壓) 상승이 수주로 48 mm, 송풍량 $Q = 300\,\text{m}^3/\text{min}$이 되도록 하는 날개를 설계하라. 단, 익소효율 $\eta_i = 0.85$로 한다.

해답 익형의 설계는 필요한 이론양정 H_{th}를 만족하는 (C_L, σ, ε)의 조합을 선정하는 것이다. 따라서 식 (2-20)에서 Δw_u, β_∞, w_∞를 구해야 한다. 우선 익형의 설계를 제곱 평균반지름 $d_m = \sqrt{(d_t^2 + d_b^2)/2} = 0.825\,\text{m}$로 하고 이 반지름에서 원주속도 u 및 축류속도 w_a를 구하면,

$$u = \pi d_m n/60 = 51.9\,\text{m/sec}$$
$$w_a = (Q/60)/\{\pi(d_t^2 - d_b^2)/4\} = 10.0\,\text{m/sec}$$

날개에 의한 전압 상승 $H_w = 24\,\text{mmAq}$를 작동유체인 공기의 전양정으로 고치면,

$$H = (\rho_w / \rho_a) H_w = (102 / 0.122) \times (48 / 1000) = 40.1\,\text{m}$$

단, ρ_w 및 ρ_a는 각각 물 및 공기의 밀도이다. 동익의 효율 $\eta_i = 0.85$에서 이론양정 $H_{th} = H / \eta_i = 40.1 / 0.85 = 47.2\,\text{m}$, 손실헤드 $h_l = H_{th} - \text{H} = 7.1\,\text{m}$가 된다. 이론양정은 입구선회가 없다면 식 (2-9)에서 $H_{th} = u\Delta w_u / g$로 주어지고 $w_{u1} = u$이므로 $\Delta w_u = gH_{th}/u = 7.6\,\text{m/s}$

$$w_{u2} = w_{u1} - \Delta w_u = u - \Delta w_u = 44.3\,\text{m/s}$$
$$\therefore\ w_{u\infty} = (w_{u2} + w_{u1})/2 = 48.1\,\text{m/s}$$

이상에서 벡터 평균속도 및 그 각도는

$$w_\infty = \sqrt{w_a^2 + w_{u\infty}^2} = 49.1\,\text{m/s}$$
$$\beta_\infty = \tan^{-1}(w_a / w_{u\infty}) = 11.7^\circ$$

이러한 결과를 식 (2-21)에 대입하여 ε을 구하면

$$\varepsilon = (1-\eta_i)\, u \sin\beta_\infty / \{w_\infty - (1-\eta_i)\, u \sin\beta_\infty \cot\beta_\infty\}$$

따라서, 최종적으로 식 (2-20)에서

$$C_L \sigma = 2\Delta w_u / \{w_\infty (1 + \varepsilon \cot\beta_\infty)\} = 0.261$$

$C_L = 0.80$으로 하면 $\sigma = l/t = 0.326$이 된다. $\pi d_m = 2.59$ m이므로 날개매수를 5매로 하면, 제곱평균반지름상의 피치 $t = 0.518$ m, 날개길이 $l = 0.170$ m가 된다.

[2-3] 그림의 원추 디퓨저 내를 유량 7.8×10^{-3} m^3/s의 물이 흐르고 있다.

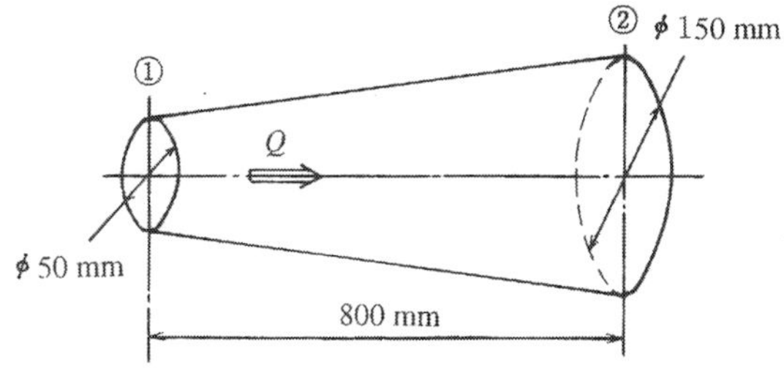

(1) 흐름의 손실을 무시한 경우 이 디퓨저의 압력회복률을 구하라.
(2) 입구 ①과 출구 ②에서 흐름의 손실헤드 $h_L = 0.12$ mH_2O라 하고, 압력회복률과 손실계수를 구하라.

해답 (1) 입구 ①과 출구 ②에 베르누이정리를 적용한다(위치 헤드는 무시).

$$\frac{v_1^2}{2g} + \frac{p_1}{\rho g} = \frac{v_2^2}{2g} + \frac{p_2}{\rho g}$$

$$\therefore p_2 - p_1 = (\rho/2)(v_1^2 - v_2^2)$$

연속식에서

$$v_2/v_1 = (D_1/D_2)^2$$

식 (2-33)에서

$$C_p = 1 - (v_2/v_1)^2 = 1 - (D_1/D_2)^4$$
$$= 1 - (50/150)^4 = 0.988$$

(2) 베르누이정리에서 손실헤드를 고려하면

$$p_2 - p_1 = (\rho/2)(v_1^2 - v_2^2) - \rho g h_L$$

$$C_p = 1 - \left(\frac{D_1}{D_2}\right)^4 - \frac{2gh_L}{v_1^2}$$

$$v_1 = Q/(\pi D_1^2/4) = 7.8\times 10^{-3}/(\pi\, 0.05^2/4) = 3.97 \text{ m/s}$$

$$\therefore\ C_p = 0.988 - 2\times g\times 0.12/3.97^2 = 0.839$$

한편, 손실계수는 식 (2-32)에서

$$\zeta = \frac{2gh_L}{v_1^2\ \{1-(D_1/D_2)^4\}}$$

$$= 2\times g\times 0.12/(3.97^2\times 0.988) = 0.151$$

3 터보기계의 성능과 운전

3-1 상사법칙과 비속도

3-1-1 차 원 해 석

유체기계는 그 원리는 같아도 치수, 형상 및 운전조건에 따라 성능특성이 다른 경우가 있다. 이러한 때에 실험에 의해 얻어진 결과의 물리량 상호간에 상이성이 있는가 없는가를 알기 위해 차원해석(dimensional analysis)을 이용하고 관계하는 물리량을 곱해 차원을 갖지 않는 무차원을 구하여 대비하는 방법이 취해진다. 여기서 차원이란 물리량을 나타내는 질량, 길이, 시간 등 기본단위의 지수를 말한다. 무차원 곱의 유용성은 다음과 같이 이해할 수도 있다. 예를 들면 물리량의 관계를 나타내는 방정식을 고려하면 각 항은 동일한 차원을 가지고 단위계가 달라도 성립하며, 이것을 무차원화하여 무차원 곱으로 구성되는 무차원방정식으로 할 수가 있는 것으로도 대응한다.

각종 물리량의 조합에 의한 차원해석에 의해 무차원 곱은 얼마라도 구할 수가 있으나 이것들이 일반성이 있는 것이 되기 위해서는 선택한 물리량이 실제의 현상에 대하여 적절한 것이어야 한다. 따라서, 적절하지 않은 무차원은 아무리 구해도 의미를 갖지 않는 것에 주의해야 한다.

표 3-1 기본단위, 차원 및 물리량

SI 기본단위

물리량	기 호	기본단위
길 이	m	L
질 량	kg	M
시 간	s	T

SI 조합단위

물리량	기 호	정 의	Q	M, L, T의 지수		
				a_1	a_2	a_3
힘	N	kg · m/s^{-2}	MLT^{-2}	1	1	−2
압 력	Pa	N/m^2	$ML^{-1}T^{-2}$	1	−1	−2
회전수	rpm	1/60/s	T^{-1}	0	0	−1
속 도	−	m/s	LT^{-1}	0	1	−1
점 도	−	Pa · s	$ML^{-1}T^{-1}$	1	−1	−1

▶ **버킹엄의 π 정리**(Buckingham π theorem)

무차원곱을 구하는 데는 우선 관계하는 물리량을 선정하고, 각각의 물리량 m개를 기본단위의 조합으로 나타낸다. 관계하는 물리량을 Q_1, Q_2, …… Q_n으로 하고, 각각의 지수를 α_1, α_2, ……α_n으로 하면 이들의 조합은

$$Q_1^{\alpha 1} Q_2^{\alpha 2} Q_3^{\alpha 3} \cdots\cdots Q_n^{\alpha n} \tag{3-1}$$

이 된다. 표 3-1에 기본단위, 차원 및 물리량의 예를 나타내었다. 여기서 Q_1, Q_2, …… Q_n을 기본단위(M, L, T…)로 나타내면, 각각이 지수를 갖는 조합으로 표시된다. 이러한 지수의 합을 0으로 하면 기본단위와 동수인 m개의 방정식이 얻어진다. 따라서 서로 독립인 무차원량의 수는 $(n-m)$개이다. 다시 말해 n개의 Q_1, Q_2, … Q_n 중 $(n-m)$개의 지수에 의해 다른 지수를 나타낼 수가 있다. 이렇게 하여 기본단위를 m개 포함하는 n개의 물리량으로부터 각각 적어도 하나가 다른 기본단위를 포함하는 m개의 물리량을 선택하여 Q_1, Q_2, …… Q_m으로 하고, 나머지 Q_{m+1}, …… Q_n의 $(n-m)$개의 것과 조합하여 무차원 곱을 구하는 것을 버킹엄의 π 정리라 한다.

예를 들면 물체 주변의 흐름에 관해서 고찰하면, 물체에 작용하는 힘 F는 물체의 밀도 ρ, 점도 μ, 속도 v 및 물체의 크기 l에 의해 지배되고 힘 F는 $f(F, \rho, \mu, v, l) = 0$으로 표시된다. 여기서 F, ρ, μ, v, l은 위에서 기술한 물리량 Q_1, Q_2, Q_3, Q_4 및 Q_5에 상당하고 $n = 5$이다. 이들에 적용한 기본차원은 $F[MLT^{-2}]$, $\rho[ML^{-3}]$, $\mu[ML^{-1}T^{-1}]$, $v[LT^{-1}]$, $l\,[L]$이기 때문에 M, L, T의 3개이고, $m = 3$이 된다. 따라서 서로 독립한 무차원량의 수는 2개이다. 그것들을 π_1 및 π_2라고 하면,

$$\pi_1 = F\rho^{\alpha 1} v^{\beta 1} l^{\gamma 1} \qquad \pi_2 = \mu\rho^{\alpha 2} v^{\beta 2} l^{\gamma 2}$$

가 된다. 따라서 $\pi_1 = [MLT^{-2}][ML^{-3}]^{\alpha_1}[LT^{-1}]^{\beta_1}[L]^{\gamma_1}$이므로

M에 관해서는 $1+\alpha_1 = 0$

L에 관해서는 $1-3\alpha_1+\beta_1+\gamma_1 = 0$

T에 관해서는 $-2-\beta_1 = 0$

이 성립한다. $\alpha_1 = -1$, $\beta_1 = -2$, $\gamma_1 = -2$가 되므로,

$$\pi_1 = \frac{F}{\rho v^2 l^2}$$

가 구해지고, 이것은 항력계수의 일종이다. π_2에 관해서 같은 모양으로 각자 시도해 보기 바란다.

3-1-2 운전조건의 상사법칙

유체기계가 상사이기 위해서는 기하학적 형상뿐만 아니라 운전조건 및 흐름장도 상사일 필요가 있다. 실제로 유체기계의 성능특성에만 관여하는 인자는 20개 이상 있다고 하나 흐름장도 포함하여 이러한 것들을 모두 상사하도록 물리량을 선정하는 것은 불가능하다. 따라서 주요한 물리량 몇 개에 주목하여 무차원 곱을 구하여 상사법칙(similitude)을 유도한다.

지금, 운전조건의 상사법칙을 고찰한다. 유량, 압력상승, 동력, 유체의 밀도, 회전속도 및 대표치수 6개의 물리량을 이용하여 차원

해석을 행하면, 기본단위는 질량, 길이 및 시간의 3개이므로 다음 3개의 무차원 곱이 구해진다.

$$\pi_1 = \frac{Q}{D^3 n} \tag{3-2}$$

$$\pi_2 = \frac{p}{\rho D^2 n^2} \tag{3-3}$$

$$\pi_3 = \frac{P}{\rho D^5 n^3} \tag{3-4}$$

여기서, π_1 : 유량상수(flow coefficient), n : 회전속도

π_2 : 압력상수(pressure coefficient), ρ : 유체의 밀도

π_3 : 동력계수(power coefficient), Q : 유량

P : 동력, p : 압력상승

D : 대표길이(통상, 회전차의 바깥지름)

이러한 것들은 다른 형으로도 나타낼 수가 있는데, 예를 들면 유량계수는

$$\pi_4 = \frac{Q}{AU} \tag{3-5}$$

여기서, A : 대표면적

U : 비속도

로 하면 $A \propto D^2$, $U \propto Dn$이기 때문에 π_1과 같은 것으로 볼 수 있다.

압력계수에 관해서도 같이 하여

$$\pi_5 = \frac{p}{\frac{\rho}{2} U^2} \tag{3-6}$$

와 같이 표시할 수 있다. 이것을 펌프에 대하여

$$\pi_6 = \frac{2gH}{U^2} \tag{3-7}$$

여기서, π_6 : 양정계수(head coefficient)

H : 전양정

으로 하면 $H = p/\rho g$이므로 π_2 및 π_5와 같은 의미를 갖는다. 펌프수차, 송풍기 및 압축기에 관해서는 다른 표시의 무차원수가 유량계수 및 압력계수 등에 이용되는 경우가 있는데, 차원해석으로 구한 것으로 본질적으로는 같다고 할 수 있다.

π_1, π_2 및 π_3에 관해서 고찰해 보면, 예를 들어 유량계수, 압력계수 및 동력계수가 동일한 상사인 운전상태에 있는 2대의 펌프에서 각각 첨자 1 및 2로 표시하면

$$\frac{Q_2}{Q_1} = \left(\frac{D_2}{D_1}\right)^3 \frac{n_2}{n_1} \tag{3-8}$$

$$\frac{H_2}{H_1} = \left(\frac{D_2}{D_1}\right)^2 \left(\frac{n_2}{n_1}\right)^2 \tag{3-9}$$

$$\frac{P_2}{P_1} = \left(\frac{D_2}{D_1}\right)^5 \left(\frac{n_2}{n_1}\right)^3 \tag{3-10}$$

은 닮은 운전조건을 준다. 같은 펌프가 다른 회전속도에서 운전되고 있다면 $D_1 = D_2$이므로

$$Q \propto n, \quad H \propto n^2 \text{ 및 } P \propto n^3$$

가 성립하고, 유량, 양정 및 동력은 각각 회전속도의 1승, 2승 및 3승에 비례함을 알 수 있다.

3-1-3 비 속 도

유체기계를 설계하는 경우에는 우선 압력상승 또는 전양정, 유량, 회전속도 및 소요동력을 결정하고, 이들에 대하여 효율이 가장 높아지도록 치수, 형상 등을 결정할 필요가 있다. 차원해석에 의해서 그것들의 무차원 곱을 구하고 g를 상수로서 생략하면

$$n_s = n\frac{Q^{1/2}}{H^{3/4}} = n\frac{Q^{1/2}}{\left(\dfrac{p}{\rho}\right)^{3/4}} \tag{3-11}$$

이 얻어진다. 이것을 비속도(specific speed)라 하고 축류, 원심 및 사류형 등의 구조방식에 따라 그 값이 대략 정해지고, 또 달성할

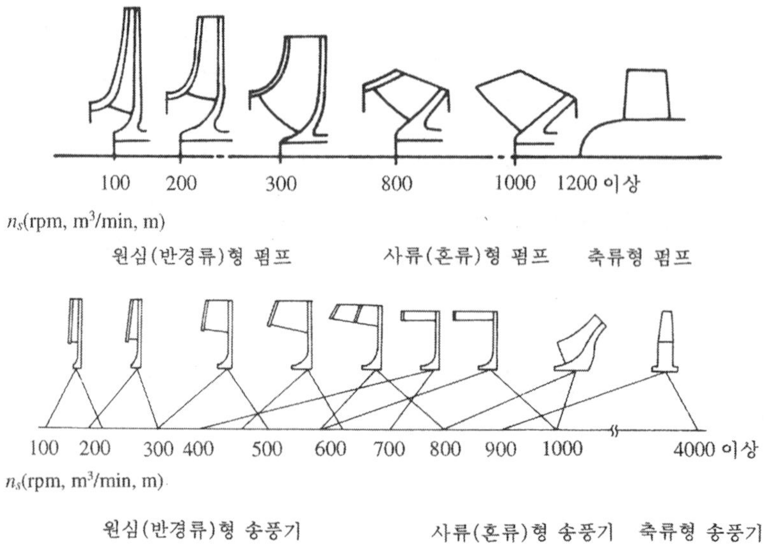

그림 3-1 펌프 및 송풍기의 비속도와 회전차 형상의 관계

송풍기	특 성 곡 선	n_s(rpm, m³/s, m)	전단열효율
원 심 (반경류)	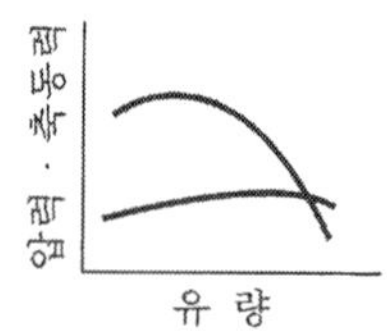	100∼600	75 %
사류(혼류)	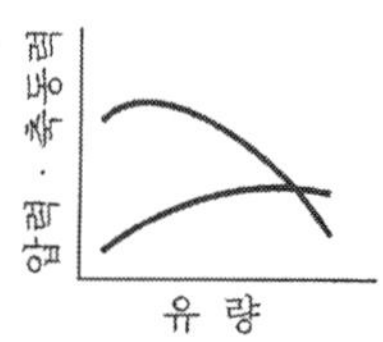	600∼1000	80 %
축 류	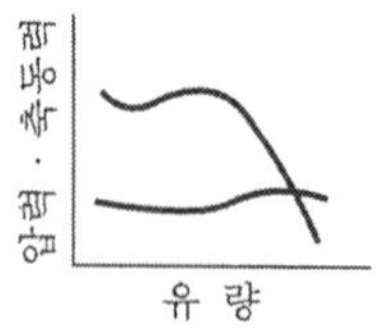	1200 이상	90 %

그림 3-2 송풍기의 비속도와 특성곡선의 관계

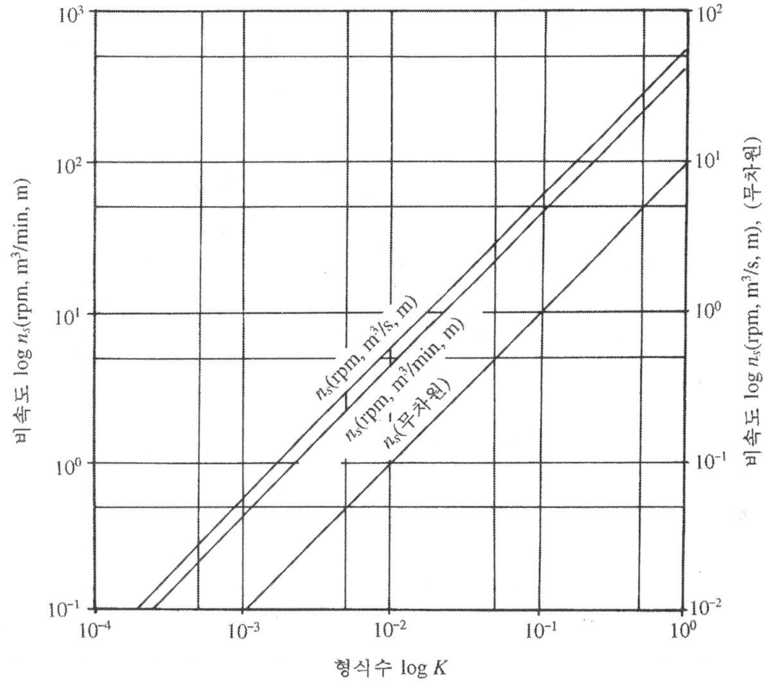

그림 3-3 형식수와 비속도의 대응관계

수 있는 효율의 값도 경험적으로 알려져 있기 때문에 유체기계에서 가장 중요한 무차원 곱의 하나라고 말할 수 있다. 또 ISO(국제규격)에서는 새롭게 n_s 대신에 형식수(type number)를 다음과 같이 정하고 있다.

$$K = 2\pi n \frac{Q^{1/2}}{E^{3/4}} \tag{3-12}$$

여기서, K : 형식수

E : 비에너지

비속도는 본래 무차원인데 펌프, 수차, 송풍기 및 압축기에서 차원을 가지는 다른 표시방법이 취해지는 경우도 많다. 예를 들면, 펌프에서는 g를 생략하고 n(rpm), Q(m^3/min), H(m)로 표시하기도 하고, 압축기 및 송풍기에서는 식 (3-11)에서 n(rpm), Q(m^3/s), H(m)가 이용되기도 한다. 외국에서는 ft-lb계에 의해 표

시되는 것도 있다. 다음에 수차는

$$n_s = n\frac{P^{1/2}}{H^{5/4}} \tag{3-13}$$

으로 표시하고 n(rpm), P(kW), H(m)를 이용하는 경우도 있는데, 표시방법을 바꾼 것뿐이고 본질적으로는 식 (3-1)과 같고 형식수와 같이 완전한 무차원은 아니다. 그림 3-1에 펌프 및 송풍기의 비속도와 회전차 형상의 관계를 나타낸다. 또 그림 3-2에는 송풍기를 예를 들어 회전차의 달라짐에 의한 비속도의 값, 전단열효율의 대략의 최대값 및 후술하는 특성곡선의 특징을 나타낸다. 또 그림 3-3에는 형식수와 비속도의 대응관계를 나타낸다.

3-1-4 원판마찰손실

우선, 효율에 관해서 고찰하면 전효율은 유체기계에서 발생하는 손실의 전부에 관계하고 손실은 수력손실, 기계손실 및 누설손실로 분류된다. 전효율을 이것으로부터 구하면,

$$\eta = \eta_h \cdot \eta_m \cdot \eta_v \tag{3-14}$$

여기서, η : 전효율

η_h : 수력효율

η_m : 기계효율

η_v : 체적효율

여기서 주의해야 할 것은 회전차 주판의 이면 등에서와 같이 직접 유체의 에너지 수수에 관계하지 않는 유체마찰손실의 존재인데, 이것을 원판마찰손실(disk friction loss)이라 하고 기계손실에 포함된다. 누설손실은 유체기계에 유입했으나 토출에 도달하지 않고 베어링 등을 통하여 외부로 세어나가는 것과, 회전차와 케이싱의 극간의 누설 및 회전차 출구측에서 내부로 주로 케이싱에 따라 역류하여 최종적으로는 흡입구에 도달하는 내부에서의 누설 2가지로 나누어 생각할 수가 있다. 여기서 내부 누설에 관계하는 효율과 원판마찰손실에 관계하는 효율 및 전술한 유체손실에 관

계하는 효율은 작동유체 중에서 발생하는 내부손실에 대한 효율로 표시되고

$$\eta = \eta_{df} \cdot \eta_{vi} \cdot \eta_h \tag{3-15}$$

여기서, η_i : 내부효율

η_{vi} : 내부 누설에 대한 누설손실

η_{df} : 원판마찰손실

로 표시된다. 여기서 원판마찰손실과 회전차의 구동력을 고려하면 식 (3-2)~(3-4)를 참고로 하여

$$P_{df} \propto \rho D^2 U^3 \tag{3-16}$$

$$P \propto \rho QH \tag{3-17}$$

여기서, P_{df} : 원판마찰동력

P : 회전차 구동동력

이 성립한다. 양자의 비를 취하여 식 (3-11)의 비속도 및 식 (3-7)의 양정계수를 이용하면

$$\pi_7 = \frac{1}{n_s^2 \, \pi_6^{5/2}} \tag{3-18}$$

$\pi_7 = P_{df} / P$ 이므로, 원판마찰손실과 축동력의 비는 비속도의 제곱에 반비례한다.

3-1-5 점성의 효과

작동유체의 점성은 유체마찰손실을 발생시켜, 효율에 직접적으로 영향을 준다. 그러나 비속도를 구할 때에는 점성의 영향은 고려하지 않고, 최적인 비속도의 값을 선택하면 달성되는 효율은 대략 결정되어 있는 것으로 취급했다. 여기서 식 (3-2)~(3-4)를 구하는 경우 물리량으로써 점성계수를 더하여, 4개의 무차원 곱을 구하여 보면 다시

$$\pi_8 = \frac{\nu}{D^2 n} = \frac{1}{R_e} \tag{3-19}$$

여기서, ν : 동점도

R_e : 레이놀즈수

가 얻어진다. 따라서 점성의 영향은 레이놀즈수(Reynolds number)에 의해 표시되는 것을 알 수 있다.

3-1-6 압축성의 효과

작동유체가 기체인 유체기계에서는 압축성의 영향은 특히 고압력, 고원주속도의 경우 중요하다. 유량계수가 동일한 경우 식 (3-2)를 다시 쓴 식 (3-5)는 v를 흐름의 평균유속으로 하면 $Q = Av$이므로 $U \propto v$로 나타낼 수 있다. 게다가 식 (3-6)의 압력계수도 동일하다면 $P \propto \rho U^2$가 된다. 따라서, 압축성의 영향은

$$\frac{dp}{d\rho} \propto U^2 \tag{3-20}$$

로 볼 수 있다. 또, $U \propto v$이므로 U와 v의 양쪽이 관계하는 것을 알 수 있다. 한편,

$$a = \sqrt{\frac{dp}{d\rho}} = \sqrt{g\chi RT} \tag{3-21}$$

여기서, a : 음속

T : 온도

g : 중력가속도

χ : 비열비

R : 가스상수

이므로 이들도 관계한다. 마하수(Mach number)는 음속을 이용한 무차원 속도로 정의되기 때문에 U와 v에 대하여 다음 2종류의 마하수가 정해진다.

$$M_u = \frac{U}{a} \tag{3-22}$$

$$M_v = \frac{v}{a} \tag{3-23}$$

여기서, M_u : 주속 마하수

M_v : 흐름의 마하수

여기서 이하의 중량유량 및 이상기체의 상태방정식

$$G = \rho g Q \tag{3-24}$$

$$p = \rho g R T \tag{3-25}$$

를 이용하면, 동일 기체에서는 χ 및 R도 동일하므로

$$M_u \propto \frac{nD}{\sqrt{T}} \tag{3-26}$$

$$M_v \propto \frac{G\sqrt{T}}{pD^2} \tag{3-27}$$

가 구해지고, 이들이 일치하면 압축성에 대한 상사법칙은 보존된다. 동일 압축기에서 $D=1$이므로

$$\pi_9 = \frac{n}{\sqrt{T}} \tag{3-28}$$

$$\pi_{10} = \frac{G\sqrt{T}}{p} \tag{3-29}$$

가 되고, π_9은 수정 회전속도, π_{10}은 수정 중량유량이라 하고, 압축기에서는 일반적으로 표준상태(103.2 kPa, 293 K)에서의 중량유량 및 회전속도를 기준으로 하여 선택한다. 표준상태와 다른 대기압, 대기온도에서의 운전은 π_9 및 π_{10}이 동일하게 되는 회전속도 및 중량유량으로 행해야 한다.

3-2 특성곡선

3-2-1 성능, 특성의 표시

일반적으로 성능, 특성(performance, characteristics)의 표시법은 펌프, 수차, 송풍기 및 압축기에서 다른 경우가 많으나, 이것은 각각에 편리한 방법이 취해지고 있기 때문이고, 본질적인 차이는 없다. 예로서 회전수가 일정한 경우 유량계수의 변화에 대한 압력계수 또는 양정계수 및 동력계수의 변화를 그림 3-4에 나타낸다.

성능의 표시에는, 예를 들면 펌프에서는 전양정과 토출유량을

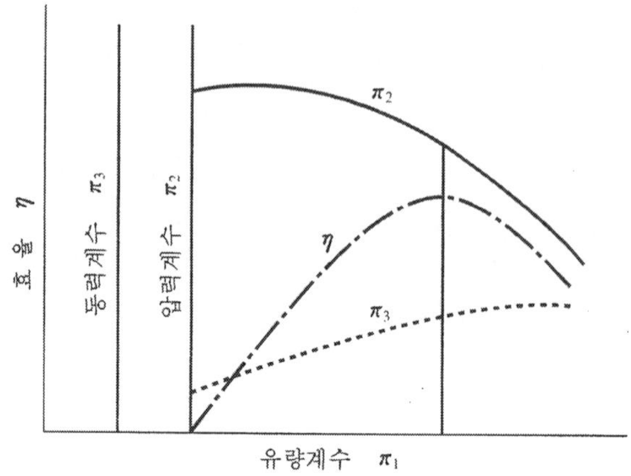

그림 3-4 펌프의 특성곡선의 예

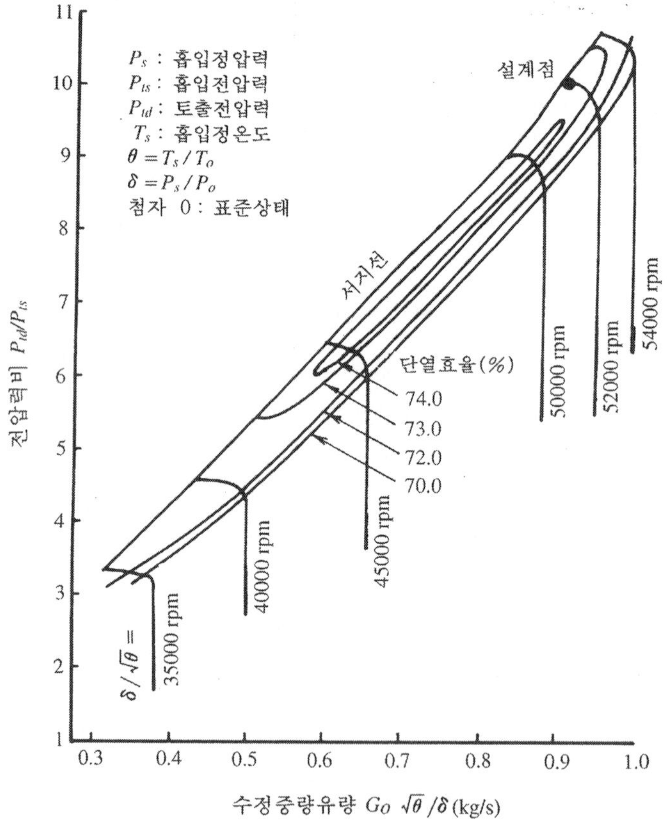

그림 3-5 원심압축기의 성능곡선의 예

이용하고, 송풍기에서는 체적유량과 전압력을 이용하는 등 각종의 표시법이 가능하다. 또, 압축기에서는 그림 3-5에 나타난 바와 같이 종축에 흡입 전압력에 대한 토출 전압력비인 전압력비를 선택하고, 횡축에 수정 중량유량을 이용하여, 수정 회전속도를 파라미터로 선택하여 효율도 동시에 나타내는 방법이 취해진다. 그림에서 서지선은 운전 가능한 최소유량을 나타내고, 이에 관해서는 3-5-1에서 기술한다.

3-2-2 모형시험(model test)

대형 유체기계를 설계하는 경우, 모형시험으로부터 실제 기계의 성능을 추정하는 경우 양자 사이에 성립하는 상사칙을 구해 두는 것은 중요하다. 이 성능의 상사법칙에는 기하학적 및 운전조건의 상사뿐만 아니라 레이놀즈수 및 마하수의 일치가 필요한 것은 이미 기술했다. 마하수의 경향에 관해서는 그림 3-5에 나타낸 것과 같이 수정유량 및 수정회전속도로 나타내면 좋으나, χ 및 R가 다른 기체를 사용하여 비교하는 것도 가능하다. 레이놀즈수에 관해서는 기하학적으로 상사인 모형과 실제기계 사이 및 다른 사용조건하에서의 성능을 공장에서의 실험으로부터 예측하는 경우에, 양자에서 그 값이 현저하게 다른 경우가 있고, 효율에 미치는 레이놀즈수의 영향을 알 필요가 생긴다. 이러한 때에는 효율환산이라는 방법이 취해진다. 지금 모형에 첨자 ′를 붙여, 실제기계 효율환산식의 예를 들면 Moody의 수차에 관한 식은

$$\eta = 1-(1-\eta')\left(\frac{D'}{D}\right)^{1/5} \qquad (3\text{-}30)$$

또, 예로서 JIS B 8327의 모형에 의한 펌프성능 시험방법의 효율환산에는

$$\eta = 100-(100-\eta')\left[(1-V)+1.07V\left(\frac{D}{D'}\right)^{-0.18}\right] \qquad (3\text{-}31)$$

여기서, η : 실제기계의 효율(%)

η' : 모형의 효율(%)

D : 실제기계의 대표치수(m)

D' : 모형의 대표치수(m)

V : 모형의 마찰손실률(전손실에 대한 마찰손실의 비율)

다음에 일반성이 있는 효율환산식은

$$\frac{1-\eta}{1-\eta} = a+(1-a)\left(\frac{R_e'}{R_e}\right)^{\gamma} \tag{3-32}$$

여기서, R_e : 실제기계 레이놀즈수

R_e' : 모형 레이놀즈수

가 알려져 있다. 여기서 상수 a 및 γ는 유체기계의 형식에 따라 실험값이 주어져 있고, 그것을 표 3-2에 나타낸다.

표 3-2 식 (3-32)의 a와 γ의 유체기계의 형식에 의한 값

연 도	자 료	a	γ	적 용 기 계
1925	Moody	0.25	0.33	프로펠러 터빈
1930	Ackert	0.50	0.20	수차
1942	Moody	0.00	0.20	펌프
1947	Pfleiderer	0.00	0.10	펌프
1951	Davis	0.00	가변	모든 유체기계
1954	Hutton	0.30	0.20	카플란 수차
1958	Rotzoll	0.00	가변	펌프
1960	Wiesner	0.50	0.10	원심압축기
1965	ASME Code	0.00	0.20	축류압축기
	PTC-10	0.00	0.10	원심압축기
1974	眞下	0.15~0.57	0.20~0.50	원심압축기

3-3 운 전

3-3-1 저항곡선

유체기계를 운전하면 유체는 관로계에 의해 수송되는데, 관로계는 흡입관, 직관, 곡관, 밸브 등으로 구성되어 있고, 유량의 제곱에 비례한 손실이 생긴다. 이 손실에 의한 양정의 유량에 대한 변화를 저항곡선(system head curve)이라 하고, 이것을 펌프를 예로 들어 그림 3-6에 나타낸다. 저항곡선과 양정곡선(head curve)

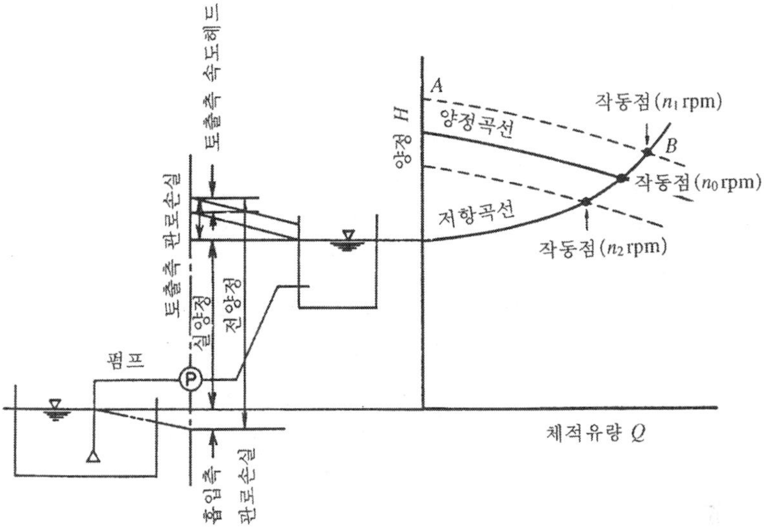

그림 3-6 저항곡선과 양정곡선

의 교점이 작동점이다. 저항곡선은 유량의 함수이므로 밸브개도에 의해 변화한다. 만약, 어떤 이유로 유량이 증가하면 펌프의 양정은 감소하고, 관로계의 저항이 증가하기 때문에 유량은 감소한다. 반대로, 유량이 감소하면 양정은 증가하고, 저항이 감소하기 때문에 유량은 증가하므로 안정한 운전이 가능하다.

설계시의 유량과 운전시의 유량이 다른 경우는 문제가 생기고, 만약 운전시의 유량이 많으면 저항을 증가시키면 되지만 효율은 저하한다. 유량이 적은 경우는 다소 귀찮지만 펌프 자체의 양정을 증가시킨다든가 저항을 감소시켜야 한다. 이러한 때에 회전속도를 변화시키려고 하면, 식 (3-8) 및 (3-9)에 나타낸 것과 같이 유량과 전양정은 각각 회전속도의 1승 및 2승으로 변화하기 때문에 그림의 파선 AB로 나타나는 성능이 얻어진다.

3-3-2 병렬운전과 직렬운전
(parallel operation and series operation)

1대의 유체기계로는 용량이 부족한 경우 여러 대를 연결하여 사용하는 수가 있다. 같은 펌프를 2대 병렬로 설치하여 운전하면

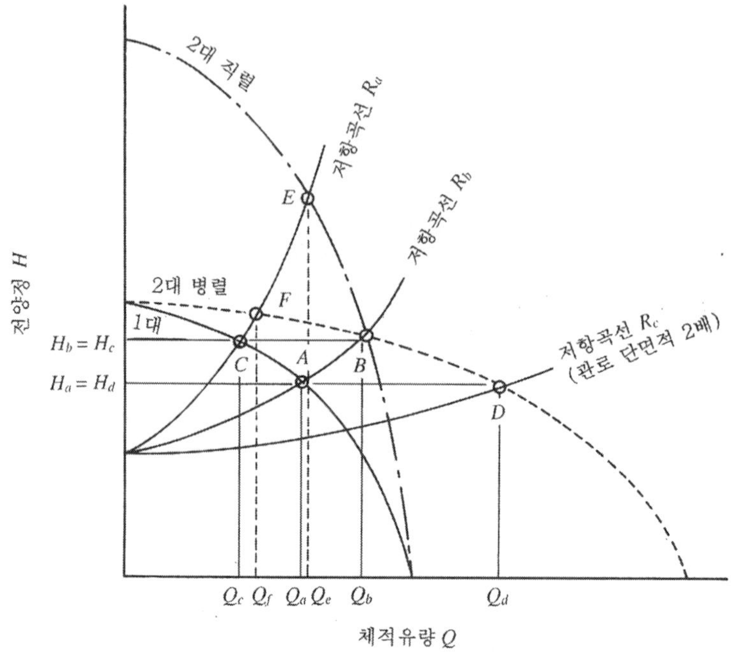

그림 3-7 병렬운전과 직렬운전

유량은 2배가 된다. 그러나, 그림 3-7에 나타낸 바와 같이 펌프 1대로는 A점에서 작동하여도 병렬운전에서는 유량의 증가에 수반하여 저항도 증가하고 B점과 같은 양정이 요구되기 때문에 대응하는 각각의 펌프가 C점에서 운전되는 것이 된다.

관로의 저항이 유량의 증대에 대하여 급격하거나 보다 높은 압력상승을 요하는 때에는 직렬운전을 하면 좋다. 예를 들면 2대의 같은 펌프를 직렬로 연결하면 동일 유량에 대하여 압력은 2배가 된다. 저항의 증대가 급격한 경우는 그림에서 분명한 것과 같이 병렬운전보다도 유량을 증가시킬 수가 있다. 그러나, 2대의 용량이 다른 경우에는 작은 쪽이 용량의 제약을 받고, 또 근접하여 설치할 때는 주의하지 않으면 전방의 출구상태가 후방에 직접 영향을 미친다.

3-3-3 가동날개 제어

축류 또는 사류형 유체기계에서는 구조상 날개설치각도를 변화

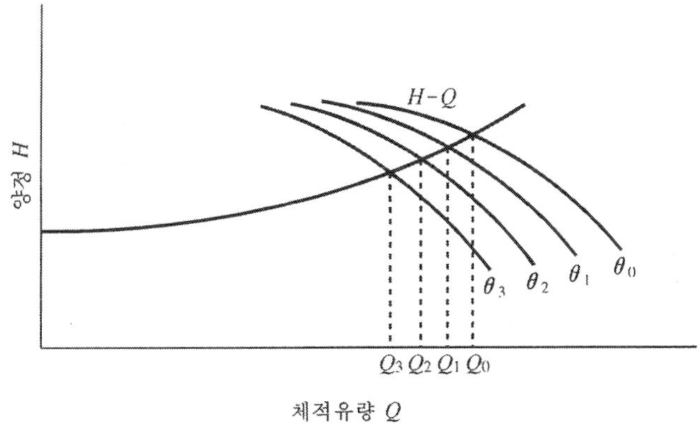

그림 3-8 가동날개 제어

시키는 것도 가능하고, 그림 3-8에 나타낸 것과 같이 설치각도를 θ_0, θ_1…… θ_3과 같이 변화시킴으로써 양정곡선을 변화시켜 유량을 제어할 수가 있다. 가동날개 구조는 회전하는 날개의 각도를 변화시키는 것이기 때문에 구조상 복잡한데, 그림 2-8에 나타낸 바와 같이 상대속도의 방향을 날개설치각도에 일치하도록 제어할 수 있고 충동손실도 감소하기 때문에 효율성 있는 운전이 가능하게 된다. 또 유량을 적게 하기 위해 날개각도를 감소시키면 운동력도 작아진다.

3-3-4 운전의 안정성

특성곡선이 그 압력 및 양정에 극대 및 극소의 점을 갖는 경우에는 병렬운전을 할 때에도 주의를 요한다. 그림 3-9에 나타낸 2대의 같은 성능을 갖는 송풍기를 고찰하면 동일 압력에 대하여 Q_a, Q_b 및 Q_c의 3개의 유량이 대응하기 때문에 병렬운전에서는 이러한 것을 조합한 6개의 유량이 되고 점선으로 나타낸 것과 같은 S자 모양의 특성이 생긴다. 이것과 저항곡선이 D, E 및 F에서 교차하면 E점에서는 우상승 특성에서의 운전이 되고 1대는 불안정상태에서 운전된다. 또, Q_d에서는 2대 중 1대는 유량이 적은 Q_a로 운전되고 있기 때문에 효율도 낮고 후술하는 서징 등이 발생할 가능성이 있어 안정한 운전이 곤란하게 된다. 병렬운전 및

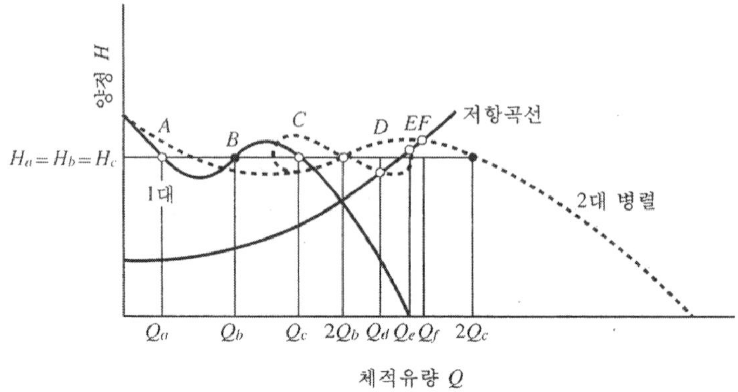

그림 3-9 운전의 안정성

직렬운전에서는 조합된 특성이 생기고 상술한 바와 같이 안정성(stability)이 문제가 되기 때문에 우상승 특성에 주의할 필요가 있고, 일반적으로는 그다지 특성이 다르지 않은 것을 조합하는 것이 바람직하다.

3-4 캐비테이션

3-4-1 캐비테이션이란?

액체의 압력이 포화증기압 근처까지 저하하면 액체 중에는 기화에 의해 다수의 기포가 발생한다. 이 현상이 액체의 유동과 더불어 생기면 플로패턴이 변화하고, 기포 붕괴시 소음이 발생하기도 하고, 물체 표면에 침식이 생기기도 하기 때문에 유체기계에 여러 종류의 나쁜 영향을 미친다. 이러한 유동에 수반하는 액체의 기화현상을 캐비테이션(cavitation)이라 한다. 날개는 유체기계의 중요한 요소이고, 날개 주변에 생기는 캐비테이션을 이해하는 것은 유체기계의 캐비테이션을 고찰하는 데 기본이 된다. 그림 3-10은 똑같은 수류(水流) 중에 놓인 단독날개에 생기는 캐비테이션의 모양을 나타낸 것이다. 캐비테이션이 발생하면 날개 주변의 플로패턴 및 압력분포는 일변한다. 이 그림에서 날개 표면 근처의 정압 p는 베르누이정리에서 대략 식 (3-33)으로 주어진다.

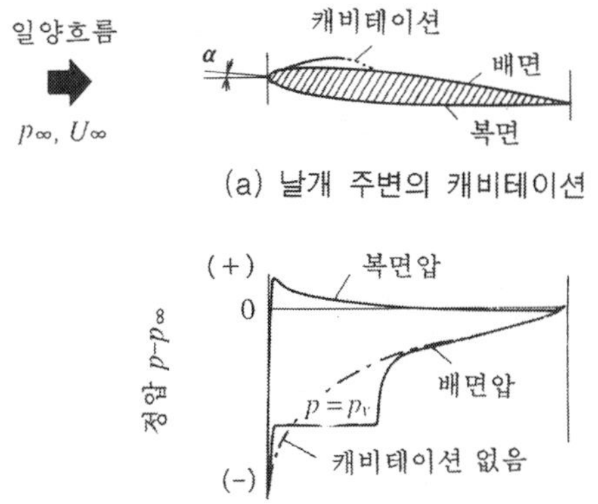

(a) 날개 주변의 캐비테이션

(b) 날개표면상(익표면)의 압력분포

그림 3-10 날개 주변에 생기는 캐비테이션과 캐비테이션 계수

이 정압 p는 국소유속 u의 증가와 더불어 저하하고 물의 포화증기압 p_v에 가까워지면 캐비테이션이 발생한다.

캐비테이션을 지배하는 흐름의 주요한 파라미터는 식 (3-33)에서 알 수 있는 바와 같이 일양(一樣)흐름의 포화증기압과의 차 $P_\infty - P_v$ 및 일양흐름의 유속 U_∞로 이러한 파라미터로부터 되는 식 (3-34)의 무차원량 σ를 캐비테이션 계수(cavitation number)라 한다. σ가 작을수록 캐비테이션이 발생하기 쉽고, 이것을 이용하여 여러 종류의 날개의 캐비테이션 성능을 비교할 수 있다.

$$\text{날개표면 근처의 압력 : } p = p_\infty - \frac{1}{2}\rho(u^2 - U_\infty^2) \quad (3\text{-}33)$$

$$\text{캐비테이션 계수 : } \sigma = \frac{p_\infty - p_v}{\frac{1}{2}\rho U_\infty^2} \quad (3\text{-}34)$$

P_∞, U_∞ : 일양흐름의 정압과 유속

여기서, u : 날개표면 근처의 국소유속

ρ : 물의 밀도

P_v : 물의 포화증기압

α : 영각

그림 3-11은 날개의 양력(揚力)과 저항에 미치는 캐비테이션의

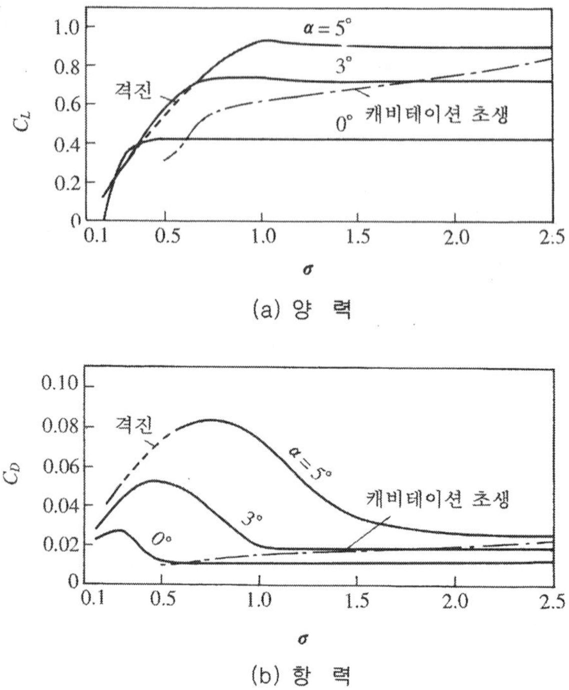

$$\text{양력계수}: \quad C_L = \frac{L}{\frac{1}{2}\rho U_\infty{}^2 A}$$

$$\text{항력계수}: \quad C_D = \frac{D}{\frac{1}{2}\rho U_\infty{}^2 A}$$

여기서, σ : 캐비테이션 계수

L : 양력

D : 항력

α : 영각

A : 익면적(폭×익현길이)

그림 3-11 날개의 성능에 미치는 캐비테이션의 영향
(익형 클라크 Y, 날개두께비 8%, 그림 3-10 참조)

영향을 나타낸 것이다. 캐비테이션 계수 σ가 작을수록 캐비테이션이 격렬하게 되고 날개의 성능은 저하한다. 그러나 소음 및 진동, 날개 표면의 침식 등은 σ가 작아짐에 따라 격렬해진다고는

할 수 없기 때문에 주의를 요한다. 또, 캐비테이션의 발생에는 작동액체의 온도 및 기체함유량도 영향을 미치기 때문에 이러한 것들의 조건에 주의해야 할 필요가 있다.

오늘날 컴퓨터의 발달에 의해 수치유체역학(CFD)이 유체해석에 유용한 수단이 되어 가고 있으나, 캐비테이션을 포함하는 흐름은 수치 시뮬레이션이 곤란한 현상의 하나이고 실험적 접근이 유력한 해석수단이다.

3-4-2 펌프의 캐비테이션

펌프를 낮은 흡입압으로 운전하거나 정격보다도 큰 유량으로 사용하면 캐비테이션이 발생한다. 그림 3-12는 펌프의 흡입측에서 토출구까지의 정압변화(관로단면평균)를 도식적으로 나타낸 것이다. 흡입측 관로의 정압은 회전차 입구 부근(그림 중의 B점)에서 가장 낮아지고 식 (3-35)와 같이 나타난다. 이 압력이 작아지면 펌프 내에 캐비테이션이 발생한다. 펌프 입구기준면에서 전압과 포화증기압과의 차는 펌프의 캐비테이션 발생에 대한 여유를 나타낸다. 그래서, 이 압력차의 헤드 표시를 유효흡입헤드(Net Positive Suction Head, NPSH)라 하고 NPSH는 식 (3-35), (3-36)과 같이 나타나는데, 이것에 의해 펌프의 흡입성능이 평가된다. 또

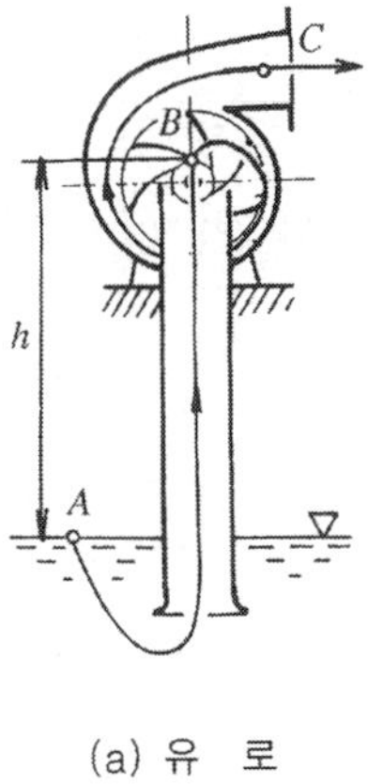

(a) 유 로

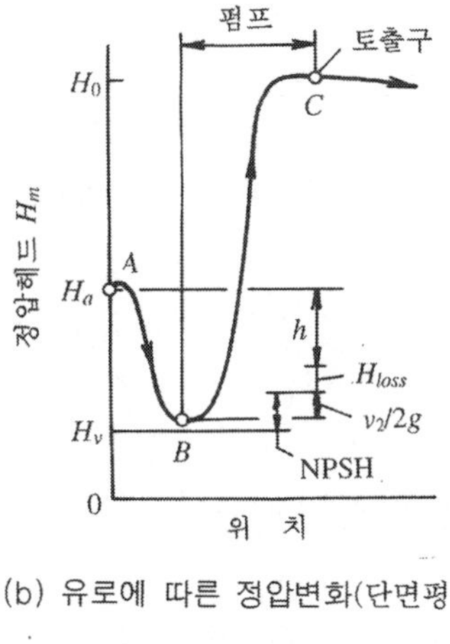

(b) 유로에 따른 정압변화(단면평균)

그림 3-12 펌프운전시의 압력변화와 NPSH

NPSH는 식 (3-36)에서 알 수 있는 것과 같이 펌프의 흡입조건, 특히 흡입높이에 의해 정해지는 것이므로, 실제 펌프를 사용할 때의 설치하는 조건으로부터 정해지는 유효흡입헤드(available NPSH)는 특히 $NPSH_A$라고 써서 구별하기도 한다.

$$\text{유효흡입헤드 : NPSH} = H + \frac{1}{2g} v^2 - H_v$$

여기서,

$$H = H_a - h - \frac{1}{2g} v^2 - H_{loss} \tag{3-35}$$

따라서,

$$\text{NPSH} = H_a - h - H_{loss} - H_v \tag{3-36}$$

여기서, H_a : 흡입수면압

h : 흡입높이(펌프기준면이 흡입수면보다 높을 때 +, 낮을 때 −)

H_{loss} : 흡입관로의 손실헤드

v : 펌프흡입구의 유속

H_v : 물의 포화증기압 헤드

1대의 펌프에 관해서 회전속도와 유량을 일정하게 하고, NPSH를 작게 할 때 언제 캐비테이션이 발생하고 펌프의 전양정, 효율 및 축동력 등이 어떻게 변화하는가를 조사하는 시험을 펌프의 흡입성능시험이라 한다. 그림 3-13은 그 예로 이러한 흡입성능시험으로부터 그 펌프의 캐비테이션 초생점 및 성능변화의 개시점을 알 수 있다. 캐비테이션에 대한 사용한계의 NPSH를 그 펌프의 필요 유효흡입헤드(Required NPSH)라 하고, $NPSH_R$로 약기한다. 캐비테이션의 초생점은 측정상 식별이 어렵고 성능도 거의 변화하지 않기 때문에 필요 유효흡입헤드로서는 실용적 견지에서 펌프의 양정 저하점(통상, 정상운전의 3% 저하점)을 이용하는 수가 많다.

유효흡입헤드 NPSH가 펌프의 사용조건에 의해 결정되는 데

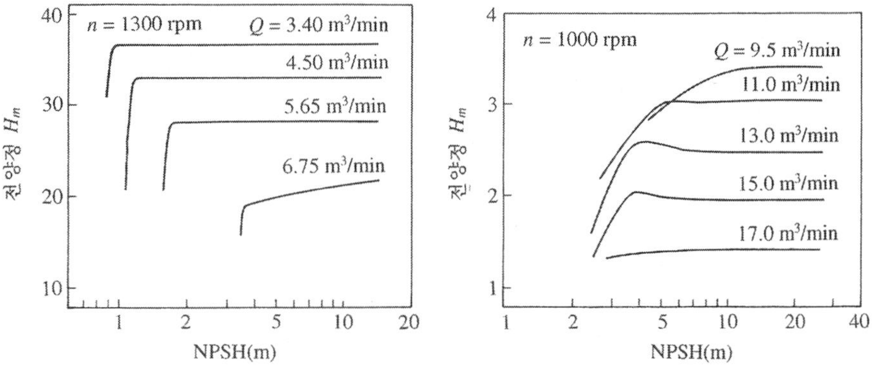

(a) 원심펌프의 경우 (n_s ≒ 200)

(b) 축류펌프의 경우 (가이드베인 없음, n_s ≒ 2000)

그림 3-13 펌프의 흡입성능시험

대하여 필요 유효흡입헤드 $NPSH_R$는 각 펌프에 고유한 특성값이다. 펌프를 사용하는 경우에는 NPSH가 $NPSH_R$보다 커야 하며, NPSH가 클수록 펌프의 선택이 용이하고, $NPSH_R$가 작은 펌프일수록 흡입성능이 좋아 적용범위도 넓다고 할 수 있다.

펌프의 필요 유효흡입헤드 $NPSH_R$는 일반적으로 회전차의 형상, 회전속도 및 유량에 좌우된다. 회전차가 상사인 펌프에서는 상사측에 의해 비속도 n_s가 동일하게 되도록, 캐비테이션 한계에 관해서도 식 (3-37)로 정의되는 비속도 S가 동일하게 된다. 이것을 흡입비속도(suction specific speed)라 한다. 구경 약 300 mm 이상의 표준적인 펌프의 설계점에서 n, Q에 대해서는, S에 대한 n_s의 영향이 적어 $S = 1200 \sim 1400$이 되는 것으로 알려져 있다. 이것으로부터 표준적인 펌프의 필요 유효흡입헤드에 관해서는 그 개략값을 추정할 수 있다.

$$\text{흡입비속도}: S = \frac{nQ^{1/2}}{(NPSH_R)^{3/4}} \qquad (3\text{-}37)$$

여기서, n : 회전속도(rpm)

Q : 유량(m^3/min)

$NPSH_R$: 필요 유효흡입헤드(m)

그림 3-14는 펌프의 성능곡선(회전속도, NPSH 일정)에 미치는

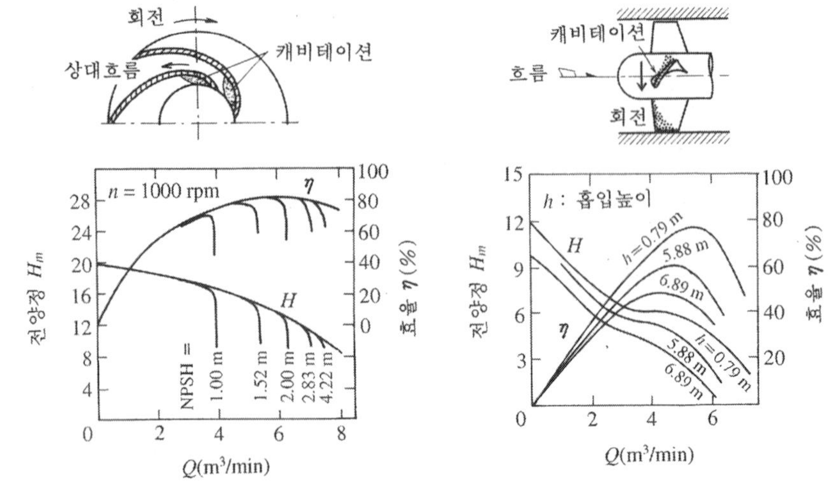

(a) 원심펌프의 경우 (b) 축류펌프의 경우

그림 3-14 펌프성능에 미치는 캐비테이션의 영향

캐비테이션의 영향을 나타낸 것이다. 비속도 n_s가 작은 원심펌프에서는 캐비테이션이 발생하면 토출밸브를 더 열어도 유량이 증가하지 않아(폐색) 성능이 급격히 저하한다. 한편 비속도 n_s가 큰 축류펌프에서는 흐름의 폐색은 보이지 않고, 성능도 전역에서 원만하게 저하한다. 이러한 차이는 주로 그림 3-14에서와 같이 회전차에 있어 유로 형상의 차이로부터 생기는 것이다.

3-4-3 캐비테이션의 방지법

펌프에 캐비테이션이 발생하면 다음과 같은 악영향이 생긴다.

(i) 기포의 존재에 의해 회전차의 유효유로면적이 감소하기 때문에 펌프성능이 저하한다.

(ii) 기포의 생성·붕괴에 의해 관로계에 소음·진동이 발생한다.

(iii) 캐비테이션이 장시간 계속되면 회전차의 침식·손상을 초래한다.

따라서 캐비테이션의 방지대책이 필요하다. 펌프의 캐비테이션을 방지하기 위해서는 적어도 펌프의 필요 유효흡입헤드 $NPSH_R$

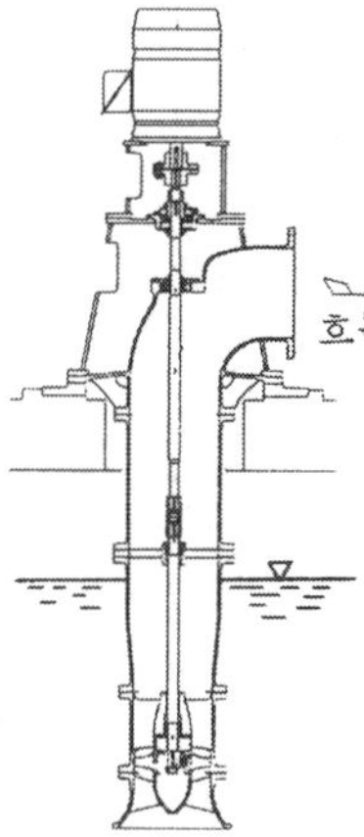

(a) 입축펌프

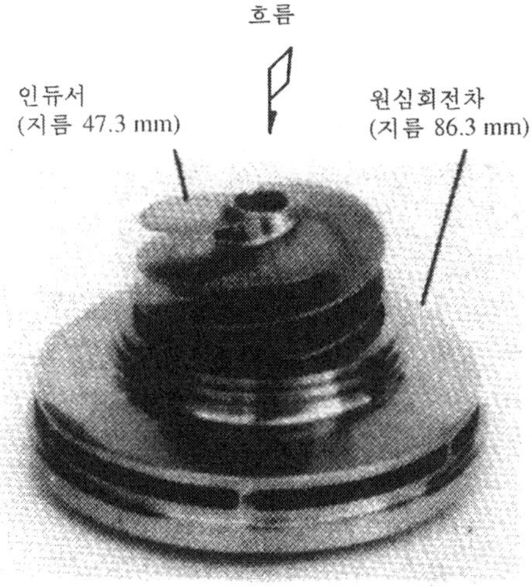

(b) 로켓용 액체연료펌프의 회전차

그림 3-15 캐비테이션에 적합한 펌프의 예

보다도 사용조건에서 정해지는 유효흡입헤드 NPSH를 크게 해야 한다. 이것은

① 주어진 펌프의 $NPSH_R$에 대하여 사용조건을 연구하여 NPSH를 크게 취할 것

② 주어진 사용조건의 NPSH에 대하여 $NPSH_R$가 작은 펌프를 선택할 것

으로 나누어진다.

식 (3-36)을 참조하면 ①은 펌프의 설치 위치를 낮게 하여 흡입높이를 가능한 한 작게 취하고 또 흡입측의 손실헤드 H_{loss}는 가능한 한 작게 하는 것을 의미한다. 그림 3-15(a)에 나타낸 축펌프는 이 예로, 흡입높이가 −가 되는 압입구조로 되어 있기 때문에 물 없이 시동이 가능하고 자동운전에 적합하다. 또 펌프의 사용조건에 관해서는 식 (3-36)에서와 같이 높은 장소에서 흡입수압 H_a의 저하 및 고온시의 포화증기압 H_v의 증가 등 특수한 사용환경에도 주의할 필요가 있다.

②의 예로서 그림 3-15(b)에 나타낸 로켓용 액체연료펌프를 들 수 있다. 이것은 원심펌프회전차의 흡입측에 인듀서(inducer)를

설치하여 주회전차(원심회전차)의 $NPSH_R$를 낮게 하므로 축류펌프와 원심펌프 양쪽의 장점을 살린 것이다.

펌프가 장시간 운전되어 캐비테이션에 의한 침식(cavitation erosion)이 예상될 때는 펌프설계시 내식성이 좋은 재료를 선택하는 것도 중요한 대책이 된다. 내식재료로는 가공성이 나빠 특수한 것으로 되어야 하므로 캐비테이션의 발생개소를 정확히 예측하는 것이 중요하다.

3-5 서 징

3-5-1 선회실속과 서징

송풍기, 압축기, 펌프 등의 유체형 유체기계를 저유량 영역에서 사용하는 경우는 선회실속 및 서징 등의 불안정현상에 주의해야 한다.

【1】 선 회 실 속

축류식 송풍기 및 압축기에서 유량을 설계점에서 서서히 저하시켜 가면, 날개영각이 흐름에 대하여 상대적으로 커지기 때문에, 먼저 회전차의 날개 일부에 실속이 생기고, 결국에는 전면적인 실속에 이른다(2-3-4절, 그림 2-15 참조). 예를 들면 일단의 축류압축기의 경우 이러한 경향은 그림 3-16 (a)와 같이 나타난다. 실속영역이 일부 날개에 발생하면 그림 (b)에 나타낸 것과 같이 옆날

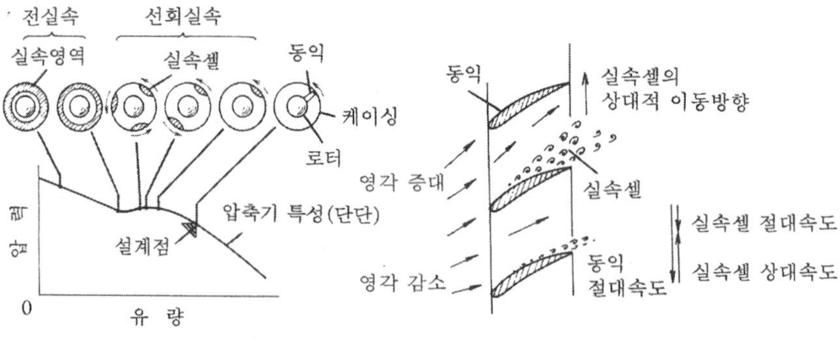

(a) 동익의 실속영역의 변화 (b) 선회실속의 발생기구 설명도

그림 3-16 축류압축기에서 실속영역의 변화와 선회실속

개의 영각이 한쪽은 증대하고 다른 쪽은 감소하기 때문에 실속이 한쪽은 일어나기 쉽고 다른 쪽은 일어나기 어렵게 된다. 따라서, 실속영역은 1개의 날개에 머무를 수가 없고 날개에서 날개로 동익의 절대속도보다도 늦은 속도로 회전방향으로 이동하게 된다. 이 현상을 선회실속(rotating stall)이라 한다. 선회실속에 의한 흐름의 변동은 비교적 작아 외부에서는 알기 어려우나 장시간 선회실속이 계속되면 날개에 반복하중이 작용하기 때문에 피로파괴를 일으키므로 주의를 요한다. 또 축류펌프에서는 동익의 길이가 송풍기 및 압축기에 비하여 상대적으로 길고 매수가 작기 때문에 저유량이 되면서 선회실속보다 역류역의 발생에 의한 성능저하가 문제가 된다.

【2】 서 징

유체형 유체기계에서 유체를 압송할 때, 토출측 관로의 하류에서 밸브를 서서히 닫아 유량을 감소시켜 가면 갑자기 계의 압력

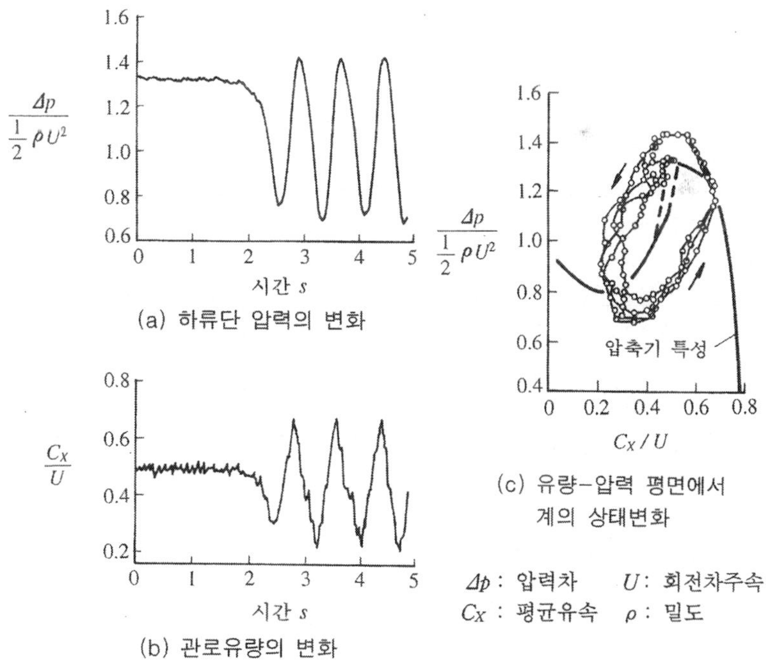

그림 3-17 압축기의 서징발생 예

및 유량이 변동하기 시작하고, 주기적인 진동으로 발달하는 수가 있다. 이러한 현상을 서징(surging)이라 한다. 그림 3-17은 압축기에서 서징의 발생 예를 나타낸 것으로, 같은 그림 (a), (b)에서 시시각각의 관로유량과 하류 단의 압력변화를 유량-압력 평면상에 플롯하면 그 궤적은 같은 그림 (c)와 같이 반시계방향으로 루프를 그린다. 전술한 회전실속이 유체기계 내부의 국부적 현상인데 대하여 서징은 유체기계의 특성과 관로 특성의 상호작용에 의해 생기는 계 전체의 진동현상으로 통상 선회실속보다도 변동의 주기가 길고, 진폭은 크다.

3-5-2 서징의 수식모델

서징은 송풍기, 압축기 및 펌프의 공통 현상이며, 그 수식모델은 본질적으로 같은 것이다. 실제는 액체보다 기체의 압축성이 크기 때문에 펌프보다도 송풍기, 압축기의 서징이 문제가 되는 수가 많다.

【1】 송풍기, 압축기의 경우

기체는 압축성을 가지므로, 송풍기 및 압축기의 배관계는 관로 길이가 충분히 짧으면 그림 3-18과 같이 관성요소(관로)와 용량요소(탱크)로 분리되고, 집중화하여 고찰할 수가 있다. 압축기의 회전수, 교축밸브의 개도를 각각 일정하다고 하면, 이 계를 지배하는 방정식은 관로 내 유체의 운동방정식과 탱크 내 유체의 연속의 식으로부터 식 (3-38), (3-39)와 같이 된다. 이들 식에서 시간 t를 소거하면 식 (3-40)이 얻어진다.

$$dM_1/dt = (A_1/L_1)\{P_1(M_1) - P_2\} \tag{3-38}$$

$$dP_2/dt = (a^2/V_2)\{M_1 - M_2(P_2)\} \tag{3-39}$$

$$dP_2/dM_1 = K\{M_1 - M_2(P_2)\}/\{P_1(M_1) - P_2\} \tag{3-40}$$

여기서, t : 시간, M_1 : 관로의 질량유량, $P_1 = P_1(M_1)$: 압축기의 압력-유량특성, P_2 : 탱크 내 압력, $M_2 = M_2(P_2)$: 교축밸브의 압력-유량특성, A_1 : 관로단면적, L_1 : 관로길이, V_2 : 탱크용

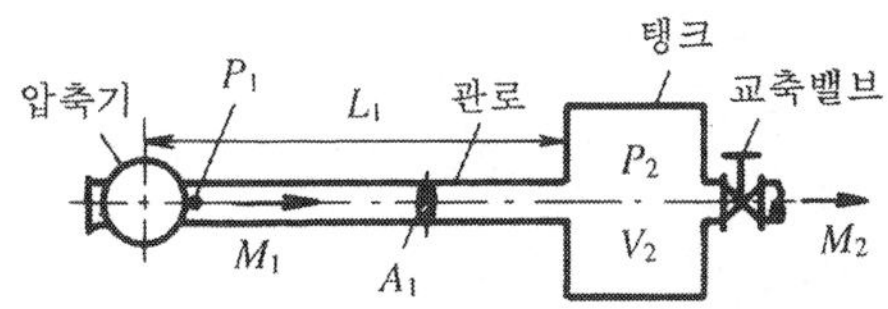

그림 3-18 압축기계(system)**의 서징모델**

적, a : 기체의 음속, $K = a_2 L_1 / A_1 V_2$: 관로의 특성 파라미터이다.

식 (3-38), (3-39)에서 압축기특성 $P_1(M_1)$과 밸브특성 $M_2(P_2)$가 주어지면 초기조건을 지정함으로써, 그림 3-17(a), (b)에 나타낸 것과 같은 관로유량과 탱크 내 압력의 시간변화 $M_1(t)$, $P_2(t)$를 결정할 수 있다. 또 식 (3-40)에서 그림 3-17(c)에 나타낸 것과 같은 유량-압력평면에서 계의 상태변화가 구해진다.

계가 정상이 되기 위한 조건 $dM_1/dt = 0$, $dP_2/dt = 0$으로부터 계의 평형점 (M_1^*, P_2^*)가 정해진다.

$$P_2^* = P_1(M_1^*) \tag{3-41}$$

$$M_1^* = M_2(P_2^*) \tag{3-42}$$

이것은 유량-압력평면에서 압축기특성과 밸브특성의 교점이다. 문제는 이러한 평형점의 안정성이다. 평형점이 안정하면 그것은 정상인 운전점이 되고 서징은 발생하지 않는다. 평형점이 불안정한 경우 운전점은 평형점에 도달할 수 없고 서징발생의 가능성이 있다. 일반적으로 평형점의 안정성은 중립안정을 제외하면 선형 근사계 평형점의 안정성과 일치한다는 것이 알려져 있다. 식 (3-38), (3-39)의 선형 근사계는 해의 평형점(M_1^*, P_2^*)에서 벗어남을 $m = M_1 - M_1^*$, $p = P_2 - P_2^*$로 놓으면 다음 식과 같다.

$$dm/dt = (A_1/L_1)(k_1 m - p) \tag{3-43}$$

$$dp/dt = (a_2/V_2)(m - p/k_2) \tag{3-44}$$

여기서, $k_1 = (dP_1/dM_1)_{M_1^*}$, $k_2 = 1/(dM_2/dP_2)_{P_2^*}$, 이 계의 평형점(원점)의 안정성은 다음의 특성방정식으로부터 판정할 수 있다.

$$\lambda^2+\{(a^2/V_2)k_2-(A_1/L_1)k_1\}\lambda+(a^2A_1/V_2L_1)\{1-(k_1/k_2)\}=0 \quad (3\text{-}45)$$

특성방정식의 근의 실부가 모두 음(−) 또는 0일 때 선형계의 평형점은 안정하고, 1개라도 양(+)인 것이 있으면 평형점은 불안정하다. 이로부터 $k_2>0$의 범위에서 원래 계의 평형점 (M_1^*, P_2^*)의 안정성을 분류하면 표 3-3과 같다. 이 표에서 알 수 있는 바와 같이 서징이 발생하는 것은 적어도 $k_1>0$, 즉 압축기특성이 오른쪽으로 상승하는 경우이다.

표 3-3 평형점의 안정성

경 우	k_1의 범위	K의 범위	평 형 점
(A)	$k_1 \le 0$	$0<K<\infty$	안 정
(B)	$0<k_1 \le k_2$	$K>k_1k_2$	안 정
		$0<K<k_1k_2$	불안정
(C)	$k_1>k_2$	$0<K<\infty$	불안정

주 $k_1=(dP_1/dM_1)_{M_1^*}$, $k_2=1/(dM_2/dP_2)_{P_2^*}$, $K=a^2L_1/A_1V_2$

표 3-3의 경우 (B)에 관해서, 압축기와 밸브를 고정하고 관로의 특성 파라미터 K를 변화시킬 때 원래의 계의 상태변화, 즉 식 (3-40)의 해를 나타내면 그림 3-19와 같다. 같은 그림 (a)는 평형점이 압축기특성의 우상승 부분이 있어도 K가 충분히 크면 안정하게 되는 것을 나타내고, 그림 (b), (c)는 K가 작아지면 평형점이 불안정하게 되어(동적 불안정) 서징이 발생하는 것을 나타내고 있다. 이 경우, 평형점은 K가 작아짐에 따라 불안정 와상점에서 불안정 결절점으로 바뀌고 서징은 헬름홀츠형의 자유진동적인 리밋 사이클에서 이완 진동적인 리밋 사이클로 이행한다.

표 3-3의 경우 (C), 즉 압축기특성의 우상승 구배가 평형점에서 교축밸브의 구배보다 커지는 경우 평형점은 용량요소의 유무에 관계없이 항상 불안정하게 된다(정적 불안정). 이 경우도 K가 작을수록 서징이 발생하기 쉽게 되는데, 이러한 계의 상태변화는 다른 평형점의 안정성 및 초기조건의 영향을 받기 때문에 대단히

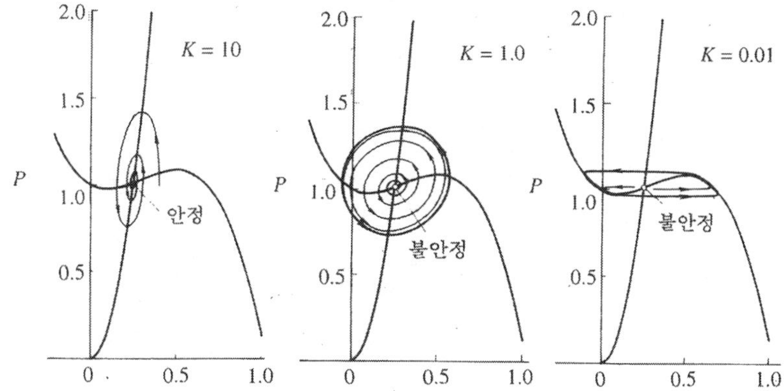

(a) 안정한 와상점으로 (리밋 사이클 없음) (b) 불안정 와상점에서 안정한 리밋 사이클 (c) 불안정 결절점에서 안정한 리밋 사이클로

그림 3-19 경우 (B)의 상태변화

복잡하게 된다.

이상의 모델은 서징현상을 다소 단순화한 것이므로, 정성적인 설명에는 유효하나 정량적으로는 불충분하다. 실제의 송풍기, 압축기의 관로계에서는 서징이 발생하지 않기 위한 충분조건으로, 압축기특성의 우하강 부분($k_1 > 0$)으로 사용하도록 하고 있다. 따라서 송풍기, 압축기의 압력-유량특성에서 각 회전수에서 압력의 최고점($k_1 = 0$)을 연결한 선을 서지선(surge line)이라 하고, 서징에 대한 운전 가능한 최소 유량을 나타내는 것이다(3-2-1절 그림 3-5 참조).

서징과 선회실속은 각각 단독으로 발생한다고는 할 수 없고, 같이 발생하여 서로 간섭하는 경우도 있다. 이러한 경우, 무차원량 $B(= U/2\omega_H L_1)$ [여기서, U(회전차주속), ω_H(헬름홀츠각속도, 예제 3-3 참조), L_1(관로길이)]가 현상을 구분할 수 있는 중요한 파라미터가 된다. 즉 B값이 클수록 서징이 지배적이고 작을수록 선회실속이 일어나기 쉬워진다.

$$dQ_1/dt = g(A_1/L_1)\{H_1(Q_1) - H_2\} \tag{3-46}$$

$$dH_2/dt = (1/A_2)\{Q_1 - Q_2(H_2)\} \tag{3-47}$$

$$dH_2/dQ_1 = K'\{Q_1 - Q_2(H_2)\}/\{H_1(Q_1) - H_2\} \tag{3-48}$$

여기서, Q_1 : 펌프토출량, $H_1 = H_1(Q_1)$: 펌프전양정, H_2 : 탱크수두, $Q_2 = Q_2(H_2)$: 교축밸브 유량특성, g : 중력가속도, A_1 : 관로단면적, L_1 : 관로길이, A_2 : 탱크단면적, $K' = L_1/gA_1A_2$: 관로의 특성파라미터이다.

【2】 펌프의 경우

액체의 압축성은 극히 작기 때문에 펌프에 서징이 발생하는 것은 실제는 토출측 관로에 탱크 및 공기 등의 용량요소가 있는 경우이다. 그림 3-18에 대응하는 펌프계의 서징모델을 그림 3-20에 나타낸다. 이 계의 상태변화는 펌프의 회전수와 교축밸브의 개도가 일정하다고 하면 식 (3-46), (3-47) 및 (3-48)로 주어진다.

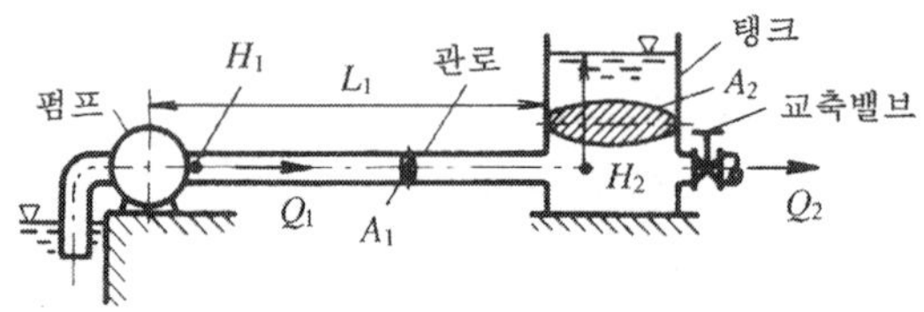

그림 3-20 펌프계의 서징모델

식 (3-46)~(3-48)은 식 (3-38)~(3-40)에서 변수와 상수를 이하와 같이 치환함으로써 얻어진다.

변수 : $M_1 \to \rho Q_1$, $M_2 \to \rho Q_2$, $P_1 \to \rho g H_1$, $P_2 \to \rho g H_2$

상수 : L_1, A_1 공통, $a^2/V_2 \to g/A_2$

여기서, ρ : 액체밀도

이 대응에 의해 평행점(Q_1^*, H_2^*)에서 펌프특성의 구배, 교축밸브특성의 구배 및 관로의 특성파라미터를 각각 $k_1 = g(dH_1/dQ_1)_{Q1}$, $k_2 = (g/dQ_2/dH_2)_{H2}$, $K = g^2 K'$로 두면, 표 3-3에 나타낸 평형점의 안정조건은 펌프계에도 그대로 성립한다.

또, 특별한 경우로서 인듀서가 붙은 펌프와 같이 펌프 흡입측에 캐비테이션이 존재한 상태에서 운전되면 그것이 일종의 용량요소가 되어 서징이 발생하는 수가 있다. 이것을 캐비테이션 서지라 하고 펌프 고속화의 경우에 주의해야 할 현상이다.

3-5-3 서징방지법

송풍기, 압축기 또는 펌프의 배관계에서 서징이 발생하면, 압력과 유량의 변동에 의해 관로에 격렬한 진동 및 소음이 발생하고, 관련하는 기기의 파괴를 초래하는 수가 있다. 유체기계를 부분 유량영역에서 사용하는 것을 피할 수 없는 경우에는 서징의 방지 또는 경감은 시스템의 안전성을 확보하는 데 중요하다. 지금까지의 설명에서 밝혀진 바와 같이 서징방지법의 기본은, 유체기계를 우상승의 특성 영역에서 사용하지 않을 것(충분조건), 또는 관로를 포함한 계의 평형점을 안정화할 것(필요조건)이다. 그래서 이하와 같은 대책을 취할 수 있다.

(i) 저유량 영역에서 압력-유량곡선에 우상승특성이 적은 회전차를 설계 또는 선택한다. 원심회전차에서는 날개 출구각을 작게 하면 우상승특성은 생기기 어렵게 되나 성능이 저하하기 때문에 주의를 요한다(2-2-2절 참조).

(ii) 사용유량이 저유량이라도, 회전차를 통과하는 유량이 압력-유량특성의 우상승부분으로 되지 않도록 한다. 이를 위해, ① 토출유량의 일부를 대기로 방출하든가(공기기계의 경우), 또는 파이프에 의해 흡입측으로 되돌린다. ② 회전수를 떨어뜨려 우상승 영역을 좁게 한다(그림 3-5).

(iii) 흐름의 저항을 크게 하여, 평형점의 안정화 및 진동의 억제를 꾀한다. 가능한 한 회전차 가까운 곳에서 흐름을 조인다. 단, 펌프에서는 캐비테이션 방지를 위해 흡입측에서 흐름을 조이는 일은 절대로 피해야 한다.

(iv) 토출측 관로의 용량요소를 가능한 한 작게 하여, 평형점의 안정화를 꾀해야 한다. 송풍기 및 압축기에서는 탱크 등이 없어도 기체의 압축성에 의해 서징이 발생하기 쉽기 때문에 관로의 특성에 관계없이 서지선 이하에서의 사용을 피한다. 펌프계에서는 탱크용량을 가능한 한 작게 하여 관로의 공기빼기를 충분히 행하여 공기 정체를 배제한다.

(v) 관로길이를 길게 하는 것과 관로지름을 작게 하는 것도 평

형점의 안정화와 관계가 있다.

3-6 수 격

3-6-1 수격이란?

일반적으로 액체는 기체에 비하면 압축성이 적고 밀도가 크기 때문에, 흐름을 급격히 정지시키면 일시적으로 큰 압력상승이 일어난다. 예를 들면 밸브를 급폐쇄하거나 펌프의 송수를 급정지하면, 그 부분에 큰 압력상승이 생기고, 파동이 되어 관로 내에 전파되므로 기기 및 관로의 파괴를 초래할 수가 있다. 이와 같이 급격한 흐름의 변화에 수반하는 과도적인 압력변화를 수격(water hammer)이라 한다.

그림 3-21은 가장 기본적인 2가지 형태의 수격현상을 나타낸 것이다. 관로 도중에서 유속이 감소하면 상류측에서는 압력이 상승하고[그림 (a)], 하류측에서는 압력이 저하한다[그림 (b)]. 이러한 압력변화의 크기는 어느 경우라도 유속변화에 비례하고 식 (3-49)와 같이 표시된다. 이 식은 쥬코프스키의 식이라 하고, 다단에서의 반사파의 영향이 없는 범위 내에서 성립한다.

$$\Delta p = \rho a \Delta u \tag{3-49}$$

여기서, Δp : 압력변화, Δu : 유속변화,
ρ : 액체의 밀도, a : 압력파의 전파속도

식 (3-49)에서 알 수 있는 바와 같이, 압력파의 전파속도는 수

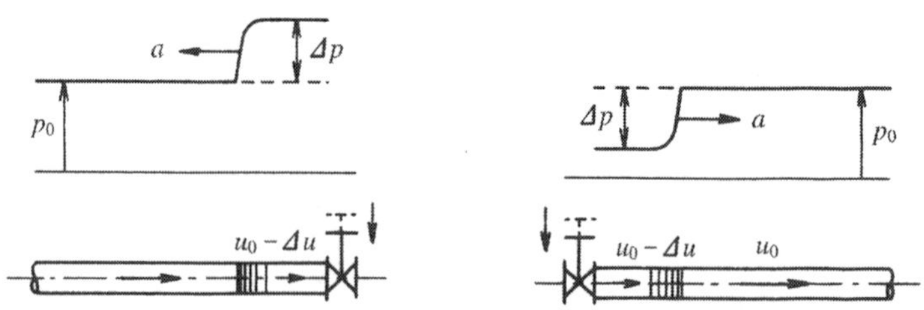

(a) 하류측에서 밸브가 급폐쇄하는 경우 (b) 상류측에서 밸브가 급폐쇄하는 경우

그림 3-21 기본적인 수격현상

격압력을 평가하는 데 대단히 중요한 역할을 한다. 통상의 관로에서 압력파의 전파속도는 관의 탄성변형 및 액체 중에 존재하는 비용해 기체의 영향에 의해, 액체 자신의 음속보다도 낮게 되고 식 (3-50)과 같이 나타내어진다. 상온의 물의 음속은 $\rho = 1000$ kg/m^3, $K = 2.2 \times 10^3$ MPa로부터 $a_0 = 1480$ m/s가 되나, 실제 송수관로의 전파속도는 위에 기술한 이유에 의해 $a = 1000 \sim 1300$ m/s 정도가 된다.

$$a = \frac{a_0}{\sqrt{1 + c(D/e)(K/E) + \alpha(K/p)}} \tag{3-50}$$

여기서, $a_0 = \sqrt{K/\rho}$: 액체 자신의 음속, K: 액체의 체적탄성계수, D, e: 관로의 안지름과 두께($e/D < 0.1$), E: 관재료의 종탄성계수, c: 관로의 지지조건에 의해 결정되는 상수($\fallingdotseq 1.0 \sim 0.85$), α : 보이드율($\ll 1$), p: 관로 내의 압력(절대압)이다.

3-6-2 수격현상의 계산방법

송수관로에서 생기는 수격현상을 예측하는 것은 시스템의 안전성, 경제성을 검사하는 데 있어서 중요한 과제가 된다. 수격해석의 주된 목적은 이하와 같다.

(i) 주어진 관로시스템에 대해, 기기의 작동점이 급격히 변화한 경우의 압력 및 유속변화를 구하여, 압력상승의 최대값, 최소값과 그 발생위치 등을 예측하고, 수격 대책의 평가를 하는 것

(ii) 수격현상에 미치는 시스템의 주요 파라미터의 영향을 명확히 하고, 관로시스템의 설계자료를 작성하는 것

【1】 기초방정식과 해석방법

수격현상을 나타내는 기초방정식은 압축성 유체의 1차원 비정상류에 대한 연속의 식과 운동방정식으로 식 (3-51), (3-52)와 같이 표시된다. 이러한 식에 초기조건과 경계조건을 주면 해 $p^*(x, t)$, $u(x, t)$를 구할 수 있다. 정압 $p(x, t)$는 식 (3-53)에서 구해지고, 정압헤드 $H(x, t)$ 및 유량 $Q(x, t)$가 필요한 때는 $H = p/\rho g$,

$Q=Au$(단, A : 관로단면적)로부터 구할 수 있다.

연속의 식 : $\frac{\partial p^*}{\partial t}+\rho a^2\frac{\partial u}{\partial x}=0$ (3-51)

운동방정식 : $\frac{\partial u}{\partial t}+\frac{1}{\rho}\frac{\partial p^*}{\partial x}+\frac{f}{2D}|u|u=0$ (3-52)

$p^*(x,\ t)=p(x,\ t)+\rho g z(x)$ (3-53)

여기서, t : 시간, x : 관로의 중심축에 따라 측정한 거리, $p(x,\ t)$: 정압력, $u(x,\ t)$: 유속, $z(x)$: 관로높이, D : 관내지름, f : 관마찰계수, g : 중력가속도이다.

식 (3-51)~(3-53)의 해석방법을 대별하면

(i) 수치해법

(ii) 도식해법

(iii) 해석해법

으로 나누어진다. (i)은 기초방정식을 차분근사하여 계산기에 의해 x, t평면상의 격자점에서의 p, u값을 구하는 것으로, 가장 일반적인 해법이다.

(ii), (iii)은 컴퓨터가 보급되기 이전에 이용된 해법으로 각각 수치해법에 없는 이점도 있으나 적용범위가 제한된다.

수격의 기초방정식 (3-51), (3-52)는 쌍곡형 편미분방정식의 특성선의 이론에 의해, 그림 3-22에 나타낸 것과 같은 2방향의 특성방정식으로 변환된다. 식 (3-54), (3-55)는 그것들의 근사식으로 수치해법 및 도식해법의 기초가 되는 중요한 관계식이다(특성곡선). x, t평면상에서 내부의 점인 p^*, u는 점 A, B의 상태를 기지로 하고, 점 R와 S가 일치하는 것으로 하여 식 (3-54), (3-55)를

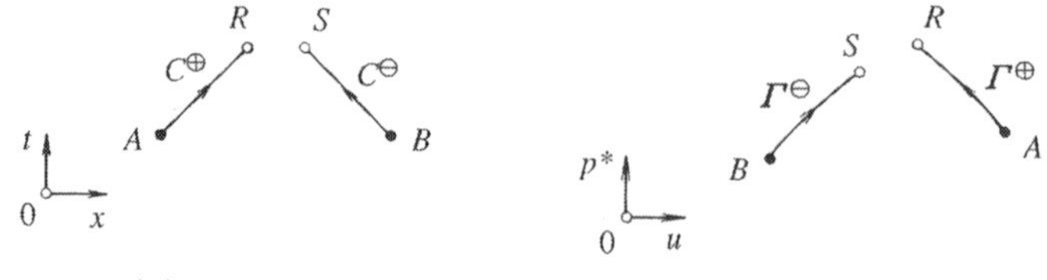

(a) 물리평면 (b) 상태평면

그림 3-22 특성곡선법

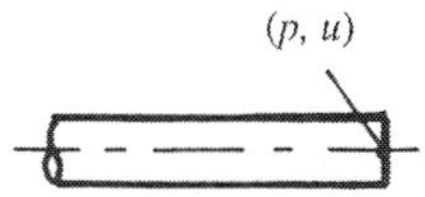

(a) 관로폐단부

$u = 0$

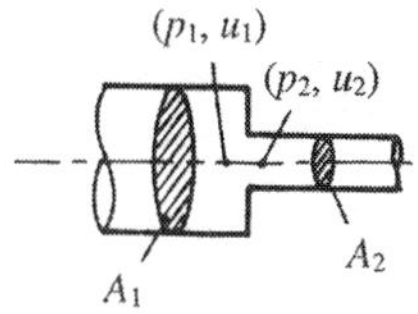

(d) 지름이 다른 관로 결합부(무손실)

$u_2 A_2 = u_1 A_1 = Q$

$p_2 = p_1$

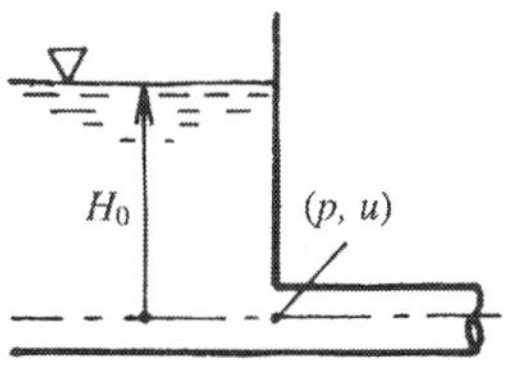

(b) 저수조 또는 관로개방단(무손실)

$p = \rho g H_0$

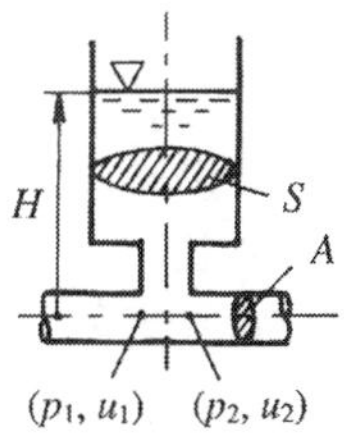

(e) 서지탱크(무손실)

$p_2 = p_1 = \rho g H$

$S(dH/dt) = A(u_1 - u_2)$

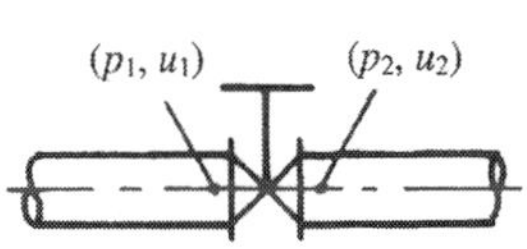

(c) 밸　브

$u_2 = u_1 = u$

$p_2 - p_1 = \zeta(\rho u^2/2)$

또는

$u = C_d \sqrt{2(p_2 - p_1)\rho}$

단,

ζ : 밸브손실계수

$C_d = 1/\sqrt{\zeta}$: 유량계수

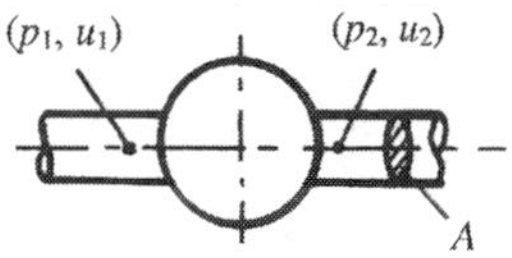

(f) 펌　프

$u_2 = u_1 = Q/A,$

$p_2 - p_1 = \rho H(Q,\ \omega),$

$I(d\omega / dt) = -T(Q,\ \omega)$

단, $H(Q,\ \omega), T(Q,\ \omega)$: 펌프완전특성에 따른 전양정, 토크, ω : 펌프 회전각속도,

$I = (GD^2/4g)$: 구동축계의 회전관성

그림 3-23　관로요소의 p-u 관계식(경계조건)

연립시키면 정해진다. 경계점의 p^*, u값은 식 (3-54), (3-55)의 한쪽을 다음에 기술하는 경계요소의 압력과 유속의 관계를 규정하는 식과 연립시키면 구해진다.

$$C^+ \ : \ \frac{(x_R - x_A)}{(t_R - t_A)} = a\text{에 따라서,}$$

$$\Gamma^{+} : (p_R{}^{*} - p_A{}^{*}) + \rho a(u_R - u_A) + \frac{f}{2D}\rho|u_A|u_A(x_R - x_A) = 0 \qquad (3\text{-}54)$$

$$C^{-} : \frac{(x_S - x_B)}{(t_S - t_B)} = -a\text{에 따라서,}$$

$$\Gamma^{-} : (p_S{}^{*} - p_B{}^{*}) + \rho a(u_S - u_B) + \frac{f}{2D}\rho|u_B|u_B(x_S - x_B) = 0 \qquad (3\text{-}55)$$

여기서, $p^{*} = p + \rho gz$

【2】 경계조건과 초기조건

수격해석의 경계조건이 되는 대표적인 관로요소의 특성을 이상화하여 나타내면 그림 3-23과 같다.

초기조건은 통상 $t=0$에서 압력과 유속의 분포를 지정한다. 이 경우 위에서 기술한 관로요소의 초기조건도 고려해야 한다.

3-6-3 펌프와 수차의 수격

【1】 펌프의 경우

펌프송수시스템에서 가장 문제가 되는 수격현상은 정전 등에 의해 갑자기 펌프의 구동력이 정지하는 경우에 생기는 것이다. 그림 3-24는 그러한 케이스 중 토출밸브가 열린 상태로 발생하는 가장 단순한 것으로 이하의 과정으로 압력이 상승한다. 우선, 구동력 소실에 의해 회전차의 구동속도가 저하하고 펌프토출구에서 유량과 압력이 저하한다[그림 3-24(b)의 ①]. 다음에 흐름은 역류를 시작하는데 회전차가 정회전을 하고 있기 때문에 펌프토출구에서 압력이 상승하기 시작한다[그림 3-2(b)의 ②]. 그리하여 회전차의 역류 · 역회전영역(수차영역)에서 펌프토출구의 압력은 최대값에 달한다[그림 3-2(b)의 ③]. 이러한 수격현상은 그림 3-21(b)의 타입에서 하류단에 정압원이 있는 경우의 수격으로 생각할 수 있고, 압력변화의 관로에 따른 진폭은 그림 3-24(a)와

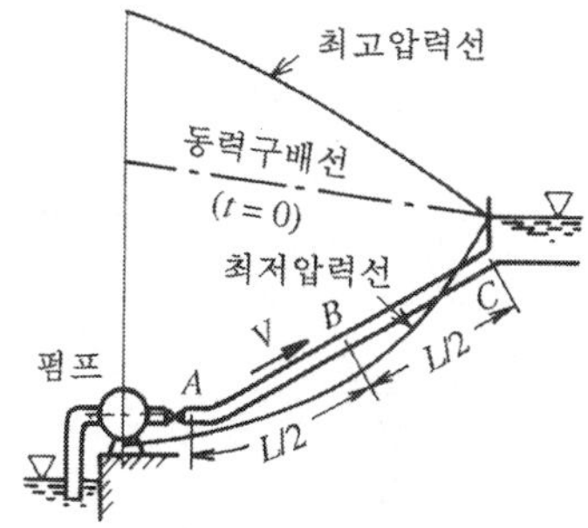

(a) 송수관로와 압력진폭의 분포

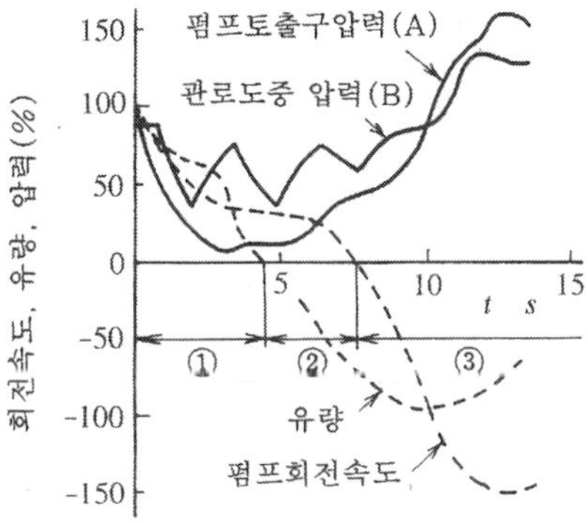

(b) 압력과 유량의 시간변화

그림 3-24 펌프송수시스템의 동력소실에 의한 수격(관마찰 무시)

같이 분포한다. 이 그림으로부터 관로에 생기는 압력의 최대값과 최소값 및 그것의 발생위치 등을 판단할 수 있다. 그런데 관로 내의 정압이 물의 포화증기압 부근까지 저하하면 비용해 기체의 석출 및 물의 기화에 의해 수류중에 공동이 발생하게 된다. 이것을 수주분리(water column separation)라 한다. 수주분리가 발생하면 식 (3-51), (3-52)가 성립하지 않게 되고 그 후의 압력변화의 예측이 대단히 어렵게 된다. 관로가 높은 부분에서는 이러한 수주분리가 생기기 쉽기 때문에 주의를 요한다.

그림 3-25는 그림 3-24에 나타낸 펌프에 의한 가장 단순한 송수관로시스템(단, 수평관로)에 관해서 비속도가 작은 원심펌프를 상정하여 관마찰을 무시한 경우의 운동손실에 따른 수격압력을

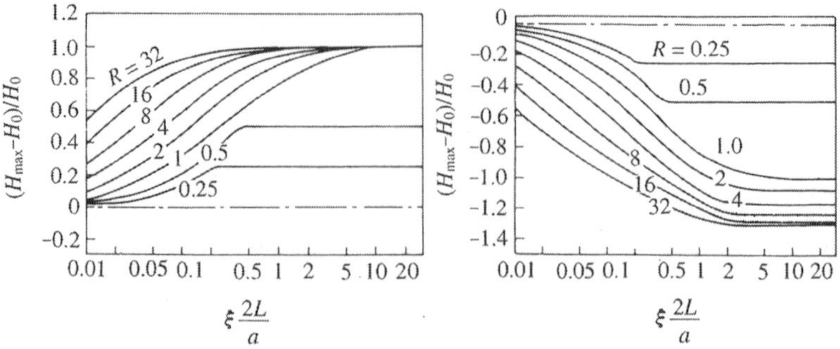

(a) 최고압력 (b) 최저압력

H_{max}, H_{min} : 압력변화의 최대값, 최소값(m), $\zeta = (M_0/I)(60/2\pi N_0)/2$: 관성계수 $(1/s)$, $I = (GD^2/4)/g$: 모터회전자와 회전차의 회전관성(kg · m^2), $M_0 = \rho g H_0 Q_0/(2\pi\eta_0 N_0)$: 펌프 정상운전시의 토크(N · m), H_0, Q_0, N_0, η_0, : 토출압(m), 토출유량(m^3/min), 회전속도(rpm) 및 효율(1), $R = au_0/gH_0$: 관로상수(1)

그림 3-25 동력소실에 수반하는 펌프 직후의 수격압력(관마찰 무시)

구한 것이다. 이 그림은 펌프가 같다면 회전관성 GD^2이 적어 관로의 길이가 길수록 압력변화가 커지는 것을 나타낸다.

【2】 수차의 경우

그림 3-26에 수차발전시스템에서 발생하는 수격현상의 예를 나타낸다. 발전기의 부하가 갑자기 없어지면 회전차(러너)가 무구속운전이 되어 회전속도가 상승함으로써 위험한 상태가 된다. 이러한 때에는 수차의 안내날개를 가능한 한 빨리 폐쇄하여 러너로 흘러들어가는 물을 정지시킬 필요가 있고 이에 따라 수격현상은 피할 수 없다.

이러한 수격은 그림 3-21 (a)의 타입으로 상류단에 압력원이 있는 경우의 수격현상으로 생각할 수가 있고, 압력상승의 최대값은 관로하류단에서 생긴다. 하류단에서 수차입구의 밸브를 직선적으로 폐쇄하여 관로손실을 무시하고, 압력상승의 최대값을 구하면, 그림 3-27과 같이 된다. 이 그림은 밸브의 폐쇄가 급폐쇄, 다시 말해 $T \le 2L/a$이 되면 압력상승의 최대값은 밸브의 폐쇄시간에 관계없이 식 (3-49)로 나타내어지고, 밸브의 폐쇄가 완폐쇄, 다시 말해 $T > 2L/a$이 되면 밸브의 폐쇄시간이 길수록, 또 초기유속이

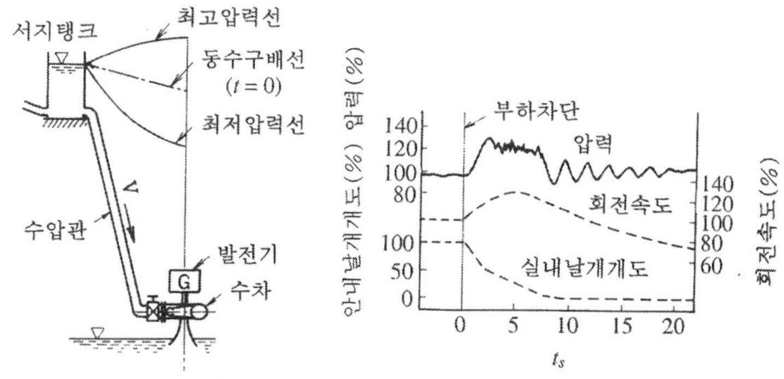

(a) 수력발전시스템과 압력진폭의 분포　　(b) 압력과 회전속도의 시간변화

그림 3-26 수력발전시스템의 부하 차단에 의한 수격

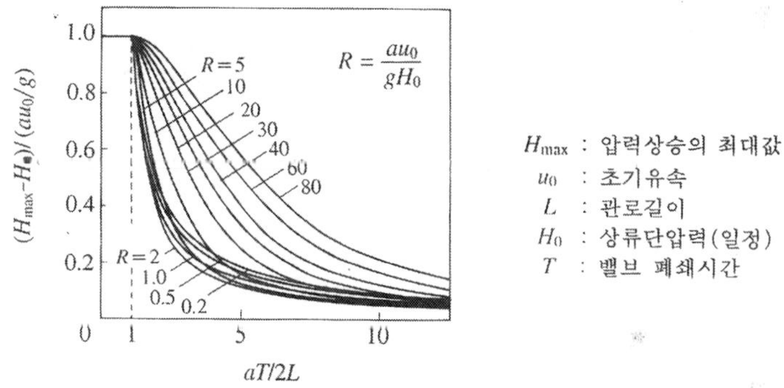

그림 3-27 하류단의 밸브 폐쇄에 의한 수격압력(관마찰 무시, 직선 폐쇄)

작을수록 압력상승의 최대값이 식 (3-49)보다 작아진다는 것을 나타내고 있다.

3-6-4 수격현상의 경감법

펌프계의 대표적인 수격 대책에는 이하와 같은 것이 있다.

(1) 펌프구동축에 플라이휠을 붙여 회전관성 GD^2을 크게 하여 동력소실시의 급격한 회전속도의 저하를 방지한다.

(2) 관로에 서지탱크 또는 공기실을 붙여 그 용량효과에 의해 과도적인 압력변화를 완화한다.

(3) 특히 수주분리의 발생이 예상되는 곳에는 1방향 서지탱크

를 붙이고 압력 저하시에 물을 관로에 보급하여 극도의 압력저하를 방지한다.

(4) 관로의 허용압 범위에서 흐름이 가능한 한 빨리 정지하도록 토출밸브의 폐쇄방법을 최적화한다. 근사적인 최적 밸브 폐쇄방법으로 급에서 완으로의 2단 폐쇄곡선이 주로 이용된다.

수차계의 수격대책에 대하여는 상기 (2), (4)와 같은 형태의 대책이 채용되는데, 그 외에 바이패스에 의해 일부의 물을 하류로 빼내어 수차 상류측 수압관의 급격한 유속감소를 완화하는 방법도 행해진다.

예 제

【3-1】 펌프의 모형과 실기 간의 기하학적 형상이 상사이고, 점성 및 압축성의 효과를 무시하고 운전상태도 상사라고 한다. 이러한 경우에는 양자에서 날개입구의 속도 3 각형도 상사가 된다. 이것을 사용하여 유량을 Q, 비에너지를 E로 하여 모형과 실기를 각각 첨자 m 및 p로 나타내면,

$$\frac{Q_p}{Q_m}=\left(\frac{E_p}{E_m}\right)^{3/2}\left(\frac{n_m}{n_p}\right)^2$$

가 성립하고, 비속도 및 형식수가 유도될 수 있음을 보여라.

해답 $Q=\pi DbW_r$에서

$$\frac{Q_p}{Q_m}=\frac{\pi D_p b_p W_{rp}}{\pi D_m b_m W_{rm}} \qquad (1)$$

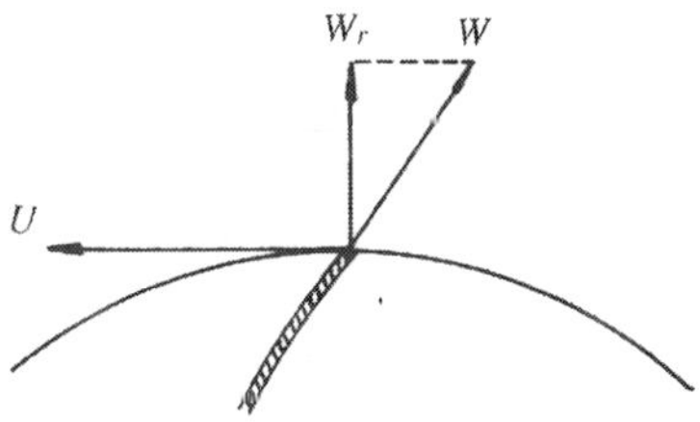

속도 3 각형의 상사로부터

$$\frac{U_p}{U_m}=\frac{W_{rp}}{W_{rm}} \qquad (2)$$

기하학 형상의 상사로부터

$$\frac{b_p}{b_m}=\frac{D_p}{D_m} \qquad (3)$$

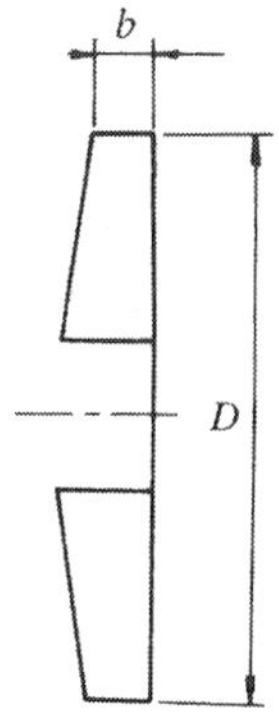

식 (2), (3)을 식 (1)에 대입하면

$$\frac{Q_p}{Q_m}=\left(\frac{D_p}{D_m}\right)^2\left(\frac{U_p}{U_m}\right)$$

$U\propto D_m$이므로

$$\frac{Q_p}{Q_m}=\left(\frac{D_p}{D_m}\right)^3\frac{n_p}{n_m} \qquad (4)$$

비에너지는 주어진 압력 및 양정의 상승에 비례하기 때문에

$$E\propto u^2$$

$$\therefore \frac{E_p}{E_m} = \left(\frac{D_p}{D_m}\right)^2 \left(\frac{n_p}{n_m}\right)^2 \qquad (5)$$

형상의 상사가 정해져 있는 것으로 보고 식 (4)와 (5)로부터 D_p/D_m을 소거하면

$$\frac{Q_p}{Q_m} = \left(\frac{E_p}{E_m}\right)^{3/2} \left(\frac{n_m}{n_p}\right)^2$$

가 구해진다. 여기서 모형의 $Q_m = 1$, $E_m = 1$로 하면

$$n_m = \frac{{Q_p}^{1/2}}{{E_p}^{3/4}} n_p \qquad (6)$$

이것은 식 (3-12)와 같은 관계를 나타낸다. 또 $Q_m = 1$, $E_m = g$로 하여,

$$E = gH \qquad (7)$$

라 하면 (3-11)과 동일하게 된다.

【3-2】 전양정 12 m, 유량 2 m³/min, 회전수 1452 rpm의 펌프의 비속도를, g를 생략하지 않고, 무차원으로 구하라[식 (3-11) 참조].

해답 $n_s = n\dfrac{Q^{1/2}}{(gH)^{3/4}}$ 로부터,

$n = 24.2$ rps, $Q = 0.0333$ m³/s, $H = 12$ m이므로

$$n_s = 24.2 \times \frac{(0.0333)^{1/2}}{(9.8 \times 12)^{3/4}} = 0.124$$

【3-3】 운전조건의 상사칙으로부터 식 (3-4)를 구하라.

해답 $P[ML^2T^{-3}]$, $p[ML^{-3}]$, $D[L]$, $n[T^{-1}]$이므로

$$\pi_3 = [P^\alpha p^\beta D^\gamma n^\delta]$$

M에 관해서는 $\alpha + \beta = 0$ $\qquad \therefore \beta = -\alpha$

L에 관해서는 $2\alpha - 3\beta + \gamma = 0$ $\qquad \therefore \gamma = -2\alpha + 3\beta = -5\alpha$

T에 관해서는 $-3\alpha - \delta = 0$ $\qquad \delta = -3\alpha$

$\alpha = 1$로 하여

$$\pi_3 = \frac{P}{\rho D^5 n^3} \tag{3-4}$$

【3-4】 척도 1/10의 수차모형에서 최고효율은 86 %였다. 실제기계에서 최고효율을 식 (3-30)으로 구하라.

해답 모형의 치수 $D' = 0.1D$, 효율 $\eta' = 0.86$이고, 실제기계의 치수를 $D = 1$로 하면

$$\eta = 1-(1-0.86)\times\left(\frac{1}{10}\right)^{1/5} = 0.91$$

【3-5】 원심회전차의 회전속도가 n, 유량이 Q, 양정이 H로 운전되고 있다. 이것이 회전수 n', 유량 Q'로 운전될 때의 양정 H'를 구하라.

해답 속도 3 각형은 상사이므로, 운전조건이 변화한 후의 기호에 ′를 붙여 나타내면(1-5절 참조)

$$\frac{n'}{n} = \frac{u_2'}{u_2} = \frac{vu'_{2\infty}}{vu_{2\infty}} = \frac{vm'_{2\infty}}{vm_{2\infty}}$$

회전차 출구면적을 A로 하면 유량 Q'는

$$Q' = vm_{2\infty}A = vm_{2\infty}A\frac{n'}{n} = Q\frac{n'}{n}$$

또, 오일러헤드의 식 (1-11)에서

$$\begin{aligned} H' &= \frac{u_2' v'_{u2\infty} - u_1' u_{u1}'{}_{\infty}}{g} \\ &= \frac{1}{g}\left\{u_2 v_{u2\infty}\left(\frac{n'}{n}\right)^2 - u_1 v_{u1\infty}\left(\frac{n'}{n}\right)^2\right\} \\ &= \frac{1}{g}(u_2 v_{u2\infty} - u_1 v_{u1\infty})\left(\frac{n'}{n}\right)^2 \\ &= H\left(\frac{n'}{n}\right)^2 \end{aligned}$$

【3-6】 원심회전차의 흡입부에 인듀서를 붙인 로켓용 펌프[그림 3-15 (b) 참조]에 관해, 수조에서 흡입성능시험을 행하여 회전속도 $n = 10{,}000$

rpm, 유량 $Q = 3.95\,\text{m}^3/\text{min}$일 때, 필요 유효흡입헤드 $\text{NPSH}_\text{R} = 6.2\,\text{m}$를 얻었다. 사용 유체를 물로 하여 이 펌프의 흡입비속도 S(rpm, m³/min, m)를 구하라. 이 펌프로 인듀서가 없는 경우, 흡입비속도를 표준적인 값 $S = 1400$으로 하면, 동일 회전속도에서 동일 유량을 얻는 데는 필요 유효흡입헤드를 얼마로 해야 하나?

해답) 식 (3-37)에서 이 펌프의 흡입비속도는

$$S = 10{,}000 \times (3.95)^{1/2}/(6.2)^{3/4} = 5{,}060(\text{rpm, m}^3/\text{min, m})$$

한편, 인듀서가 없는 경우의 필요유효헤드 $\text{NPSH}_\text{R} = (nQ^{1/2}/S)^{4/3} = \{10{,}000 \times (3.95)^{1/2}/1{,}400\}^{4/3} = 34.4\,\text{m}$가 된다.

이와 같이 인듀서를 붙이면 흡입성능은 현저하게 향상되나, 캐비테이션의 발생이 심하게 된다. 로켓용 펌프는 사용시간이 상당히 짧기 때문에 침식은 생각하지 않아도 좋으나, 캐비테이션에 의한 불안정 현상 및 회전차-축계의 진동이 문제가 된다.

【3-7】 그림 3-18에 나타낸 압축기계(system)의 서징모델에 대하여 평형점 부근의 압축기특성을 정압원으로 하고, 교축밸브특성을 정유량으로 간주한 경우 미소진동의 주기를 구하라. 그러한 주기를 이 계의 헬름홀츠주기라 한다. 헬름홀츠주기로부터 서징의 주기에 미치는 관로의 파라미터의 영향을 추측하고 관찰하라.

해답) 평형점 부근의 미소진동은 식 (3-43), (3-44)로 나타내고, 그 고유진동수는 식 (3-45)로 구해진다. 압축기특성을 정압원, 교축밸브특성을 정유량으로 하면,

$$k_1 = (dP_1/dM_1)_{M_1^*} = 0, \quad k_2 = 1/(dM_2/dP_2)_{P_2^*} = \infty$$

가 되므로, 이 계의 미소진동의 각속도는,

$$\omega_H = a\sqrt{A_1/V_2L_1}$$

따라서, 헬름홀츠주기는

$$T = 2\pi/\omega_H = 2\pi\sqrt{V_2L_1/A_1}/a$$

가 된다.

서징은 유한진폭의 비선형 현상이므로 서징의 주기는 헬름홀츠주기와 다르나(크게 된다), 주기에 미치는 관로 파라미터의 영향은 양자 모두 같은 경향을 가진다. 따라서, 윗식에서 서징의 주기는 탱크용적이 크고 관로가 길수록, 또 관로 단면적이 작을수록 길게 된다고 할 수 있다. 헬름홀츠주기는 서징현상의 시간척도로서 실험값과 계산값을 비교, 정리하는데 기본이 되는 파라미터이다.

터보펌프

4

4-1 펌프의 형식과 성능

4-1-1 터보펌프

원동기에 의해 구동되고 연속적으로 기계적 에너지를 액체에 주는 유체기계가 펌프이다. 이를 대별하면 터보펌프, 용적형 펌프, 특수펌프로 나누어진다. 이 중 펌프의 회전차를 케이싱 내에서 고속 회전시킴으로써 액체에 에너지를 주는 형식이 터보펌프(turbo pump)이다. 현재 가장 널리 사용되고 있는 터보펌프의 형식은 원심펌프(centrifugal pump), 사류펌프(mixed flow pump), 축류펌프(axial flow pump)의 3종류로 분류되고, 양수량이 극히 적은 경우를 제외하면 산업용, 상하수도용 등에 가장 널리 이용되고 있다.

(a) 원심펌프

(b) 사류펌프

그림 4-1 (계 속)

(c) 축류펌프

그림 4-1 펌프 외관도

그림 4-1 (a), (b), (c)는 원심펌프, 사류펌프, 축류펌프의 외관도이다.

4-1-2 비속도와 펌프 형식

제 3 장에서 기술한 것과 같이 비속도 n_s는 펌프 회전차의 형식을 나타내는 양이고 같은 형식의 2대의 펌프에서 비속도가 같으면 양자는 상사의 형상을 갖는다. 따라서 전양정이 높고, 토출량이 작은 펌프는 n_s가 작게 되고, 역으로 토출량이 크고 전양정이 낮은 펌프는 n_s가 크게 된다.

【1】 펌프의 형식

펌프는 그 용도, 사양에 따라 여러 종류의 형식이 있다. 여기서는 양액(揚液)으로써 물을 대상으로 하여, 일반적으로 사용되는 원심펌프, 사류펌프, 축류펌프에 관해 기술한다.

터보펌프는 상술한 바와 같이 표 4-1에 나타낸 3가지로 분류되

표 4-1 터보펌프의 형식에 의한 분류

- 터보펌프
  - 원심펌프
    - 벌류트 펌프
    - 디퓨저 펌프
  - 사류펌프
    - 벌류트 사류펌프
    - 사류펌프 (디퓨저 펌프형)
  - 축류펌프

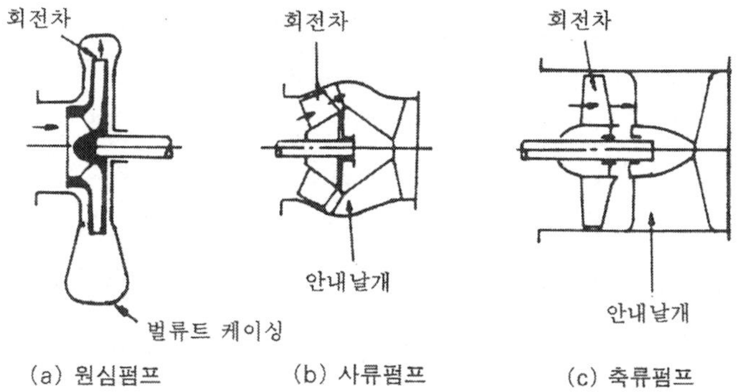

그림 4-2 원심펌프, 사류펌프, 축류펌프의 비교

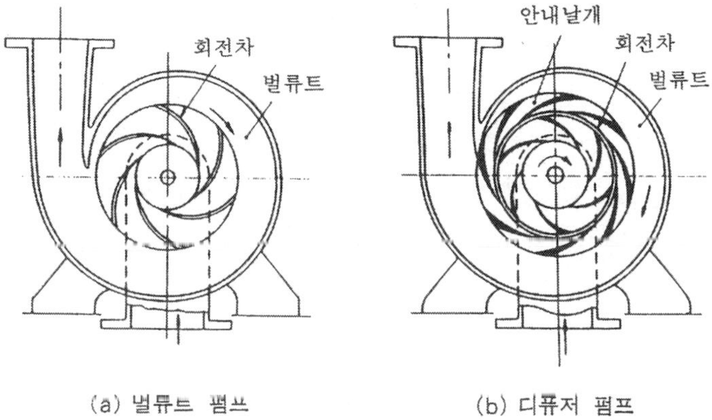

그림 4-3 펌프의 안내날개의 유무

고, 이들은 축을 포함하는 회전차의 단면상에서 유출하는 흐름의 축에 대한 경사각에 의해 그림 4-2와 같이 대별되고 있다.

(a) 원심펌프

원심펌프는 그림 4-2(a)에 나타낸 바와 같이 주로 회전차의 원심력에 의해 유체에 압력 및 속도에너지를 주는 것으로 회전차에서 토출되는 유체는 주축에 직각인 반지름방향으로 유출된다. 회전차에서 나온 흐름이 직접 벌류트 케이싱에 들어가는 벌류트 펌프(volute pump)와 회전차에서의 흐름의 속도헤드 일부를 압력헤드로 변환하기 위한 안내날개(디퓨저 또는 가이드베인)를 갖는 디퓨저 펌프(diffuser pump)가 있다.

전자의 벌류트 펌프를 그림 4-3 (a)에 나타낸다. n_s의 범위는 100~700으로 광범위하게 사용된다. 이에 대하여 디퓨저 펌프는 그림 4-3 (b)와 같이 회전차의 외주부에 디퓨저가 있고, n_s의 범위는 100~300 정도로 사용된다. 또, 원심펌프의 회전차 형식에는 편흡입형(single suction type)과 양흡입형(double suction type) (그림 4-11)이 있고, 전양정에 따라 단단형(single stage)과 다단형(multi stage)이 있다 .

(b) 사 류 펌 프

사류펌프는 그림 4-2 (b)에 나타낸 것과 같이, 원심펌프와 축류펌프의 중간 형상을 하고 있고 흐름은 회전차축에 대하여 출입구 모두에서 경사져 있다. 또, 회전차에서 토출된 흐름이 벌류트 케이싱에 들어가는 벌류트 사류펌프(volute type mixed flow pump)와 안내날개를 축방향으로 경사지게 하여 토출관에 연결하는 사류펌프가 있고, 유체는 회전차에서 양력 및 원심력을 받음으로써 에너지를 증가시켜 펌프작용을 한다. n_s의 범위는 350~1300 정도로 사용된다.

(c) 축 류 펌 프

축류펌프는 그림 4-2 (c)에 나타낸 것과 같이 흐름은 회전차 내를 축방향으로 유입하여 유출한다. 날개의 회전으로 생기는 양력에 의해 유체에 압력에너지와 속도에너지가 주어져 펌프작용을 한다. n_s의 범위는 1000 이상으로 사용된다.

이러한 펌프의 특징은 그 회전차의 형상에 의해 정해진다. 주축의 방향, 흡입방법, 회전차의 단수 등에 의한 분류가 있다.

표 4-2에 그 기본적 분류형식과 적용범위를, 또 그림 4-4에 펌프형식의 선정도를 나타낸다. 이 선정도에서 토출량, 전양정을 알면 펌프형식은 결정된다. 예를 들면, $Q = 1.5\,(\mathrm{m^3/min})$, $H = 15\,(\mathrm{m})$라고 하면, 펌프형식은 그림 4-4의 윗그림에서 단흡입원심펌프가 된다. 또 형식을 결정하는 경우에는 사용조건, 사용목적 등을 고찰할 필요가 있다.

표 4-2 유체펌프의 기본적 분류형식과 적용범위

기종	형식					적용범위		
	축형식	흡입형식	단수	벌류트	호칭	구경(mm)	전양정(m)	n_s
벌류트 펌프	횡축	편흡입	단단	벌류트	편흡입 벌류트 펌프	JIS소형 40~160	JIS소형 5~50	100~500
			다단	벌류트	편흡입 다단 벌류트 펌프	JIS소형 40~160	JIS소형 40~150	100~300
		양흡입	단단	벌류트	양흡입 벌류트 펌프	JISB3822 200~500	10~60	150~700
	입축	편흡입	단단	벌류트	입축 편흡입 벌류트 펌프	40~	10~40	150~600
			다단	디퓨저	입축 편흡입 다단 벌류트 펌프	50~	30~	100~450
		양흡입	단단	벌류트	입축 양흡입 벌류트 펌프	200~1000	10~40	200~800
사류펌프	횡축	편흡입	단단	벌류트 가이드베인	횡축 사류펌프	200~2000	3~9	600~1000
	입축	편흡입	단단	벌류트 펌프	입축 사류펌프	200~4000	7~15	700~1300
			다단	가이드베인	입축 다단사류펌프	200~2000	5~70	
축류펌프	횡축	편흡입	단단	가이드베인	횡축 축류펌프	300~5000	5 이하	1200~2500
	입축	편흡입	단단	가이드베인	입축 축류펌프(그다지 사용되지 않음)	200~5000	6 이하	1200~2500

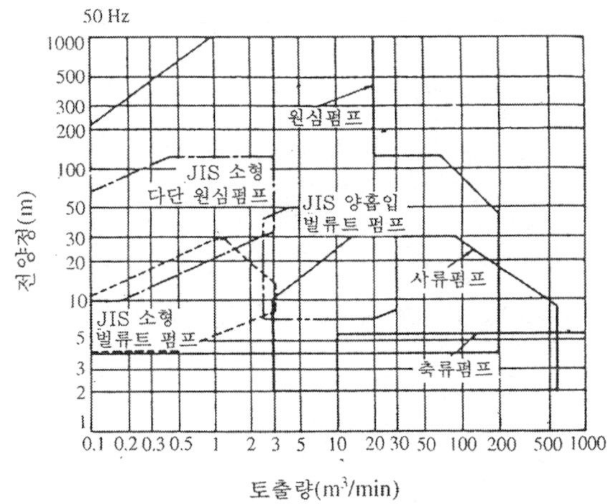

그림 4-4 (계 속)

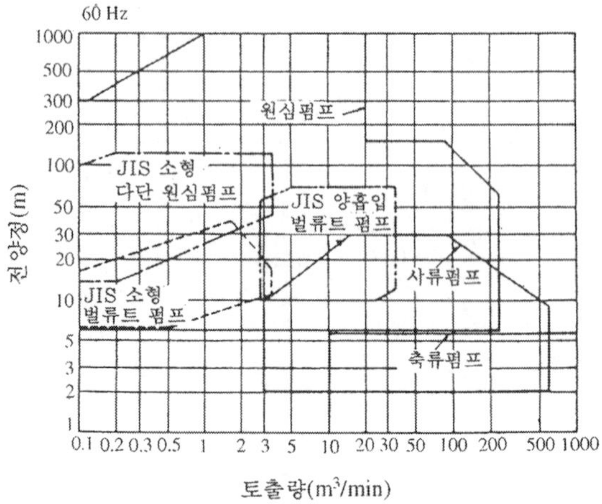

그림 4-4 펌프형식의 선정도

4-1-3 펌프 성능(pump performance)

【1】 전 양 정

그림 4-5는 펌프의 양정을 나타낸 것이고, 양정의 기준치는 회전차의 날개 입구 외주단을 통과하는 원의 중심점을 포함하는 수평면이고 일반적으로는 주축을 중심이라고 생각하면 된다. 따라서, 흡입 수면에서 펌프 기준면까지의 높이를 흡입양정(suction head) h_s, 펌프 기준면에서 토출 수면까지를 토출양정(delivery head) h_d라 하고, 이 두 수면간의 수직높이 h_a를 실양정(actual head)이라 한다. 이러한 관계식은 다음 식으로 나타낸다.

$$h_a = h_d + h_s \tag{4-1}$$

그러나 실제로 펌프를 운전할 때 흡입관로, 토출관로 또는 관로의 입구, 출구 등에 여러 종류의 손실 h_l이 생긴다. 이 실높이 h_a에 이러한 관로계의 손실헤드를 합한 것이 펌프가 액체에 주는 전양정(total head) H와 같게 된다. 즉

$$H = h_a + h_l = h_d + h_s + h_l \tag{4-2}$$

또, 펌프 기준면으로 환산한 토출압력(discharge pressure), 흡

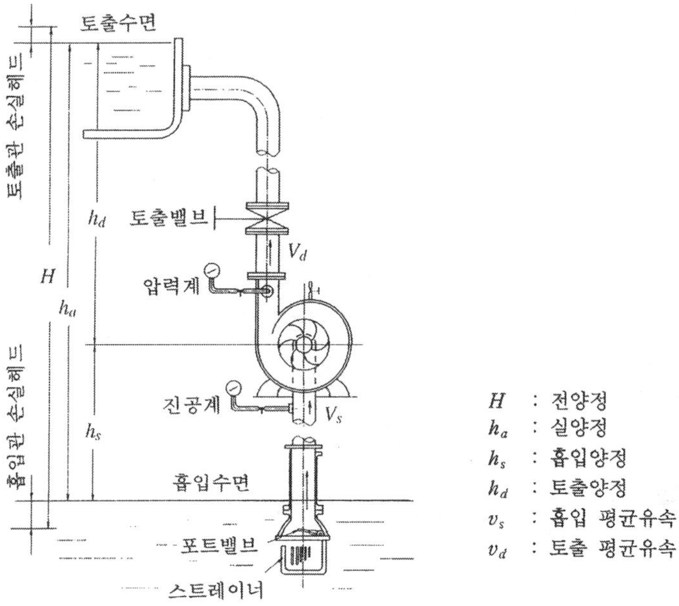

그림 4-5 펌프의 전양정

입압력(suction pressure)을 각각 p_d, p_s로 하면

$$H = \frac{(p_d - p_s)}{\rho g} + \frac{(v_d^2 - v_s^2)}{2g} \tag{4-3}$$

이 된다. 여기서 v_d, v_s는 펌프의 토출관로와 흡입관로의 압력 측정 위치의 관 단면에서 평균유속을 나타낸다. 만약, 흡입관과 토출관의 지름이 같은 경우에는 $v_d = v_s$이므로 식 (4-3)은 다음 식으로 나타낼 수 있다.

$$H = \frac{(p_d - p_s)}{\rho g} \tag{4-4}$$

【2】 펌프효율

펌프효율(pump efficiency)은 원동기의 출력을 결정하기 위해 필요하고 그 측정방법은 JIS B 8301에 정해져 있다. 여기서는 효율을 구하기 위해 수동력(water power) P_w와 축동력(shaft power) P의 관계를 나타낸다.

$$\eta = \frac{P_w}{P} \times 100 \qquad (4\text{-}5)$$

$$P_w : \rho g Q H / 1000 \ (\text{kW}) \qquad (4\text{-}6)$$

여기서, P_w : 수동력(kW)
P : 펌프 축동력(kW)
η : 펌프효율(%)
ρ : 물의 밀도(kg/m^3)
g : 중력가속도(m/s^2)
Q : 토출유량(m^3/s)
H : 전양정(m)

【3】 비속도와 펌프의 특성곡선

비속도 n_s에 의한 펌프의 형상이 거의 정해지는 것은 펌프의 특성이 n_s에 의해 정해지는 것을 나타내는 것이다.

일반적으로 펌프의 특성을 나타내는 한 방법으로서 일정 회전속도에서 횡축에 토출량, 종축에 전양정, 축동력, 펌프효율을 취하고 각각 최고효율점에서의 값으로 무차원하는 수가 있다. 그림 4-6 (a)~(c)는 각종 펌프의 대표적 n_s의 개략 특성곡선이다.

양정곡선은 n_s가 커지면 구배가 급하게 되고 체절양정이 높아

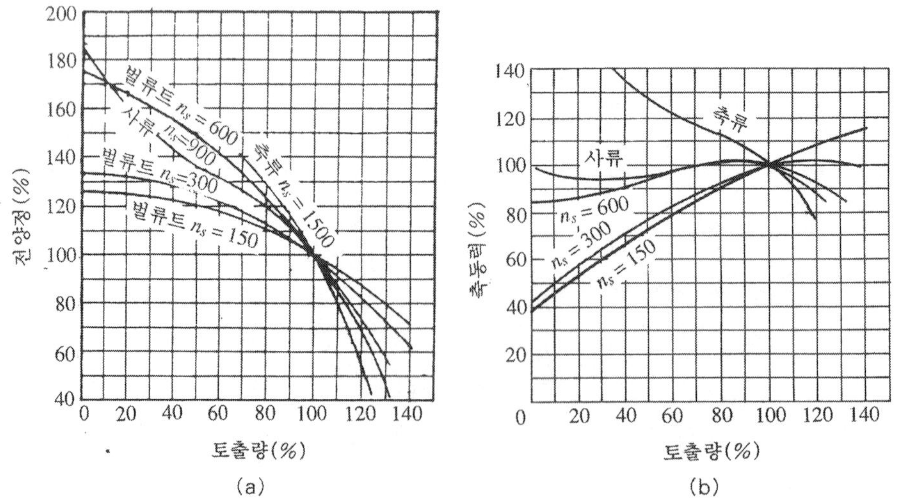

(a) (b)

그림 4-6 (계 속)

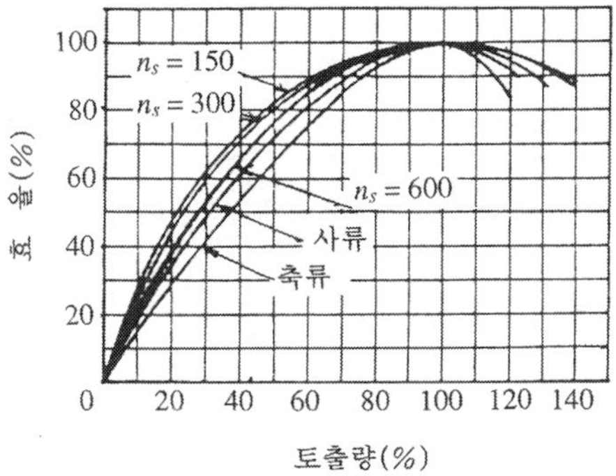

(c)

그림 4-6 n_s에 대한 펌프의 개략 특성

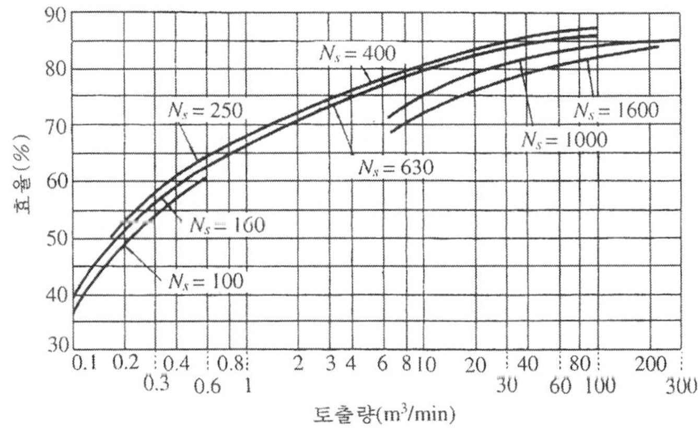

그림 4-7 n_s와 토출량에 대한 펌프의 최고효율값

표 4-3 각종 펌프의 특성비교와 용도 예

기 종	원 심 펌 프			사 류 펌 프	축 류 펌 프
비속도 n_s	약 150	약 300	약 600	약 900	약 1500
전양정 Q-H에 관해서 Q : 토출량 H : 전양정	Q-H곡선은 전체적으로는 우하이나 Q가 0 부근에서 우상의 곡선이 되고, 극대값을 갖는 것도 있다. H의 변화에 대하여 Q의 변화가 크다.	Q-H곡선은 우하이고 구배는 완만하다. Q는 0 부근에서 평탄하다. H의 변화에 대하여 Q의 변화가 크다.	Q-H곡선은 우하강이고, 그 구배는 축류펌프와 벌류트 펌프에 가까워 다소 급하고, Q가 0 부근에서는 H가 사류펌프에 가깝게 된다.	Q-H곡선은 우하강이고, 그 구배는 축류펌프와 벌류트 펌프의 중간정도이다. Q = 0에서의 양정은 정규양정의 180 ~ 200 %가 된다.	Q-H곡선의 우하강 구배는 급하며 부분유량 영역에 변곡점이 있다. 정규 토출량의 40~600 % 사이에서는 특성이 불안정하게 되는 수가 있다.

표 4-3 (계 속)

기 종	원 심 펌 프			사 류 펌 프	축 류 펌 프
비속도 n_s	약 150	약 300	약 600	약 900	약 1500
축동력 Q-P 성능에 관해서 P : 축동력	Q가 0일 때 P는 최소. Q가 증가하면 P는 거의 직선적으로 증가한다.	Q가 0일 때 P는 최소. Q가 증가하면 P는 증가하고 최고 효율점보다 다소 Q가 큰 점에서 최대가 된다.	Q가 0일 때 P는 최소. 최고효율점 부근에서 P가 최대가 된다.	Q가 변화하여도 축동력의 변화가 적다. Q = 0에서 정규 축동력의 100~130 % 정도가 된다.	Q-L 곡선의 우하강 구배가 급하다. 정규 양정의 130 %의 양정에서 축동력은 115 % 정도가 된다. Q = 0에서는 정규 축동력의 180~222 % 정도가 된다.
효 율 Q-η 곡선에 관해서 η : 효율	Q-η 곡선은 둥근 부분이 크기 때문에 효율이 좋은 범위가 넓다.	Q-η 곡선은 둥근 부분이 크기 때문에 효율이 좋은 범위가 넓다.	Q-η 곡선은 둥근 부분이 다소 작게되어 사류펌프에 가깝다.	Q-η 곡선은 둥근 부분이 벌류트 펌프와 축류펌프의 중간이다.	Q-η 곡선의 둥근부분이 적어 구배가 급하다.
펌프 선정상의 주의	구조가 간단, 값이 저렴, 단단에 적합, 흡입양정이 높고, 양정 변화가 적다. H = 30~100 m의 범위에 적합하다.	중양정의 것에 적합하고 고효율을 얻기 쉽다. Q의 사용가능 범위가 넓다.	저양정의 것에 적합하고 고효율을 얻기 쉽다. Q의 사용가능 범위가 넓다. 양흡입으로 하면 회전수를 사류펌프보다 높게 취할 수 있다.	벌류트 펌프에 비하여 양정변화가 있는 경우에 적합한 체절기동이 가능. 중~저양정의 것에 적합하다.	극저양정까지도 적합하고 회전수를 높일 수가 있으나 사류펌프보다 흡입이 약하다. 사용범위는 정규양정의 130 % 이하의 양정에서 체절기동을 할 수 없다.
용도 예	범용, 프로세서	범용, 논발관개, 광산	상하수도 송수 공업용수펌프	하수, 빗물배수, 순환수	하수배수, 빗물배수

진다. 축동력곡선은 n_s가 작은 원심펌프에서는 토출량 0에서 최소, n_s가 큰 사류펌프, 축류펌프에서는 최대가 된다. 효율곡선은 원심펌프에서는 펌프의 토출량이 변화하여도 효율의 변화가 적다. 표 4-3에 각종 펌프의 특성 비교를 나타낸다.

그림 4-7은 n_s와 토출량에 대한 펌프의 개략적인 최고효율을 나타낸 것으로, 전체의 경향으로서 토출량의 증가에 수반하여 최고효율값이 얻어지는 n_s는 크게 되고, 효율도 높아지는 경향을 나타내고 있다.

4-2 펌프의 구조와 특징

【1】 형식의 분류

펌프의 형식은 회전차, 안내날개, 케이싱 등의 구조, 단수, 축의 배치 및 흡입구 및 토출구의 크기 등에 따라 표 4-4와 같이 분류된다.

표 4-4 펌프의 형식, 분류 및 특징

형 식	분 류	특 징
회전차의 형식	원심회전차	액체는 날개에 축과 직각인 반지름방향에서 유입하여, 반지름방향으로 유출한다. 그림 4-2 (a), 그림 4-8
	사류회전차	흐름은 회전차 축에 대하여 경사진 방향으로 유출한다. 그림 4-2 (c), 그림 4-10
	축류회전차	흐름은 회전차를 축방향으로 유입, 유출한다. 그림 4-2 (c), 그림 4-10
흡입구의 형식	편흡입형	회전차의 한 방향으로만 흡입한다. 그림 4-2 (a), 그림 4-8
	양흡입형	편흡입의 회전차의 뒷면을 겹쳐 회전차의 양측에서 흡입한다. 그림 4-12
출구 안내날개의 유무에 의한 형식	디퓨저 펌프	안내날개가 있는 것. 그림 4-3 (b)
	벌류트 펌프	안내날개가 없는 것. 그림 4-2 (a), 그림 4-3 (a), 그림 4-8
단수에 의한 형식	단단펌프	회전차가 1개인 펌프. 그림 4-2 (a), 그림 4-8
	다단펌프 (2단, 3단…)	회전차가 2개 이상이고 액체가 그 회전차를 통과하면서 순차 증압된다.

표 4-4 (계 속)

형 식	분 류	특 징
케이싱에 의한 형식	수평분할형 (horizontally split type)	축을 포함하는 수평면으로 나누어지는 것으로 단단, 다단에 모두 사용된다.
	분할형 (sectional type)	다단펌프에서 각단을 동형의 축수직할형의 케이싱으로 분할하여, 이것들을 조립하여 볼트로 연결한 구조. 그림 4-11
	배럴형 (barrel type)	다단펌프에서 2중 케이싱형으로 외측의 케이싱은 원통형으로 하고, 내부 케이싱은 분할형 또는 수평분할형이고, 그 양 케이싱 사이에 고압수를 흘려 내부 케이싱이 받는 응력을 경감하고 외부로의 누설을 방지하기 쉬운 구조
축의 배치에 의한 형식	직립형 (vertical shaft type)	펌프의 주축이 수직으로 배치. 그림 4-13
	횡축형 (horizontal shaft type)	펌프의 주축이 수평으로 배치. 그림 4-2, 4-3, 4-8~4-12

【2】 주요한 펌프의 구조 예

(a) 원심펌프

그림 4-2 (a), 그림 4-3 (a), 그림 4-8과 같이 회전차에서 유출한 물을 직접 벌류트 케이싱으로 유도하는 형식의 것으로 벌류트 펌프라고도 한다.

(b) 사류펌프

그림 4-9에 사류펌프의 구조도를 나타낸다.

(c) 축류펌프

그림 4-10에 축류펌프의 구조도를 나타낸다.

(d) 다단펌프

펌프에 들어온 액체가 2개 이상의 회전차를 통하는 구조의 것으로 높은 양정을 필요로 하는 경우, 회전차를 복수개 동일축에

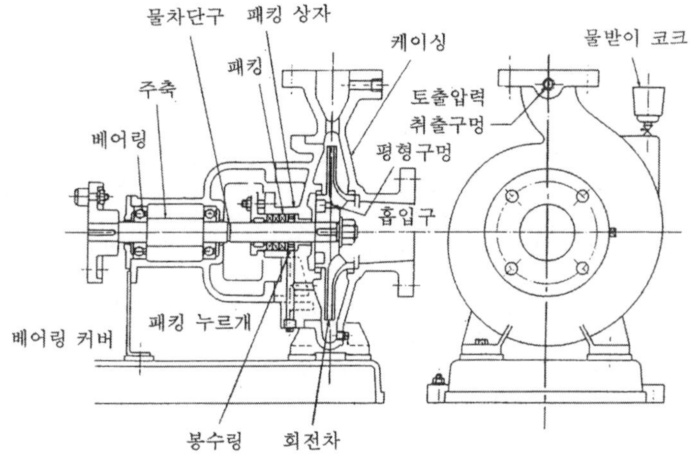

그림 4-8 벌류트 펌프의 구조도 예

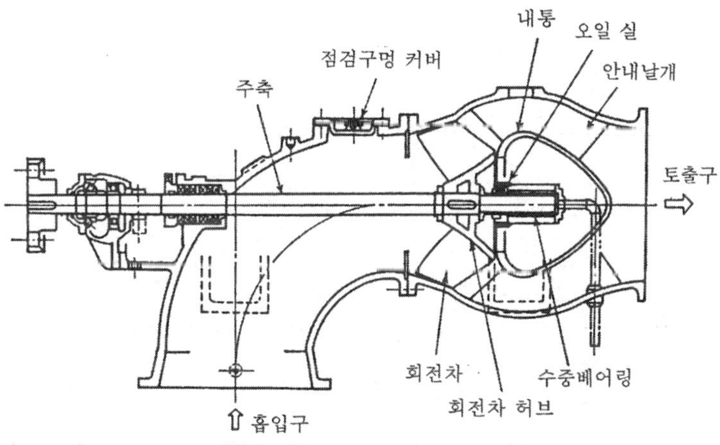

그림 4-9 사류펌프의 구조도 예

배치하고 제 1 단에서 나온 액체는 제 2 단, 제 3 단 … 으로 순차 회전차를 통과해서 전양정을 높여가는 펌프로 그 일례를 그림 4-11 및 그림 2-18에 나타낸다.

(e) 양흡입펌프

회전차의 흡입구가 양측에 있는 펌프이다. 그림 4-12에 양흡입펌프의 구조를 나타내고 있다. 회전차를 설치하는 펌프축은 양측에서 흡입 케이싱을 관통하여 외부에서 베어링으로 지지되어 있

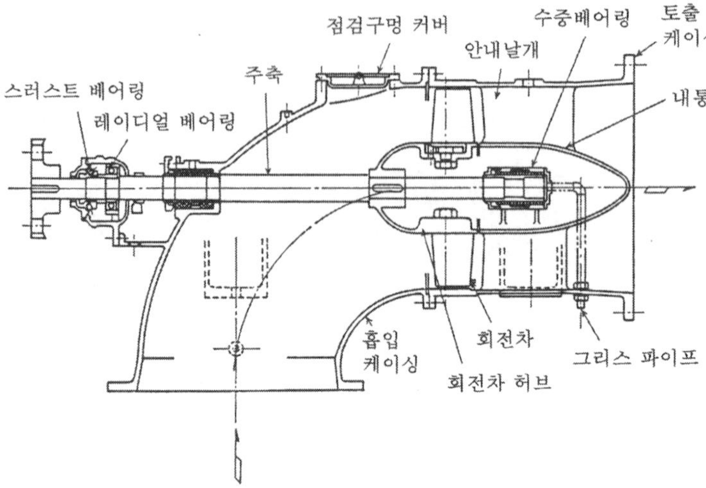

그림 4-10 축류펌프의 구조도 예

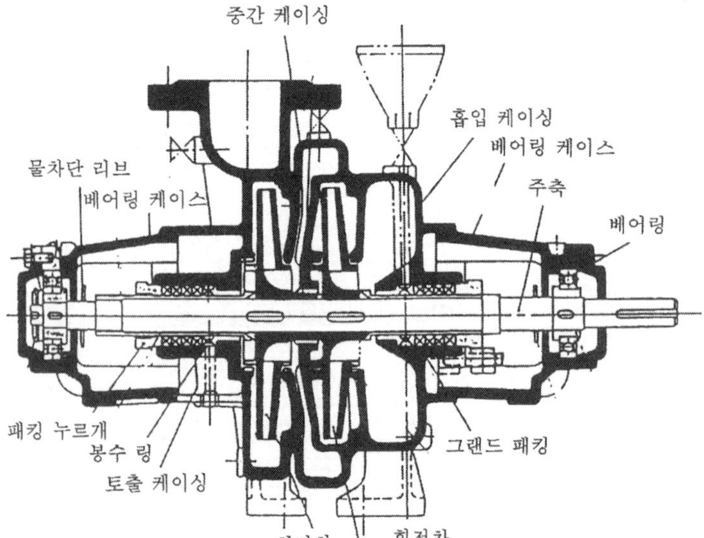

그림 4-11 2단펌프의 구조도 예

기 때문에 펌프축의 길이는 다소 길어진다.

(f) 입축사류펌프

그림 4-13은 펌프의 주축이 수직으로 배치되어 있는 사류펌프이다.

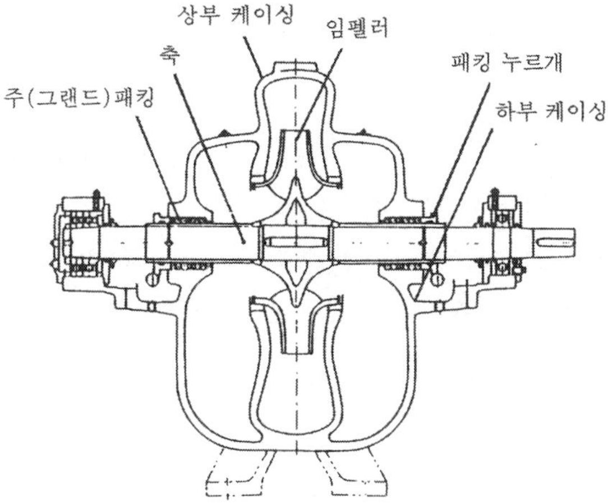

그림 4-12 양흡입 펌프의 구조도

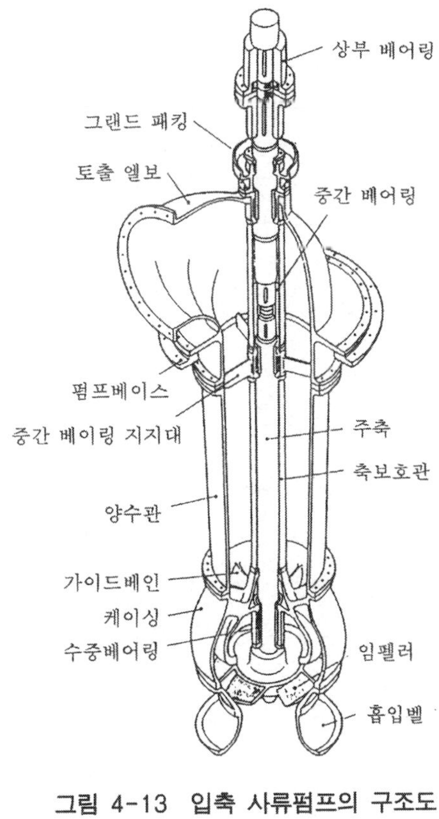

그림 4-13 입축 사류펌프의 구조도

4-3 회전차에 작용하는 스러스트

원심펌프의 스러스트에는 축스러스트(axial thrust)와 반지름방향 스러스트(radial thrust)가 있다. 양흡입펌프 회전차의 구조는 대칭이기 때문에 원리적으로는 스러스트가 생기지 않는다. 편흡입펌프의 회전차에서는 측판과 주판 이면에 작용하는 정압 차에 의해 흡입측으로 향한 축방향 스러스트가 작용한다.

【1】 반지름방향

정규운전 조건에서는 벌류트 케이싱 내의 정압분포가 전외주에 걸쳐 거의 같기 때문에 회전차에는 반지름방향으로 스러스트가 거의 작용하지 않으나 유량이 감소함에 따라 그림 4-14와 같이 변화하고 반지름방향 스러스트 T_r(N)를 발생시킨다.

$$T_r = \beta \rho g H D_2 B_2 \tag{4-7}$$

$$\beta = 0.36\{1-(Q/Q_n)^2\} \tag{4-8}$$

여기서, ρ : 취급액밀도(kg/m^3), H : 전양정(m), D_2 : 회전차의 바깥지름(m), B_2 : 주판 측판의 두께를 포함한 회전차 출구폭(m)이다. 전양정이 높게 되면 반지름방향의 스러스트가 커지기 때문에 이것을 평형시키기 위해 그림 4-15에 나타낸 것과 같이 180°(π rad) 간격으로 2개의 벌류트를 설치한 2중벌류트(double volute)를 사용할 수 있다.

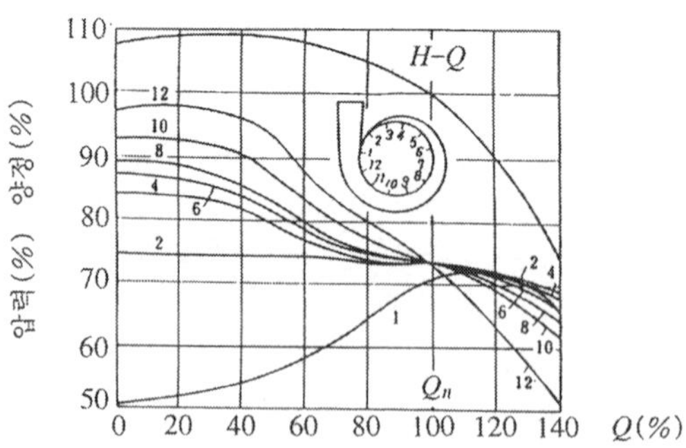

그림 4-14 벌류트의 압력분포

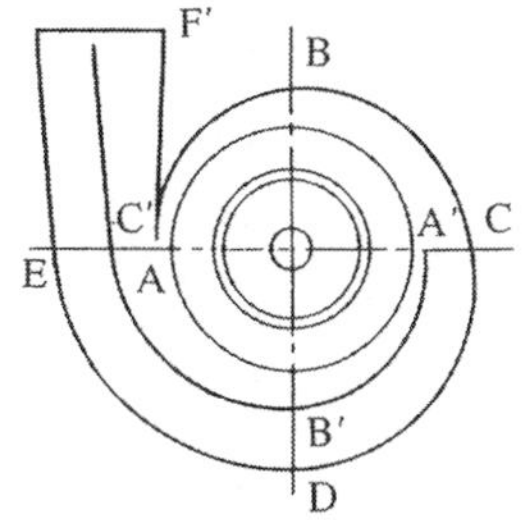

그림 4-15 2중 벌류트

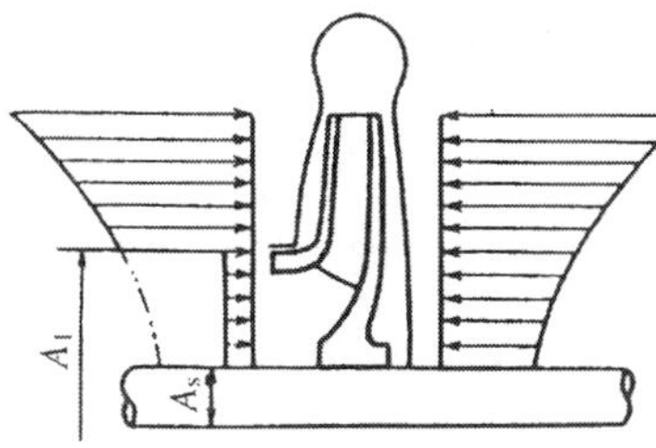

그림 4-16 축스러스트

【2】 축스러스트

운전중 벌류트 펌프의 회전차에서는 측판과 주판 양쪽에 그림 4-16에 나타낸 것과 같은 수압을 받는다. 이 수압의 축방향의 압력분포의 차가 축스러스트 $T_a(N)$가 되어 회전차의 흡입측으로 향하여 작용하여 스러스트 베어링으로 지지하게 된다. 이 경우의 축스러스트 $T_a(N)$는 1개의 회전차에 관해 다음 식으로 주어진다.

$$T_a = (A_1 - A_s)(P_1 - P_s) \tag{4-9}$$

여기서, A_1 : 회전차 링의 지름 D_r를 지름으로 하는 원의 면적 (m^2), A_s : 축 또는 축슬리브의 지름을 지름으로 하는 원의 면적 (m^2), P_s : 흡입압력(Pa), P_1 : 지름 D_r 에서 축에 가까운 부분에서 주판의 배면에 작용하는 압력(Pa)이다.

【3】 축스러스트의 조정방법

보통의 스러스트 베어링에 의해 축스러스트가 확실히 조정된다면 이것이 가장 유효한 방법이나 축스러스트가 커지면 표 4-5,

표 4-6에 나타낸 것과 같은 방법으로 베어링에 걸리는 스러스트를 감소시킬 필요가 있다. 다단펌프에서는 고압력이 되기 때문에 다단펌프의 회전차의 방향을 고려하여 스러스트를 조합시키는 것이 중요하다.

표 4-5 축스러스트의 조정법(단단펌프의 경우)

	명 칭	형 상	특 징	적 용
단단펌프	평형구멍법 (balance hole)	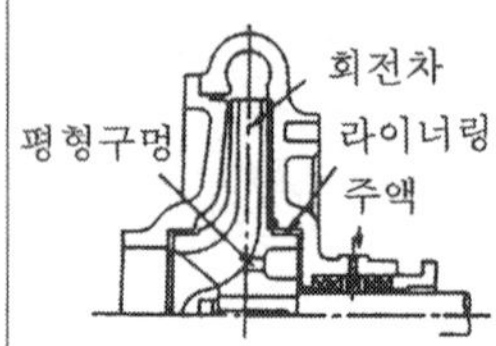	평형구멍을 뚫어 평형실의 압력을 회전차의 물이 들어오는 부분의 압력과 거의 같게 함으로써 축스러스트를 저감한다. 이 방법의 결점은 체적효율을 저하시키고 주판에 접하는 패킹상자에서 바깥공기를 흡입하기 쉬운 것이다.	소형, 중형 원심펌프에 많이 이용된다.
	평형관 (balance pipe)	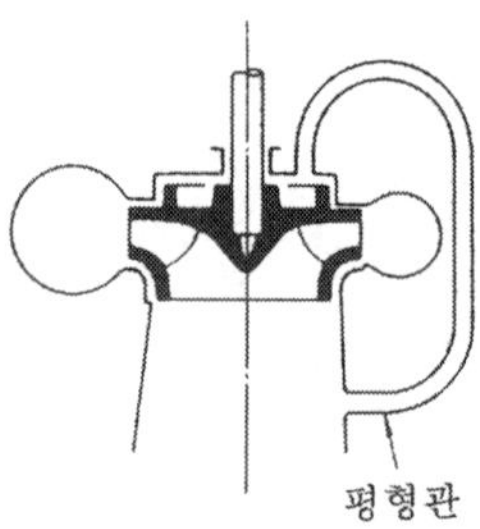	평형구멍법과 같은 효과를 꾀하고 있으나 같은 결점이 있다.	대형의 펌프에 많이 이용된다.
	이면날개 (pump outvane)	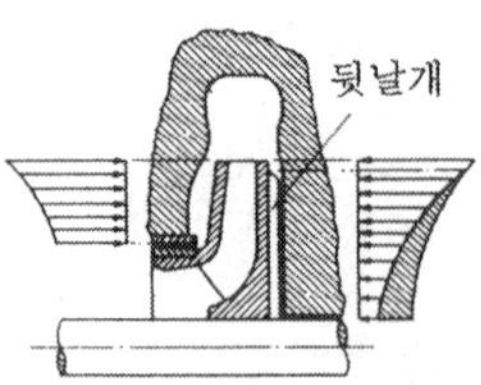 뒷날개에 의한 압력 감소	주판에 방사상의 리브(이면날개)를 설치하는 방법으로 이것에 의해 주판의 배면에 작용하는 압력을 낮게 하여 축스러스트를 감소시키려는 것이다. 단, 축동력이 약간 증가한다.	주로 오븐형 회전차 이물에 의한 습동부의 마모를 피하는 펌프

표 4-5 (계 속)

명 칭	형 상	특 징	적 용
양흡입형	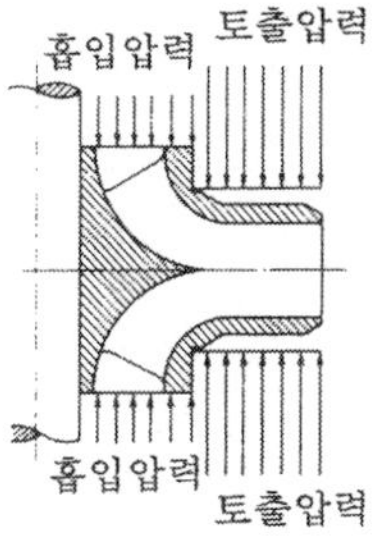	정상운전에서는 스러스트를 고려할 필요가 없으나 흡입조건이 비대칭인 경우나 순간적인 스러스트의 변동을 위해 스러스트 베어링이 사용되고 있다.	양흡입 원심펌프

표 4-6 축스러스트의 조정법(다단펌프의 경우)

	명 칭	형 상	특 징	적 용
다단펌프	자기평형형 (self-balancing)	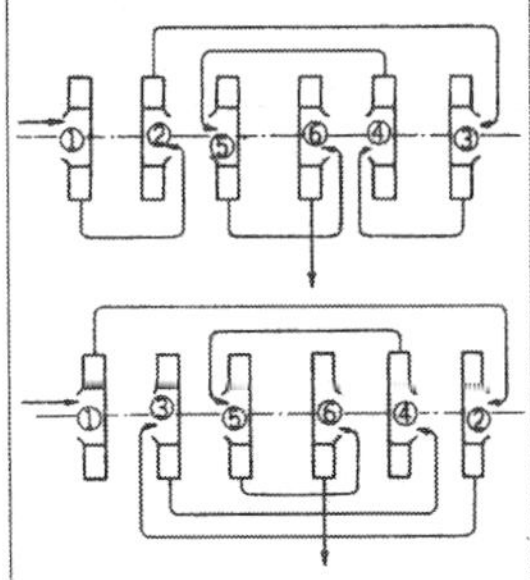	전단의 반수씩 회전차를 반대방향으로 배열하는 방식. 이 방식은 유체의 유로구조가 비교적 복잡해진다.	중용량 고압 다단펌프
	밸런스 디스크형 (balancing disk)	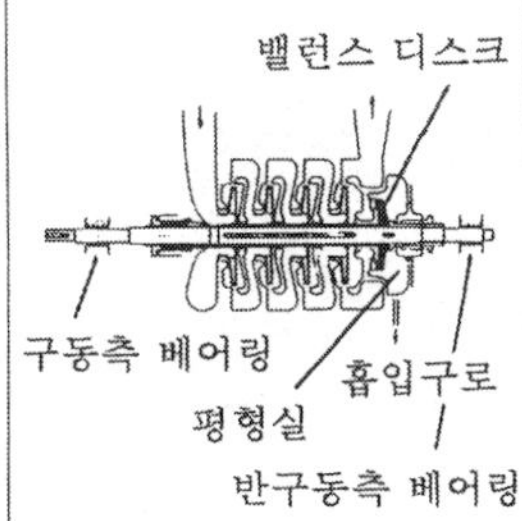	최종단에서 유도되는 고압수를 주축에 설치한 밸런스 디스크에 작용시킴으로써 각 회전차의 흡입구 방향으로 향하는 스러스트에 평형시키는 방식	표준 소다단펌프

예 제

【4-1】 회전수 1500(rpm)일 때 전양정 56(m), 토출량 4.5(m^3/min)을 내는 단단 벌류트 펌프가 있다. 회전차 바깥지름은 400(mm)이고, 이것과 닮은 회전차 바깥지름 150(mm)의 모형 펌프를 만들어 전양정을 40(m)로 하고 흐름의 상태를 상사하게 하는 데 필요한 모형펌프의 토출량을 구하라.

해답 식 (3-8), (3-9)의 두 식에서 (n_2/n_1)를 소거하면

$$\frac{Q_2}{Q_1} = \left(\frac{D_2}{D_1}\right)^2 \cdot \left(\frac{H_2}{H_1}\right)^{1/2}$$

$$Q_1 = Q_2/\left(\frac{D_2}{D_1}\right)^2 \cdot \left(\frac{H_2}{H_1}\right)^{1/2}$$

$$= 4.5/\left(\frac{400}{150}\right)^2 \cdot \left(\frac{56}{40}\right)^{1/2} = 0.535$$

답 0.535 m^3/min

【4-2】 그림 4.1에 나타낸 것과 같은 관로계에서 매분 1.6 m^3/min의 물을 지름 150 mm의 관을 이용하여 송수하는 데는 어느 정도의 펌프출력이 필요한가? 단, 펌프효율 $\eta = 80\,\%$, 중간경계밸브의 손실계수 $\zeta =$ 0.165 90° 엘보의 손실계수 $\zeta_{90} = 1.25$, 45° 엘보의 손실계수 $\zeta_{45} = 0.320$, 관마찰계수 $\lambda = 0.018$로 한다. 단, 물의 밀도 $\rho = 1000$ kg/m^3로 한다.

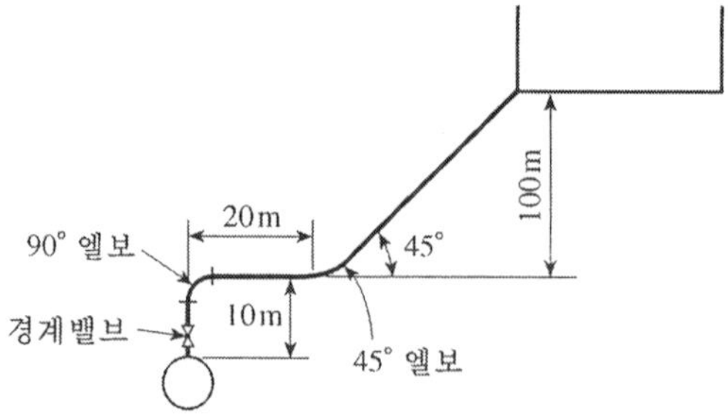

그림 4.1

해답 펌프의 출력은 식 (4-5)에서

$$P = \frac{P_w}{\eta} \times 100 = \frac{10^{-3} \rho g Q H}{\eta}$$ 가 된다. 여기서 전양정 H는

$$H = 10 + 100 + h$$

이고, h는 다음 식으로 표시되는 관로계의 전손실헤드이다.

$$h = \left\{ (l_1 + l_2 + l_3) \frac{\lambda}{d} + (\zeta + \zeta_{90} + \zeta_{45}) \right\} \frac{v^2}{2g}$$

$$= \left\{ (10 + 20 + 100\sqrt{2}) \frac{0.018}{0.15} + (0.165 + 1.250 + 0.320) \right\} \frac{1.51^2}{2 \times 9.8}$$

$$= 20.8$$

$$\therefore\ P = \frac{10^{-3} \times 1000 \times 9.80 \times 1.6/60 \times 130.8 \times 100}{80} = 42.7$$

답 42.7 kW

터보송풍기 및 압축기

5

5-1 터보송풍기 · 압축기의 형식과 분류

터보송풍기와 압축기는 회전차에 기체가 통과하는 사이에 에너지를 주어 압력이 낮은 곳에서 높은 곳으로 송출하는 기계이다. 이 중에서 송풍기(blower)는 압력상승이 10 kPa 미만의 팬(fan)과 10 이상 100 kPa 미만의 블로어(blower)로 나누어진다. 100 kPa 이상의 압력상승을 하는 기계를 압축기(compressor)라 한다.

기체가 기계 내를 흐르는 방향에서 분류하면 회전차 출구의 자오면 내 흐름이 회전축과 수직인 반지름방향의 것을 원심식, 회전축 방향의 것을 축류식, 이들의 중간방향으로 흐르는 것을 사류식이라 한다. 또, 기체가 회전차를 가로질러 흐르는 동안에 에너지를 취하는 것을 횡류식(cross flow)이라 한다. 이러한 각 기종의 개략을 그림 5-1에 나타낸다.

터보형 이외의 송풍기 및 압축기를 포함한 기종에 대해 개략적인 적용범위를 그림 5-2에 나타낸다. 풍량이 적고 높은 압력이 요구되는 경우에는 왕복압축기, 회전식 압축기 등의 용적형이 사용되고, 풍량이 많은 곳에서는 터보형이 사용된다. 또 터보형 중에서도 상대적으로 풍량이 적고 압력이 높은 경우에는 원심식이, 풍량이 많고 압력이 낮은 경우에는 축류식이 사용된다. 이 적용의 타당성은 식 (5-1)로 표시되는 비속도와 효율의 관계를 나타낸 그림 5-3에서 알 수 있다.

$$n_s = n \frac{Q^{\frac{1}{2}}}{H^{\frac{3}{4}}} \tag{5-1}$$

회전차의 형상은 기종뿐만 아니라 요구되는 유량 및 압력에도 의존한다. 그 형상의 변화를 비속도와 관련시켜 그림 5-3에 나타내었다.

명 칭		송 풍 기		압 축 기
		팬	블로어	
압력 / 종별		10 kPa 미만 (0.102 kgf/cm^2 미만)	10 이상 100 kPa 미만 (0.102 이상 1.02 kgf/cm^2 미만)	100 kPa 이상 (1.02 kgf/cm^2 이상)
축류식	축류	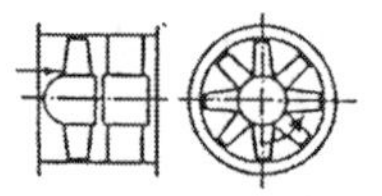	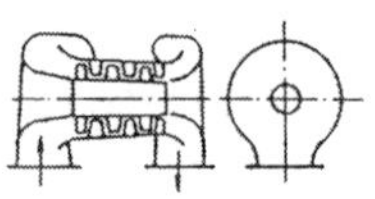	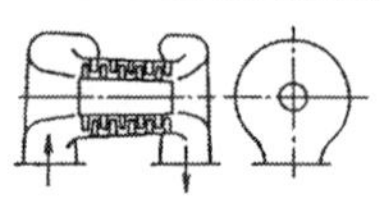
원심식	다익	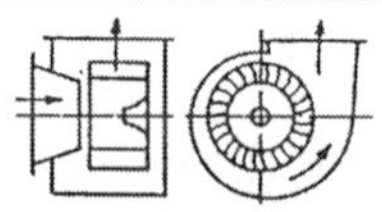		
	레이디얼	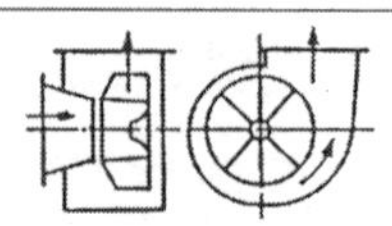	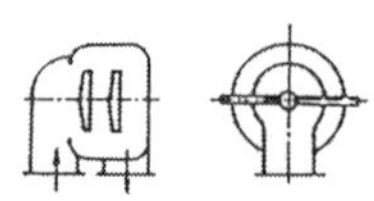	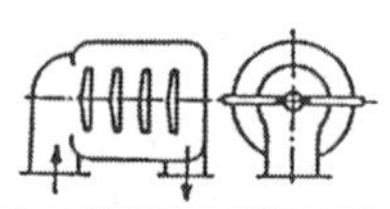
	후향	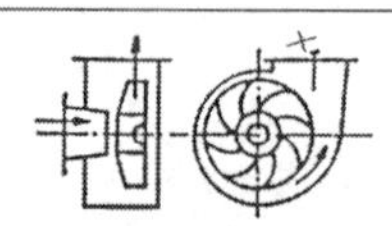	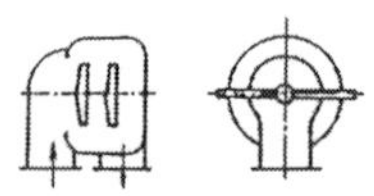	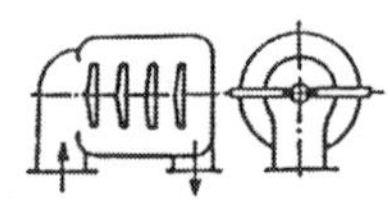
사류식	사류	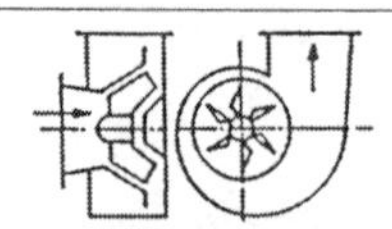	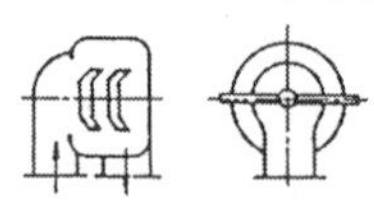	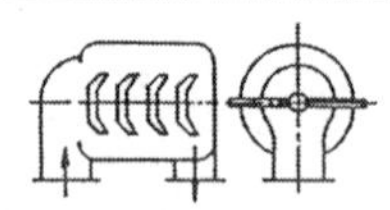
횡류식	횡류	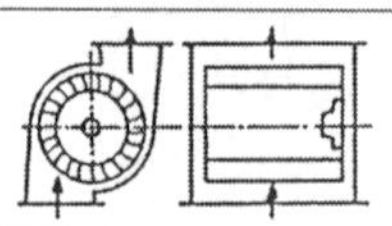		

그림 5-1 유체송풍기 및 압축기의 분류

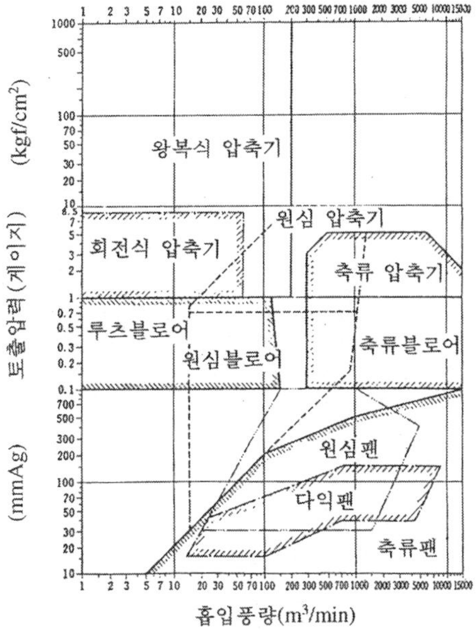

그림 5-2 송풍기 및 압축기의 적용범위

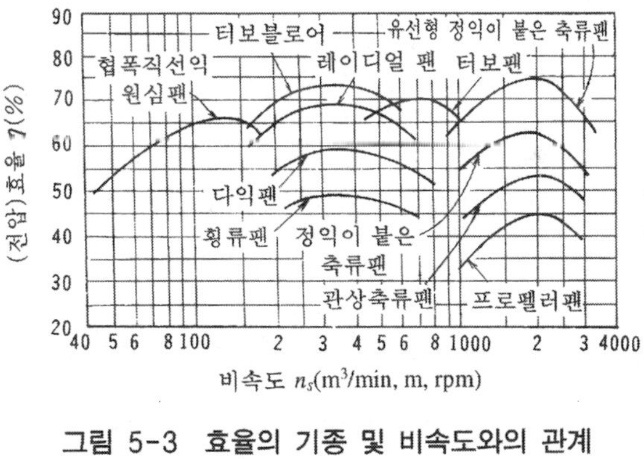

그림 5-3 효율의 기종 및 비속도와의 관계

5-2 이론 압력상승 및 효율

오일러의 이론헤드는 송풍기 및 압축기에 대해서도 적용할 수 있고 압력상승이 작은 경우에는 식 (2-1)에서

$$\Delta P_t = g\rho H_{th\infty} = \rho(u_2 v_{u2} - u_2 v_{u1}) \tag{5-2}$$

이 된다. 여기서, ΔP : 압력상승, ρ : 기체의 밀도

압력상승이 커서 밀도가 변화하는 때는 다음 에너지의 식에서 유도할 수 있다.

$$\frac{1}{2}v_1^2+i_1+q+l=\frac{1}{2}v_2^2+i_2 \tag{5-3}$$

여기서, i : 엔탈피, q 및 l : 기체가 1에서 2로 흐르는 사이에 외부에서 가해진 단위질량당 열에너지 및 일에너지이다.

기체를 완전가스로 가정하면 비열비 $\varkappa$ 및 가스상수 R를 사용하여, $i=\{\varkappa/(\varkappa-1)\}RT$로 나타낼 수 있기 때문에 식 (5-3)은 식 (1-11)에서

$$\begin{aligned} l = E_{th\infty} &= (u_2 v_{u2}-u_1 v_{u1}) = \frac{\varkappa}{\varkappa-1}R(T_2-T_1) \\ &+\frac{1}{2}(v_2^2-v_1^2)-q = \frac{\varkappa}{\varkappa-1}R(T_{t2}-T_{t1})-q \end{aligned} \tag{5-4}$$

가 된다. 여기서, T_t는 전온도이다.

흐름이 단열적이라고 할 때 단열압축 동력(adiabatic compression)이라 하고

$$\begin{aligned} l_a &= \frac{\varkappa}{\varkappa-1}RT_1\left\{\left(\frac{P_2}{P_1}\right)^{\frac{\varkappa-1}{\varkappa}}-1\right\}+\frac{1}{2}(v_2^2-v_1^2) \\ &= \frac{\varkappa}{\varkappa-1}RT_{t1}\left\{\left(\frac{P_{t2}}{P_{t1}}\right)^{\frac{\varkappa-1}{\varkappa}}-1\right\} \end{aligned} \tag{5-5}$$

이다. 여기서, P_t는 전압이다. 또, 흐름이 폴리트로프적이면

$$\begin{aligned} l_p &= \frac{n}{n-1}RT_1\left\{\left(\frac{P_2}{P_1}\right)^{\frac{n-1}{n}}-1\right\}+\frac{1}{2}(v_2^2-v_1^2) \\ &= \frac{n}{n-1}RT_{t1}\left\{\left(\frac{P_{t2}}{P_{t1}}\right)^{\frac{n-1}{n}}-1\right\} \end{aligned} \tag{5-6}$$

이 된다. 이것을 폴리트로픽 압축동력(polytropic compression power)이라 한다.

회전차를 통과하는 전유량에 대한 이론 공기동력 L은,

$$L = \rho Q l \tag{5-7}$$

이다.

압축기의 단 내에서 기체에 주어지는 전 에너지를 내부동력이라 한다. 이 내부동력은 단 내에서 발생하는 손실에 소비되는 동력도 포함하고 단 입구와 출구에서 기체의 엔탈피의 차로부터 다음 식으로 주어진다.

$$l_i = \frac{\kappa}{\kappa - 1} R T_{t1} \left\{ \left(\frac{P_{t2}}{P_{t1}} \right)^{\frac{n-1}{n}} - 1 \right\} \tag{5-8}$$

단열압축동력과 내부동력(internal power)의 비를 단열효율(adiabatic efficiency)이라 한다.

$$\eta_{ad} = \frac{l_{ad}}{l_i} = \left\{ \left(\frac{P_{t2}}{P_{t1}} \right)^{\frac{\kappa-1}{\kappa}} - 1 \right\} \Big/ \left\{ \left(\frac{P_{t2}}{P_{t1}} \right)^{\frac{n-1}{n}} - 1 \right\} \tag{5-9}$$

또, 폴리트로프 압축동력과 내부동력과의 비를 폴리트로프 효율(polytropic efficiency)이라 한다.

$$\eta_{pol} = \frac{l_{pol}}{l_i} = \frac{n(\kappa - 1)}{\kappa(n-1)} \tag{5-10}$$

위의 2개의 효율에는 증속기 내의 치차와 베어링 등에서 발생하는 기계손실 및 원판 마찰손실은 고려되지 않았다. 이러한 손실을 포함한 동력 L_s에 대한 공기 동력의 비로써 나타낸 효율을 이용하는 경우도 있다.

$$\eta_0 = \frac{L_{ad}}{L_s} \tag{5-11}$$

이 효율을 전단열효율이라 한다. 압축기 내의 흐름은 단 내에서 손실의 발생이 있기 때문에 폴리트로프 변화가 된다. 이 때문에 실제의 단 입구 · 출구간의 온도상승($T_{t2} - T_{t1}$)은 단 내에서 손실이 발생하지 않는 것으로 가정한 단열 등엔트로피 변화시의 단입

구 출구간의 온도상승($T_{t2th}-T_{t1}$)보다 높아진다. 이 다른 2개의 온도상승으로부터 구해지는 다음 식의 효율을 단열온도효율(adiabatic temperature difficiency)이라 한다.

$$\eta_\theta = \frac{T_{t2th}-T_{t1}}{T_{t2}-T_{t1}}$$

$$= \left\{T_{t1}\left(\frac{P_{t2}}{P_{t1}}\right)^{\frac{\kappa-1}{\kappa}} - T_{t1}\right\} \Big/ (T_{t2}-T_{t1}) \qquad (5\text{-}12)$$

압축기 입구의 대기 상태가 변하면 그 성능은 어떻게 변화할까? 이러한 관계는 압축기에 관한 차원해석과 실험 결과로부터 유량, 압력비 및 회전수를 그림 5-4와 같이 취하여 나타내고, 흡입구의 압력 및 온도에 관계하지 않는 성능곡선이 얻어진다. 임의의 대기 상태에서 행하여진 실험 결과를 표준공기상태(101.3 kPa, 293 K)로 환산할 때는 다음의 관계를 이용한다. 여기서, 첨자 0는 표준공기 상태, i는 입구, e는 출구에서의 값을 나타낸다.

$$n_0 = n\sqrt{\frac{T_{i0}}{T_i}}, \quad p_{e0} = p_e\frac{p_{i0}}{p_i}, \quad T_{e0} = T_e\frac{T_{i0}}{T_i}$$

$$m_0 = m\frac{p_{i0}}{p_i}\sqrt{\frac{T_{i0}}{T_i}}, \quad L_0 = L\frac{p_{i0}}{p_i}\sqrt{\frac{T_{i0}}{T_i}}$$

이러한 제량을 이용하여 성능을 표시함으로써 1개의 기계에서는 흡입 대기상태가 변하여도 성능 변화는 나타나지 않는다.

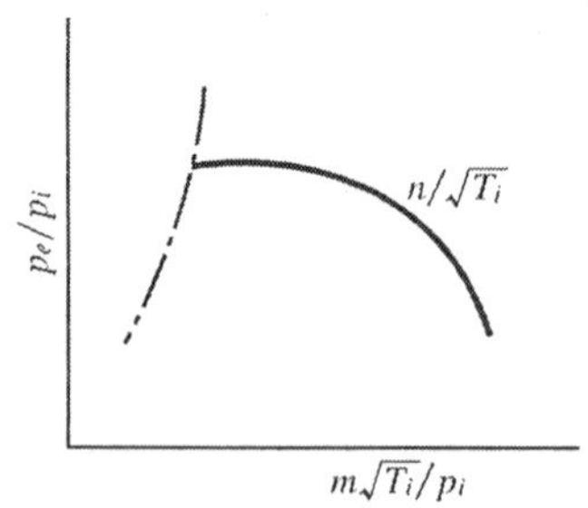

그림 5-4 성능곡선

5-3 원심송풍기 및 압축기

【1】 원 심 팬

원심팬(centrifugal fan) 구조의 한 예를 그림 5-5에 나타낸다. 흡입구에서 유입된 기체는 반지름방향으로 방향을 바꾸어 회전차로 들어간다. 회전차 내에서 원심력에 의해 압력을 높여 스크롤(scroll)에 들어가 토출구로 유출한다. 그림 5-5는 축방향의 한쪽에서 흡입된 것으로 단흡입형(single suction type)이라 한다. 풍량을 많게 할 목적으로 양측에서 흡입하는 것도 있는데, 이것을 양흡입형(double suction type)이라 하고(그림 5-6) 기계 중량당 송풍량이 많아진다.

회전차 입구부는 회전수와 유량의 관계로부터 정해지는 각도를

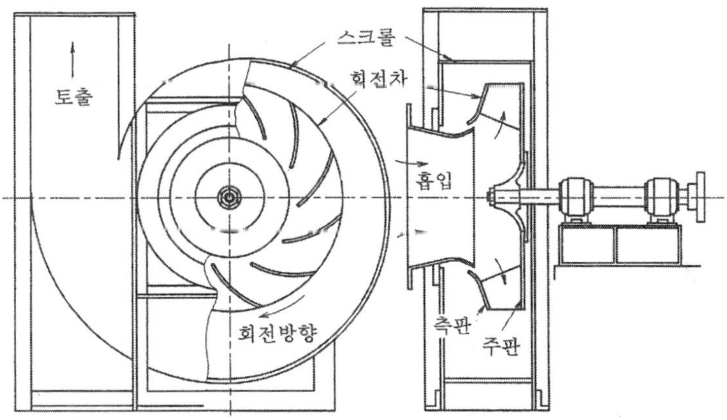

그림 5-5 편흡입 원심팬

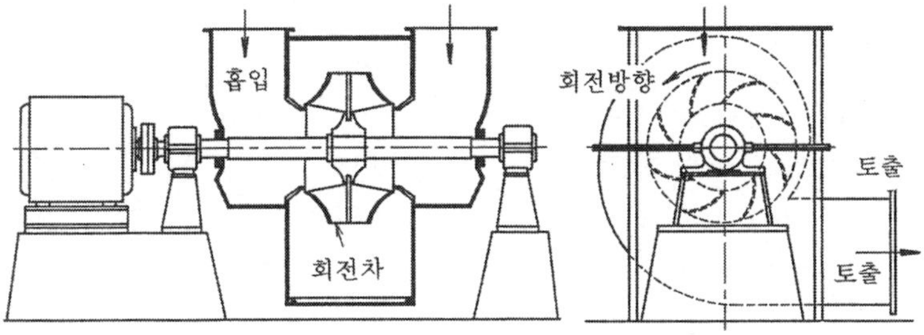

그림 5-6 양흡입 원심팬

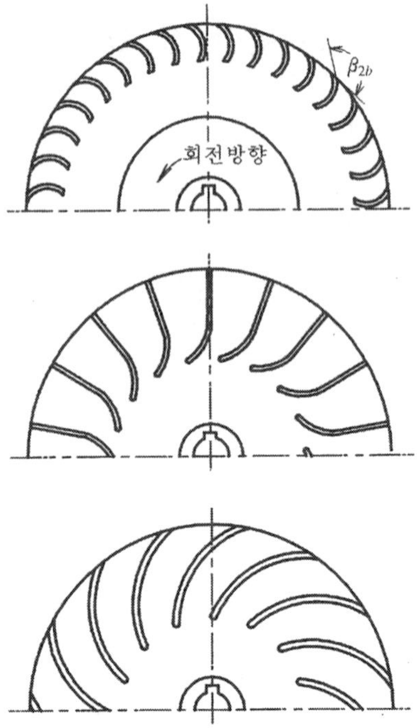

(a) 전향날개($\beta_{2b} > 90°$)

(b) 반지름방향 날개($\beta_{2b} = 90°$)

(c) 후향날개($\beta_{2b} < 90°$)

그림 5-7　날개의 종류

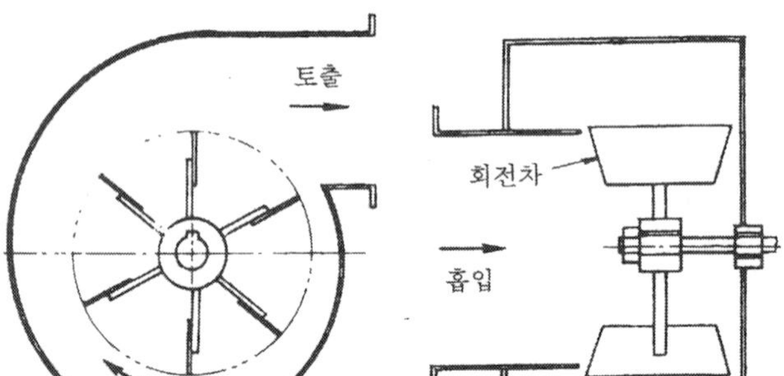

그림 5-8　다 익 팬

갖는다. 이에 대하여 회전차 출구부는 필요에 따라 여러 방향으로 향한다(그림 5-7). 이 중 회전방향으로 향한 날개($\beta_{2b} > 90°$)를 전향날개라 한다[그림 5-7(a)]. 이 날개를 갖는 팬은 다른 형상의 날개에 비하여 동일주속에서의 전압상승이 크다. 반면 무리한 압력상승 때문에 유로 내의 흐름이 흐트러져 소음이 크고 효율은

그림 5-9 다익팬의 회전차

그림 5-10 다익팬 외관

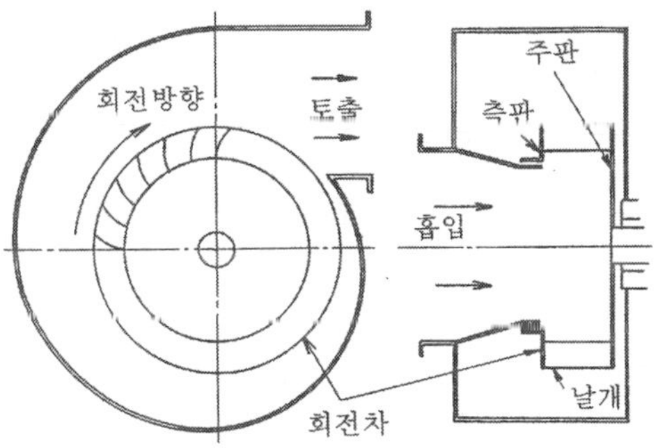

그림 5-11 레이디얼 팬

낮다. 이 날개 형상을 사용하는 경우는 흐름의 흐트러짐을 작게 하기 위해 날개간 피치를 작게, 다시 말해 날개 수를 많게 한다. 이에 따라 이러한 종류의 기계를 다익팬(multiblade fan)이라 한다(그림 5-8, 5-9, 5-10).

날개 매수는 45~60매, 날개각도 $\beta_{2b} = 120 \sim 150^\circ$ 정도이다. 이 팬의 날개는 길이가 짧기 때문에 구조상 날개쪽을 크게 할 수 있고 따라서 유량이 크다. 이러한 이유로 다익팬은 효율(45~60% 정도)이나 소음을 그다지 중요시하지 않아도 좋은 경우의 환기, 배기 및 통풍 등에 많이 이용된다.

회전차 출구가 반지름방향($\beta_{2b} \doteqdot 90°$)을 향하고 있는 것을 반지름방향 날개라 한다[그림 5-7(b)]. 이 날개를 갖는 팬을 레이디얼 팬(radial fan)이라 한다(그림 5-11). 회전차는 회전의 원심력에 대한 강도가 크고 조금은 고속 회전시킬 수도 있고 더구나 구조가 극히 단순하기 때문에 케이싱은 물론 회전차도 판금재로 만들어지고 부품의 교환이나 수리가 용이하다. 이러한 이유로 레이디얼 팬은 기체 중에 포함되어 있는 더스트가 유로 내의 벽면에 부착되어 그것을 소거할 필요가 생기는 경우나 포함되어 있는 고형물이 날개에 마모를 주어 회전차를 교환할 필요가 있는 경우에 효율(50~70% 정도)이나 소음을 희생하여 사용된다. 날개 매수는 5~16매 정도이다.

날개 출구가 회전과 반대방향으로 향한 것($\beta_{2b} < 90°$)을 후향날

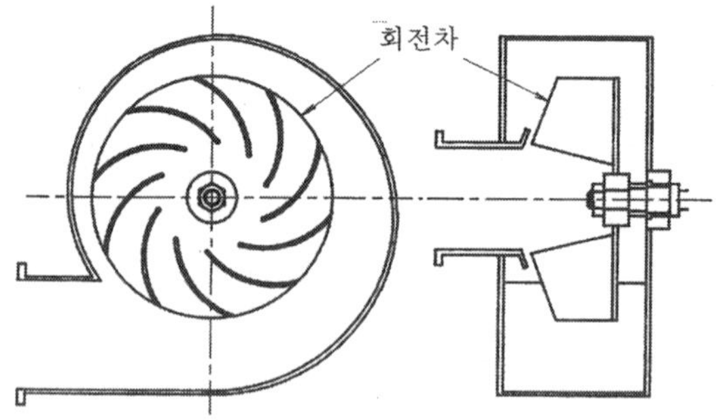

그림 5-12 후 향 팬

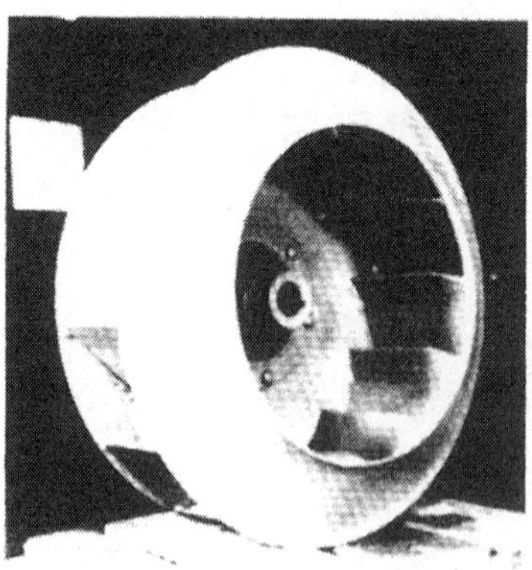

그림 5-13 후향팬 회전차

그림 5-14 후향팬 외관

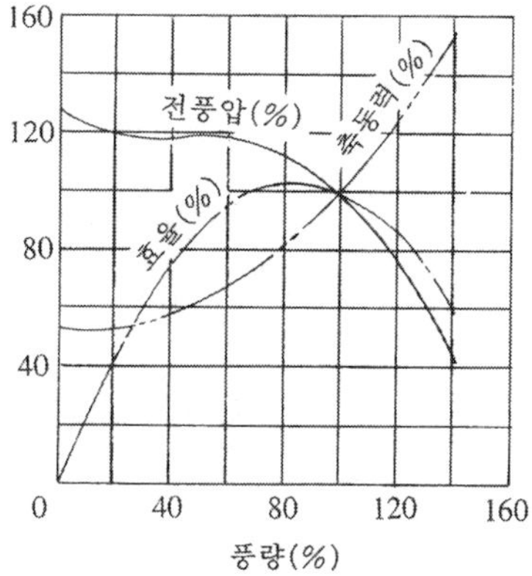

(a) 다 익 팬

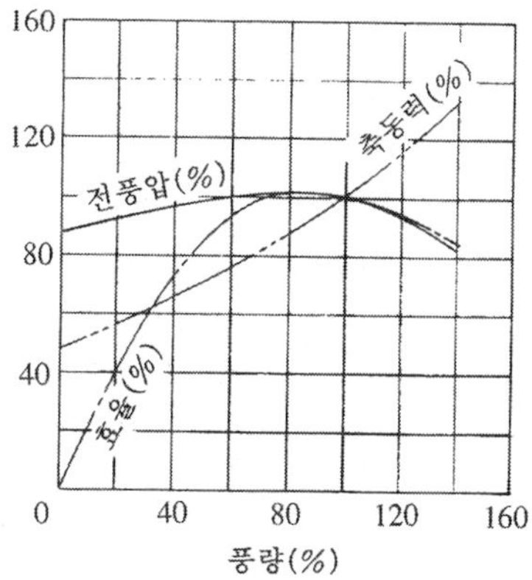

(b) 레이디얼 팬

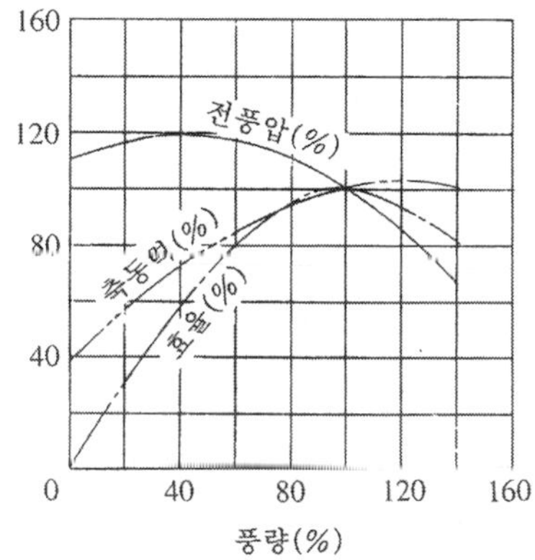

(c) 후 향 팬

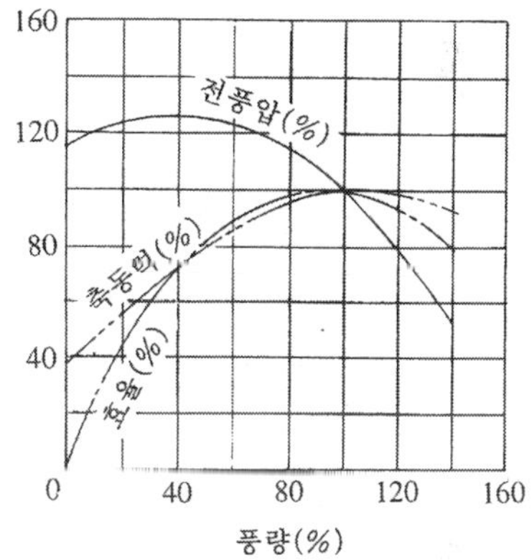

(d) 익 형 팬

그림 5-15 각종 팬의 특성

개라 하고〔그림 5-7(c)〕, 이 날개를 갖는 팬을 후향팬(backward curved fan)이라 한다(그림 5-12 , 5-13 , 5-14). 그림 5-7에 나타낸 3종류의 날개형상 중에서 동일 주속에서 전압상승이 가장 작고 따라서 회전차 유로 내의 흐름이 원활하다. 효율이 높고(65~80 % 정도), 소음도 비교적 적기 때문에 넓게 이용된다. 회전차와 케이싱은 강판을 용접하여 만들어지고 날개에 익형을 이용한 것을 익형 팬(aerofoil bladed fan)이라 한다. 300℃ 이상의 고온 가스나 부식성이 있는 가스에 대해서는 내열강이나 스테인리스강 등 상응한 재료를 택한다.

그림 5-15에 상술한 4종류의 날개형상을 한 팬의 특성곡선의 예를 나타낸다. 일반적으로 일정 회전수에서 최대 풍압은 설계점보다 적은 유량의 영역에 있고 설계점 풍압과의 차는 후향팬의 경우가 가장 크고 레이디얼 팬의 경우는 작다.

축동력은 다익팬의 경우 유량이 적을수록 작고 유량이 많아짐에 따라 2차 곡선형으로 증대한다. 레이디얼 팬에서는 유량의 증가에 대하여 축동력은 거의 직선형으로 커진다. 후향팬의 경우는 설계점 근방에 축동력의 최대값이 나타나고 볼록곡선이 된다.

【2】 원심블로어

원심블로어(centrifugal blower) 중 압력상승이 큰 것은 회전차 출구의 기체의 유속이 크며 그것을 유효하게 압력으로 변환하기 위해 회전차 출구에 디퓨저가 설치된다(그림 5-16). 회전차에는 일반적으로 후향날개가 이용되나, 반지름방향 날개가 이용되는 수도 있다. 블로어의 회전속도는 회전차의 제작방법 및 그것에 사용되는 재료에 의해서도 제한을 받는다. 강판에 의한 조립방식[그림 5-18(a)]은 제작이 용이하고 값이 싸나, 고속으로 회전시키는 데

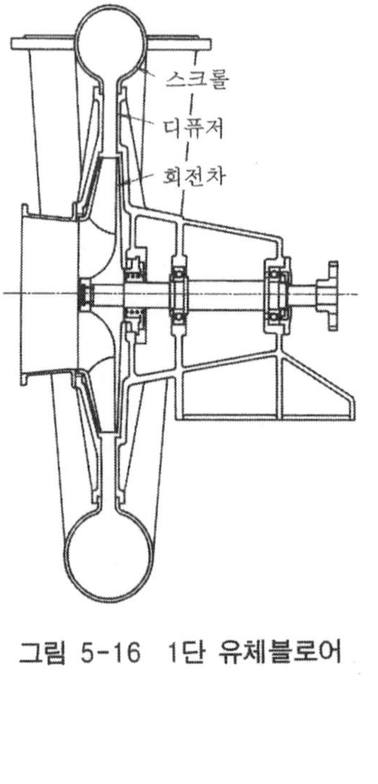

그림 5-16 1단 유체블로어

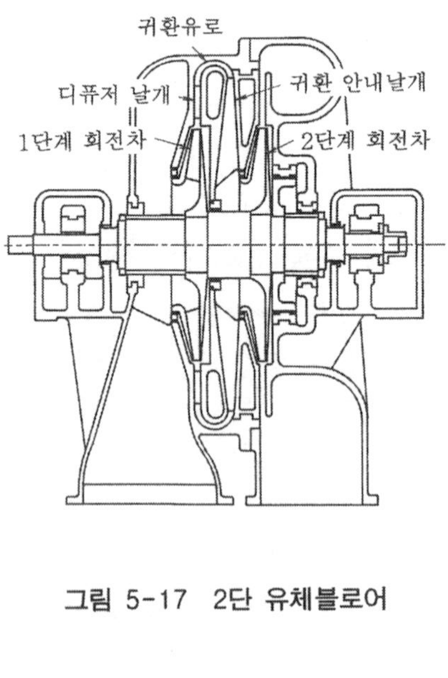

그림 5-17 2단 유체블로어

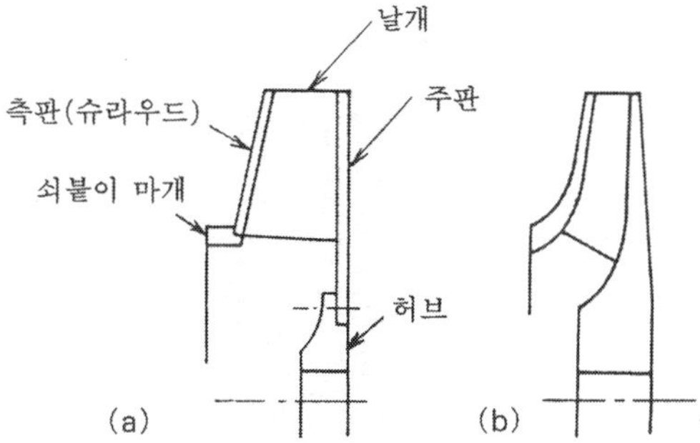

그림 5-18 회전차 유로의 형상

는 강도상으로나 성능적으로 적합하지 않다. 압력상승이 큰 경우에는 그림 5-18(b)에 나타낸 주조품 또는 용접품으로써 회전수를 높게 하든가 또는 회전수를 비교적 저속으로 하여 단수를 많게 한다(그림 5-17). 단, 후자의 경우는 그림에 나타낸 것과 같이 1단째 디퓨저를 나온 기체를 2단째의 입구에 유도하는 귀환유로 및 2단째의 회전차 유로에 원활하게 유도하기 위한 귀환 안내날개를 설치한다.

【3】 원심압축기

원심압축기(radial compressor)의 구조는 블로어와 거의 같으나 보다 높은 압력비를 얻기 위해 보다 고속으로 운전되고 따라서 유로 내의 흐름도 고속이 된다. 이러한 상태하에서는 발생하는 손실이 커지기 쉽기 때문에 유로는 손실이 보다 적은 형상으로 만들어져야 한다. 회전차에 관해서는 강도상의 관점에서도 정밀 주조나 NC기계로 깎아내는 등의 제작법이 채용된다. 이 경우 가공의 용이함 때문에 인듀서(inducer)라고 하는 회전차 유로 상류 부분을 회전차 본체와는 별도로 제작하는 수도 있다(그림 5-19).

단당 압력비가 4~5에 달하는 것도 있다. 이때의 회전차는 강도상의 관점에서 그림 5-20의 클로즈드 회전차(closed impeller)를 대신하여 그림 5-21의 측판 없는 오픈 회전차(open impeller)가 사용된다. 성능면에서는 후자가 전자에 비해 약간 못하다.

디퓨저는 안내날개가 있는 것과(그림 5-22) 없는(그림 5-16) 것

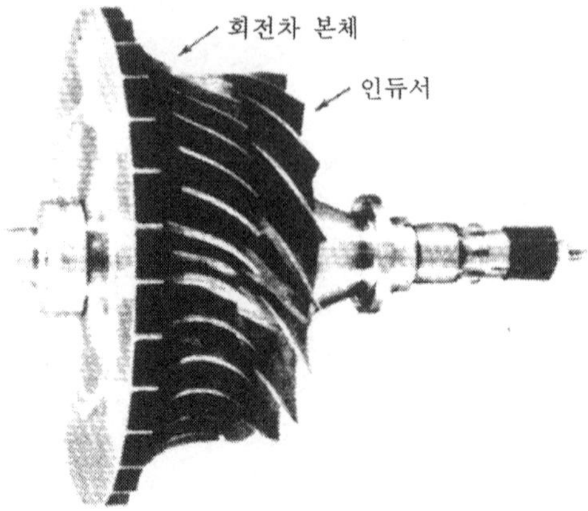

그림 5-19 회전차 본체와 인듀서

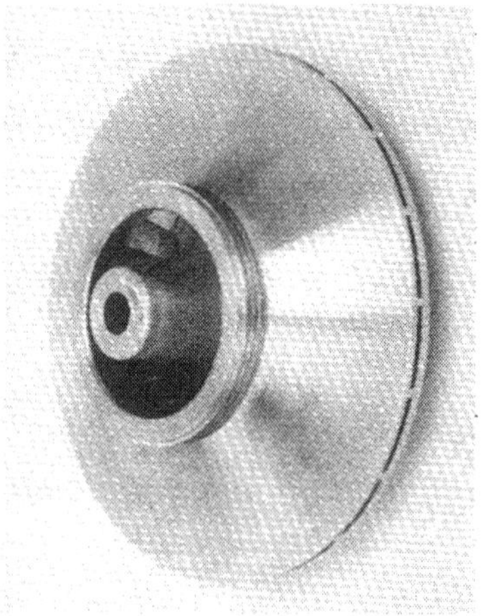

그림 5-20 클로즈드 회전차

그림 5-21 오픈 회전차

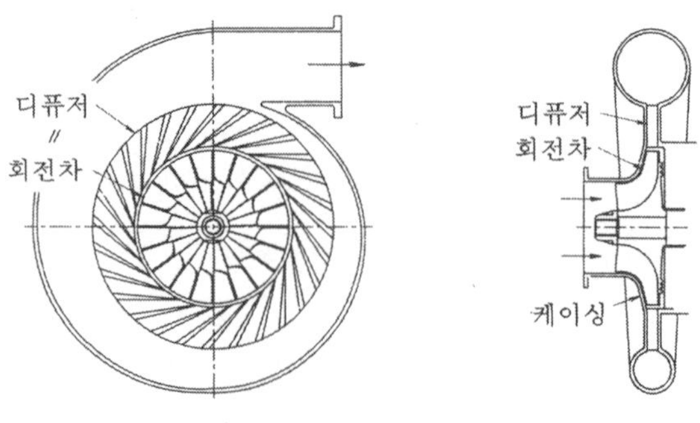

그림 5-22 안내날개가 붙은 디퓨저를 갖는 원심압축기

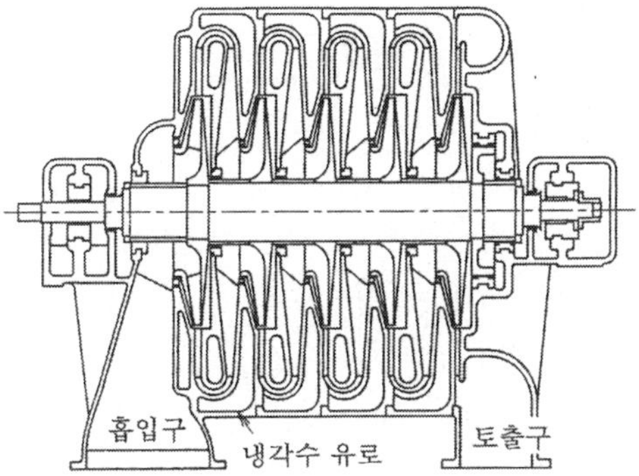

(a) 내부냉각의 5단 원심압축기

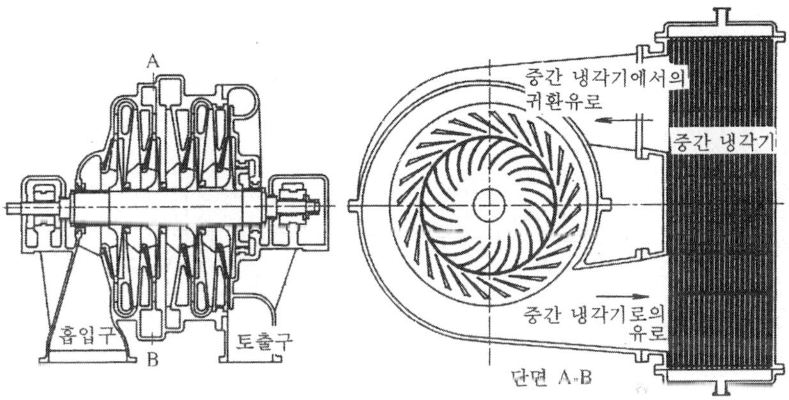

(b) 외부냉각의 4단 원심압축기

그림 5-23 다단 원심압축기에서의 냉각법

이 있다. 일반적으로 설계점 부근에서의 운전에서는 안내날개가 붙은 것이 좋은 효율을 나타내고 설계점에서 멀어짐에 따라 안내날개가 없는 것이 좋은 효율을 내게 된다.

단수를 많게 함에 따라 300~400기압의 고압으로 압축하는 기계도 제작되는데 압력이 증가하면 기체의 온도도 높아져 회전차와 케이싱의 강도 내지는 윤활제에 나쁜 영향을 미친다. 이 경우는 케이싱에 냉각수 통로를 붙여 냉각하든가[그림 5-23 (a)], 디퓨저에서 나온 고온 기체를 중간냉각기(intercooler)에 유도하여 냉각한 후 다음 단의 입구로 유도하는 방법 등이 취해진다[그림 5-23 (b)].

5-4 축류송풍기 및 압축기

【1】 축 류 팬

축류팬(axial fan)에서는 기체를 축방향으로 유입시켜 회전체의 원주상에 수매에서 수십 매에 걸쳐 배열된 동익(rotor blade)의 양력을 이용하여 압력을 높이고 그 뒤에 설치되어 있는 안내날개[또는 정익(stator blade)]에 의해 원주방향 성분을 갖는 흐름이 축방향으로 향하여 감속된다. 이 날개의 배치를 후치정익형(outlet guide vane)(그림 5-24), 정익을 동익의 상류측에 놓은 것

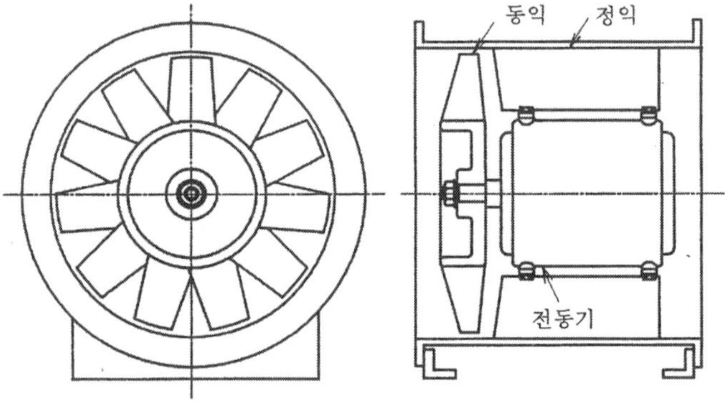

그림 5-24 후치정익식 축류팬

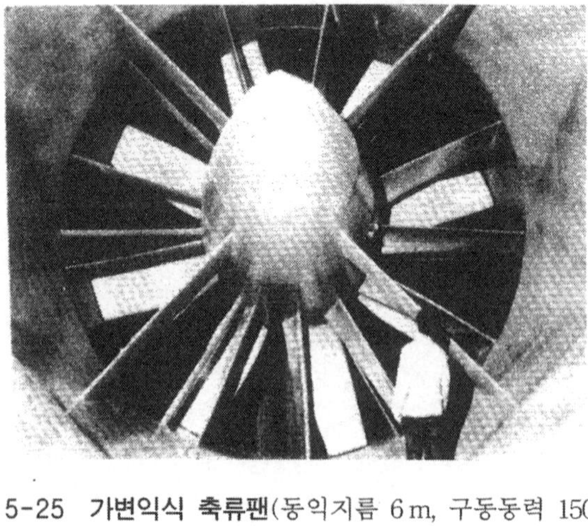

그림 5-25 가변익식 축류팬(동익지름 6 m, 구동동력 1500 kW)

그림 5-26 축류팬의 외관

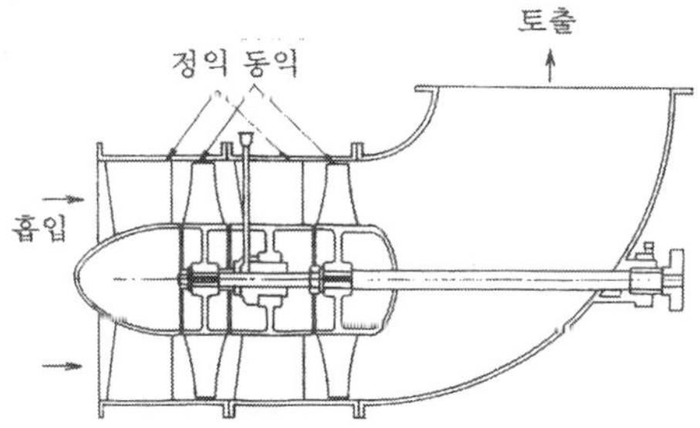

그림 5-27 곡관형 축류팬

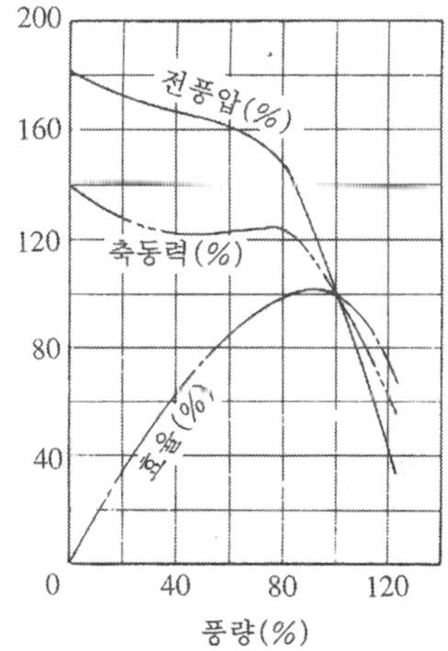

그림 5-28 축류팬의 특성

을 전치정익형(inlet guide vane)이라 한다.

동익과 정익으로 1개의 단을 형성하고 큰 압력상승을 필요로 하는 경우에는 2단으로 하는 수도 있다. 풍량은 원심식의 것보다 많고 구동동력은 수백 와트에서 8000 kW 또는 그 이상에 걸쳐 있다. 그림 5-25는 동익의 선단지름이 6 m인 대형 팬의 예이다.

동력이 작은 팬은 그림 5-24 및 5-26에 나타낸 것과 같이 전동기를 케이싱 내에 정익을 이용하여 고정하고 그 축 끝에 동익을 붙인 간단한 구조를 한 것이 많다. 한편, 다소 대형의 팬인 경우는 그림 5-27에 나타낸 것과 같이 케이싱을 곡관형으로 하여 그 가운데에 동익 및 정익을 체결하고 동익의 구동은 케이싱의 외측에서 행한다.

날개의 단면은 익형이 많으며 판상인 것도 있고 이것들은 알루미늄 및 구리합금의 주물로 하며 또는 합성수지나 강판으로 만들어진다. 그림 5-28에 축류팬의 특성을 나타낸다.

【2】 축류블로어 및 압축기

축류블로어(axial blower)는 기본적으로는 축류팬과 같은 구조이나, 요구되는 압력상승에 따라 단수가 많아지고, 익렬 내의 흐름도 그것에 대응하여 빠르게 되어(축방향속도는 150 m/s 또는 그 이상), 발생하는 손실의 크기를 억제하는 유로형상으로 만들어진다(그림 5-29).

기체는 최상류단에서 유입하여 하류단으로 향하는 사이에 압력이 상승하고 따라서 밀도도 높아진다. 이 과정에서 생기는 축방향유속이 하류를 향하여 급격한 감소를 방지하기 위해 유로단면적을 하류로 갈수록 작게 하고 있다. 기계의 크기는 여러 가지가 있는데, 큰 것은 흡입유량이 수만 m^3/h, 구동동력이 수만 kW에 달하는 것도 있다.

고압이 됨에 따라 회전축과 케이싱과의 틈새에서 압축된 기체의 누설 방지가 중요하게 된다. 비교적 저압인 경우에는 그림 2-5에서 기술한 메커니컬 실이나 라비린스가 사용되나 고속고압의 압축기에 대해서, 또 독성이나 가연성 가스의 압축에 대해서는 그림 5-30과 같은 오일필름 실(oil film seal)이 많이 사용된다.

풍량은 원심식의 경우보다 크나 같은 압력상승을 얻는 데는 원심식보다 형이 커서 고속회전이 된다. 한편 효율은 설계점 부근에서 축류식이 3~8 % 정도 높으나 설계점에서 멀어짐에 따라 그 차는 작아져서 역전하는 경우도 있다. 그림 5-31에 축류압축기(axial compressor)의 특성곡선의 한 예를 나타낸다. 위에 기술한 바와 같은 축류식의 부분부하 운전에서의 효율 저하를 보상하기

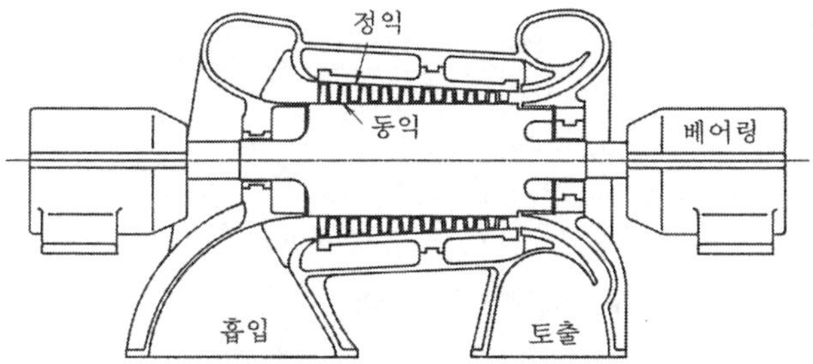

그림 5-29 축류압축기

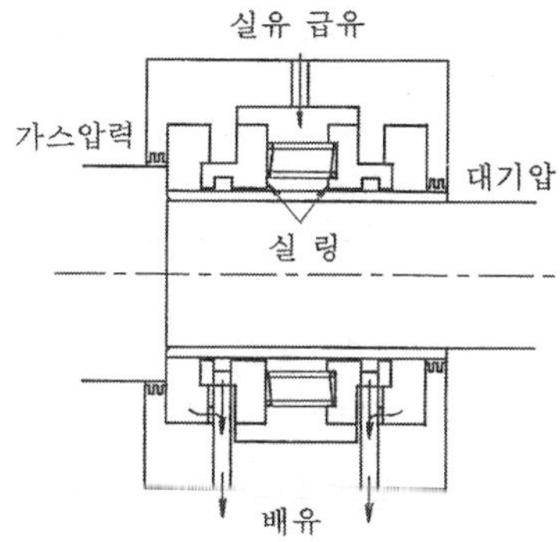

그림 5-30 오일필름 실

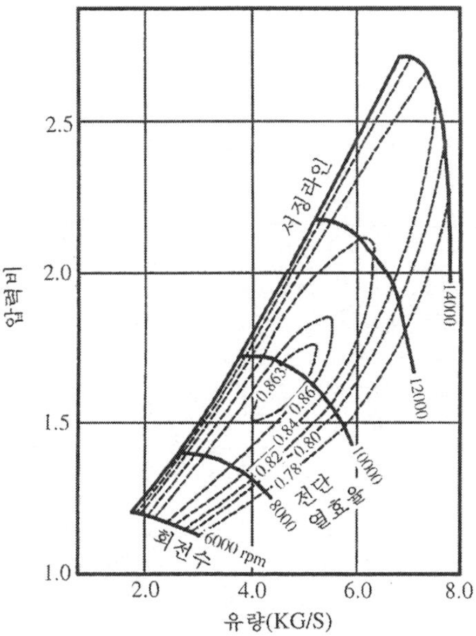

그림 5-31 축류압축기의 특성곡선

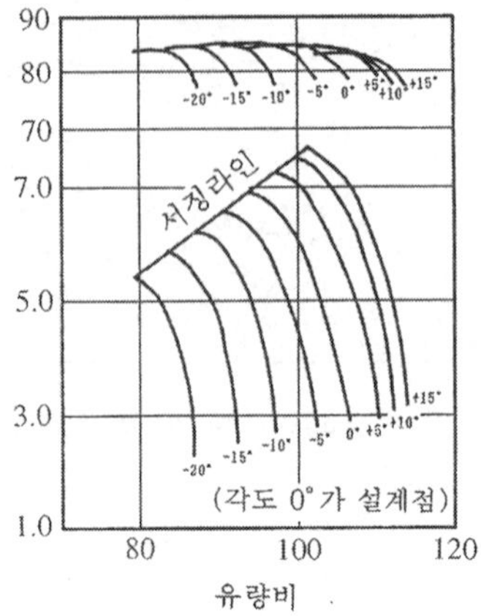

그림 5-32 각도 조절에 의한 동일 회전속도에서의 축류압축기의 특성 변화

위해 운전중에 필요에 따라 날개 방향을 바꿀 수 있는 가변정익(movable stator)(또는 동익)이 이용되기도 한다. 그림 5-32에 가변정익식에서 얻어진 특성곡선의 예를 나타낸다. 여기서 전등온효율(overall isothermal efficiency)은 입구전압에서 출구전압까지 등온 압축하는 데 필요한 동력, 다시 말해 등온 동력을 축동력으로 나눈 것이다.

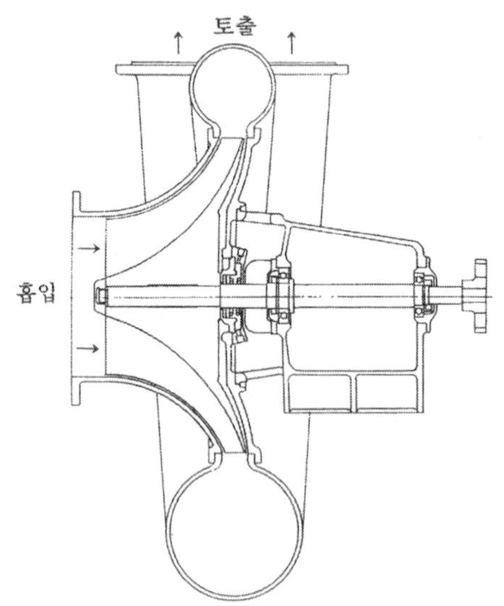

그림 5-33 사류송풍기

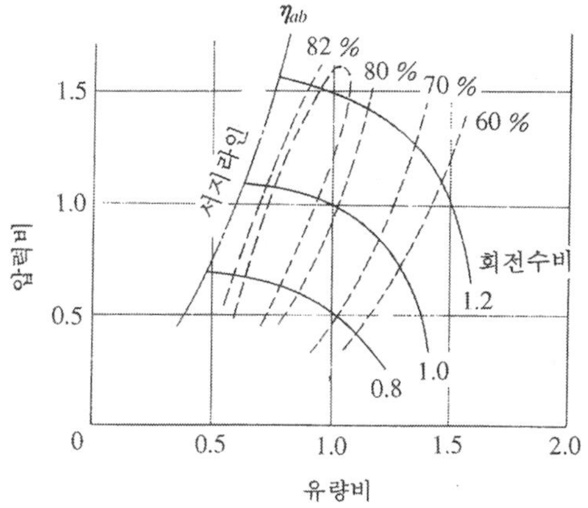

그림 5-34 사류송풍기의 특성

5-5 사류송풍기

사류블로어(mixed flow blower)는 회전차 출구부의 자오면 내 흐름이 축류와 원심 양타입의 중간적 방향으로 흐른다(그림 5-33). 회전차 입구부에서의 축방향 흐름에서 출구부 경사방향의 흐름으로 방향 변화가 부드럽게 행해지기 때문에 압력상승이나 효율은 일반적으로 원심식의 것보다 높고 이 경향은 사류각에 의존한다. 그러나 원심식에 비하여 같은 압력비에서의 비교를 하면 기계의 축방향 길이가 길어지는 결점이 있다.

그림 5-34는 사류블로어 특성의 일례를 설계점에서의 각 값과의 비로써 나타낸 것이다.

5-6 횡 류 팬

횡류팬(cross flow fan)은 그림 5-35와 같은 전향날개를 갖고 단면형상은 다익팬과 유사하나 기체의 흐름은 전혀 다르다. 기체는 회전차의 외주로부터 유입하여 회전차에서 에너지를 받으면서 날개 사이의 유로를 흘러 회전차의 내부로 들어간다. 그리하여 내부를 횡축으로 흘러 반대측에서 다시 날개 사이의 유로에 들어가 에너지를 받아 외부로 토출된다. 이와 같이 횡류팬에서는 횡방향의 속도 성분을 갖지 않기 때문에 축방향 유로 길이를 제한하는 것은 아무 것도 없다. 이런 이유로 이 팬은 서큘레이터나 에어커튼 등 폭이 넓은 흐름면(그림 5-36)을 만들 필요가 있는 경우에 사용된다.

회전차 날개의 외주부의 각도 β_1은 140~160°, 내주부는 90~110° 정도이고, 유입구와 유출구의 원형방향폭의 크기는 양쪽이 같은 경우가 가장 성능이 좋다. 그림 5-37은 횡류팬의 특성의 일례이다.

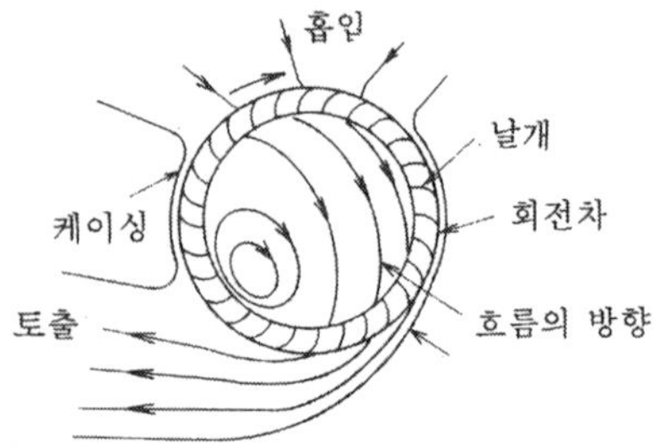

그림 5-35 횡류팬의 구조와 회전차 내의 흐름

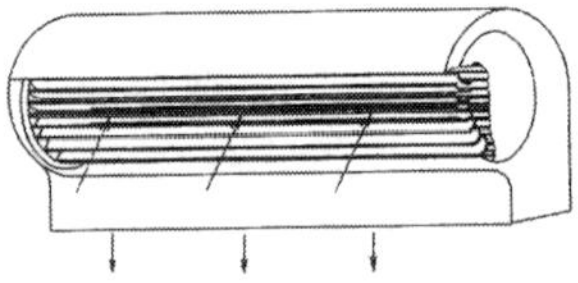

그림 5-36 횡류팬의 특징

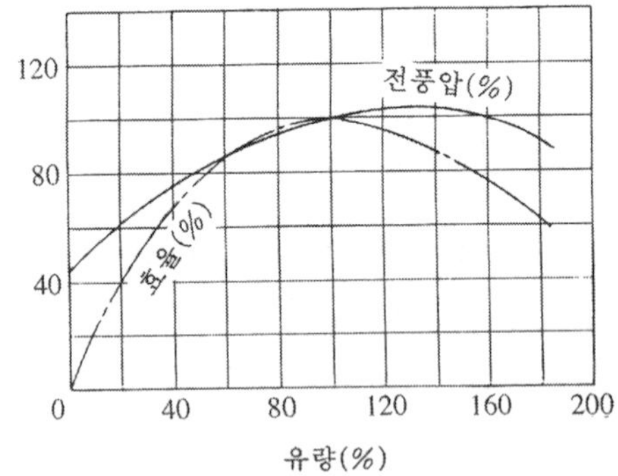

그림 5-37 횡류팬의 특성

예 제

[5-1] 대기압 $P_a = 101.3\,\text{kPa}$, 온도 20℃에서 회전차 바깥지름 300 mm의 반지름방향 날개를 가진 회전차를 15000 rpm으로 회전시켰다. 압축이 단열적인 것으로 하여, 이 송풍기의 이론 토출전압 및 전온도를 구하라. 또, 미끄럼계수가 0.85라고 하면, 이러한 값은 얼마나 되는가? 단, 회전차 입구에서 절대속도는 반지름방향으로 흐르고 있는 것으로 하고, 기체의 비열비 $\kappa = 1.4$, 가스상수 $R = 0.2870(\text{kJ/kg}\cdot\text{K})$으로 한다.

해답 식 (5-4) 및 (5-5)에서, $q = 0$이므로

$$(u_2 v_{u2} - u_1 v_{u1}) = \frac{\kappa}{\kappa-1} RT_{t1}\left\{\left(\frac{T_{t2}}{T_{t1}}\right) - 1\right\}$$

$$= \frac{\kappa}{\kappa-1} RT_{t1}\left\{\left(\frac{P_{t2}}{P_{t1}}\right)^{\frac{\kappa-1}{\kappa}} - 1\right\}$$

문제의 뜻에서, $v_{u1} = 0$, $v_{u2} = u_2$, $u_2 = \dfrac{2\pi rn}{60} = 235.6\,\text{m/s}$

따라서,

$$\frac{T_{t2}}{T_{t1}} = \left(\frac{P_{t2}}{P_{t1}}\right)^{\frac{\kappa-1}{\kappa}} = 1 + \frac{\kappa-1}{\kappa RT_{t1}} u_2^2$$

$$= 1 + \frac{0.4}{1.4\times0.2870\times10^3\times293.2}(235.6)^2 = 1.188$$

따라서, $T_{t2} = 348.3\,\text{K}$, $P_{t2} = 185.1\,\text{kPa}$

미끄럼계수가 0.85일 때, 회전차가 기체에 하는 일은 $0.85u_2^2$이다. 따라서,

$$T_{t2} = 340.1\,\text{K},\ P_{t2} = 170.3\,\text{kPa}$$

[5-2] $P_a = 99.7\,\text{kPa}$, $t_a = 28℃$의 대기 상태에서 압축기를 운전하여 입구정압력 $P_1 = 86.2\,\text{kPa}$, 흡입풍량 $Q_1 = 85.4\,\text{m}^3/\text{min}$, 출구전압력 $P_{t2} = 283\,\text{kPa}$, 출구전온도 $t_{t2} = 155.6\,℃$, 구동동력 $L = 196\,\text{kW}$를 얻었다. 전단열효율 및 단열온도효율을 구하라.

해답 대기에서의 밀도는

$$\rho_a = \frac{P_a}{RT_a} = \frac{99,700}{287.0 \times 301.2} = 1.153\,\text{kg/m}^3$$

대기압 P_a에서 입구압력 P_1에의 상태변화는 단열적이므로,

$$\rho_1 = \rho_a \left(\frac{P_1}{P_a}\right)^{\frac{1}{\kappa}} = 1.153\left(\frac{86,200}{99,700}\right)^{\frac{1}{1.4}} = 1.039\,\text{kg/m}^3$$

압축기에 흡입되는 질량은

$$m = \rho_1 Q_1 = 1.039 \times 85.4 = 88.73\,\text{kg/min} = 1.479\,\text{kg/s}$$

단열압축 동력은 식 (5-5), (5-7)에서

$$L_a = m\frac{\kappa}{\kappa-1}RT_a\left\{\left(\frac{P_{t2}}{P_{ta}}\right)^{\frac{\kappa-1}{\kappa}} - 1\right\}$$

$$= 1.479 \times \frac{1.4}{1.4-1} \times 287.0 \times 301.2\left\{\left(\frac{283,000}{99,700}\right)^{\frac{1.4-1}{1.4}} - 1\right\}$$

$$= 155.4\,\text{kW}$$

구동동력은 196 kW이므로, 전단열효율은 식 (5-9)에서

$$\eta_0 = \frac{155.4}{196} = 0.793$$

단열온도효율은 식 (5-12)를 이용하여,

$$\eta_\theta = \frac{T_a\left(\frac{P_{t2}}{P_{t1}}\right)^{\frac{\kappa-1}{\kappa}} - T_a}{T_{t2} - T_a}$$

$$= \frac{301.2\left(\frac{283,000}{99,700}\right)^{\frac{1.4-1}{1.4}} - 301.2}{428.8 - 301.2} = 0.819$$

가 된다.

수차 및 펌프수차

6

6-1 수력발전소 · 양수발전소

물의 에너지를 이용하여 전력을 발생시키는 설비에는 수력발전소(hydraulic power station)와 양수발전소(pumped storage power station)가 있다.

수력발전소는 육지에 내린 빗물의 위치에너지를 이용하여, 이것을 수차에서 전력으로 변환한다. 수력발전소의 배치 예를 그림 6-1에 나타낸다.

한편, 전력 수요는 낮과 밤에 큰 언밸런스가 있는데, 화력, 원자력 발전소의 심야 등의 잉여전력을 이용하여 물을 하부 저수지에서 상부 저수지로 양수하여 위치에너지로서 비축하여 그 저수를 이용하여 낮의 전력 피크시에 발전하는 발전소가 양수발전소이다. 상부 저수지와 하부 저수지에 자연의 강우에 의한 유입량이 거의 없는 것을 순양수, 양수에 의하지 않는 물도 포함하여 발전에 이용하는 것을 혼합양수라 한다.

양수발전기기로서는 펌프-전동기, 수차-발전기의 두 설비를 전혀 별도로 설치한 별치식, 펌프와 수차는 별개의 장치이나, 전동기와 발전기는 겸용의 발전 전동기를 갖춘 탠덤식 및 펌프수차와 발전전동기에 의한 가역식이 있고 최근의 대용량 양수발전소는

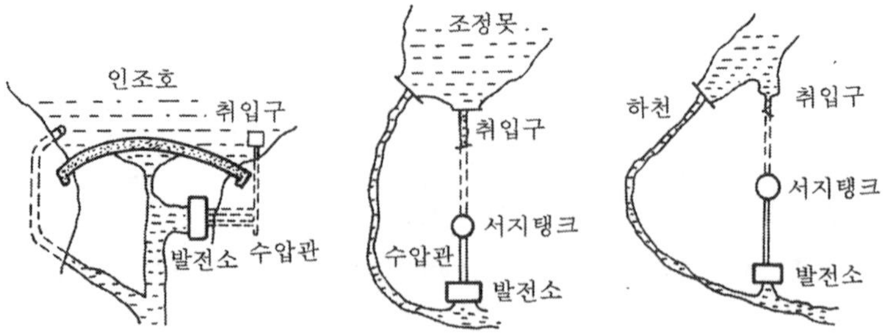

(a) 댐 식 : 강수량의 계절적인 변동을 조정하여 연간 유효한 에너지 이용이 가능하고, 대규모 발전소에 주로 계획된다.
(b) 조정못식 : 반나절 정도의 흐름을 모으는 조정못을 갖는 방식이다.
(c) 흐 름 식 : 소규모 발전소에서는 자연의 하천 흐름을 유로를 바꾸어 수차를 통하여 흘려 보낸다.

그림 6-1 수력발전소

거의 가역식이다. 펌프수차는 1개의 러너(수차, 펌프수차에서는 회전차를 러너라 한다)로 수차 및 펌프의 양쪽으로 회전방향을 바꾸어 운전하여 가역적으로 사용할 수 있는 것이다.

6-2 수차의 출력과 성능곡선

6-2-1 유효낙차

운전상태에서 수차에 유효하게 이용되는 전헤드를 유효낙차(effective head)라 하고, 수차의 입구와 출구의 전헤드의 차를 말한다.

그림 6-2에 나타낸 흡출관이 있는 반동터빈(reaction turbine) 형식의 수차에서는 유효낙차는 다음 식으로 구할 수 있다.

$$H = H_G - (H_1 + H_2)\,[\mathrm{m}] \tag{6-1}$$

여기서, H : 유효낙차[m]

H_G : 총낙차(취수구 수면과 방수구 수면과의 고저차)[m]

H_1 : 취수구 수면과 수차입구 사이의 손실헤드[m]

H_2 : 수차 출구와 방수구 수면 사이의 손실헤드[m]

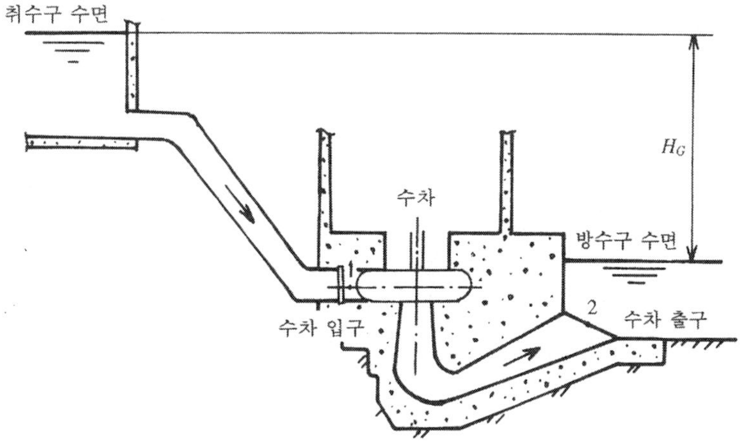

그림 6-2 유효낙차

6-2-2 수차의 출력

수차의 출력(output)은 다음 식으로 구할 수 있다.

$$P = \eta_T \rho g Q H \times 10^{-3} \text{ [kW]} \quad (6\text{-}2)$$

여기서, P : 수차출력[kW]
η_T : 수차효율
Q : 유량[m^3/s]
H : 유효낙차[m]
ρ : 물의 밀도[kg/m^3]

6-2-3 성능곡선

수차의 성능곡선(performance curve)의 표시 예를 그림 6-3에 나타낸다. 일정한 유효낙차에서 가이드베인 개도로 운전될 때 토크 T, 출력 P 및 효율 η_T가 수차의 회전속도 n에 대하여 그림 (a)와 같이 표시된다. 한편, 유량 Q와 회전속도 n에 대하여 안내깃 개도와 수차효율 η가 그림 (b)와 같이 표시된다. 또, 이러한 특성 표시가 실물과 모형과의 특성 환산에 이용되는 경우 등에서 주어진 낙차에 대하여 성능이 문제가 되는 경우에는 n, Q, P 등

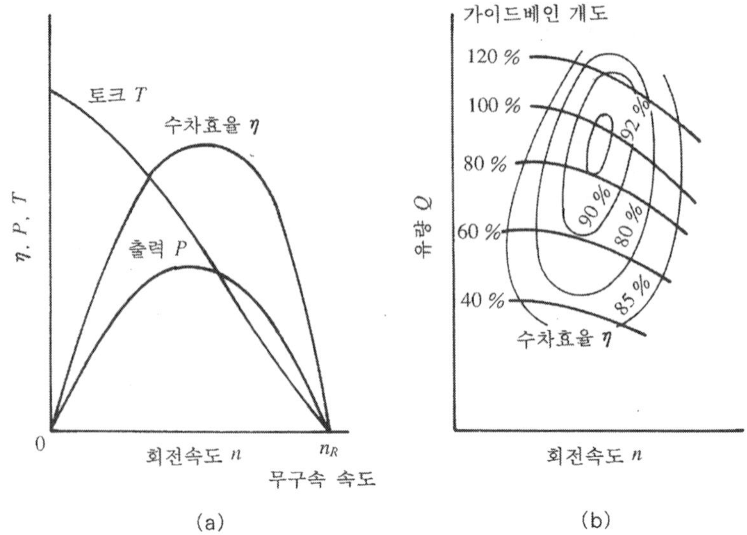

그림 6-3 수차의 성능곡선의 예

은 유효낙차 H와 러너지름 D를 이용한 무차원량으로 표시되는 수가 있다.

수차축에 걸리는 토크가 증대하면 회전속도는 저하하고 결국 $n=0$이 된다. 반대로 토크를 감소시키면 회전속도는 상승하고 수차축에 걸리는 토크가 0이 된 경우는 회전속도가 최대 n_R가 된다. 이와 같은 무부하 운전에서 수차의 회전속도를 무구속 속도(run away speed)라 한다. 실제로 무구속 속도까지 회전속도가 상승하는 경우는 거의 없지만 이 경우에도 수차 및 발전기의 회전부분이 강도적으로 충분히 견딜 수 있도록 설계 제작되어야 할 필요가 있다.

무구속 속도는 기종에 따라 다른데 정격 운전속도의 3배 가까이 되는 것도 있다. 펌프 수차의 펌프에서는 펌프와 같은 성능 표시가 행해진다.

6-3 수차의 형식과 구조

6-3-1 수차의 형식

현재 발전소에서 실용되고 있는 수차의 형식은 표 6-1에 나타

표 6-1 수차의 형식과 적용범위

형 식	적용낙차범위 H[m]	n_s-H 실적곡선
펠턴수차	150~800	$n_s \leqq \frac{4300}{H+195}+13$
프랜시스수차	40~500	$n_s \leqq \frac{21000}{H+25}+35$
사류수차 데리아수차	40~180	$n_s \leqq \frac{20000}{H+20}+40$
프로펠러수차 카플란수차	5~80	$n_s \leqq \frac{21000}{H+17}+35$
크로스플로수차	≦100	$90 \leqq n_s \leqq 110$

내는 5종류가 있다. 표에는 최근 일본에서 제작된 수차의 n_s-H 실적곡선과 그 유효낙차 범위를 나타낸다. 또 수차의 비속도는 다음의 것이 이용되고 있다.

$$n_s = \frac{nP^{1/2}}{H^{5/4}} \tag{6-3}$$

여기서, n_s : 수차 비속도[rpm, kW, m]
n : 정격회전속도[rpm]
P : 수차출력[kW]
H : 유효낙차[m]

출력 P는 프랜시스, 사류, 축류수차에서는 러너 1개당, 펠턴수차는 노즐 1개당의 값을 취한다.

최근 중소 수력용으로 크로스플로수차가 실용되고 있다. 펠턴수차, 크로스플로수차는 충동터빈(impulse turbine)형식이나, 다른 수차는 반동터빈(reaction turbine)형식이다. 프랜시스수차, 사류수차, 프로펠러수차는 각각 원심펌프, 사류펌프, 축류펌프와 거의 같은 형상을 하고 있고, 펌프와는 역으로 회전시켜 수차작용을 하는 수차형식이다.

6-3-2 펠턴수차

펠턴수차(pelton turbine)는 충동터빈의 일종이고, 그림 6-4에

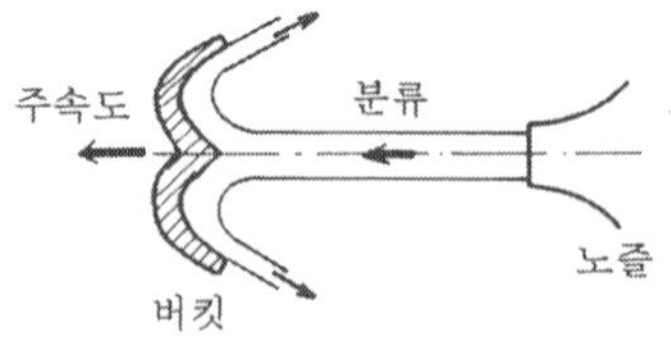

그림 6-4 펠턴수차의 러너

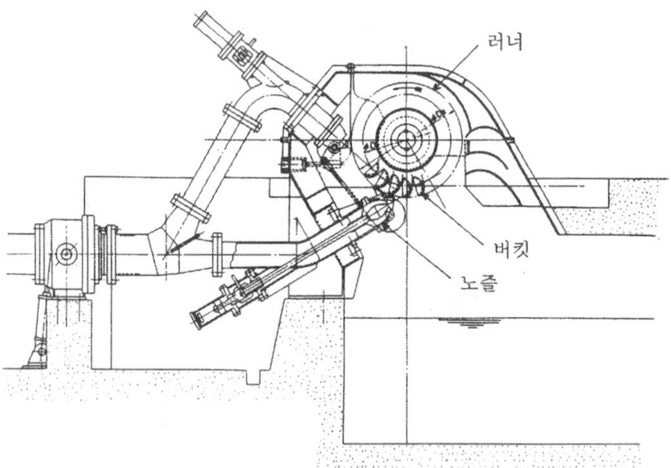

그림 6-5 횡축 단륜이사 펠턴수차의 구조 예

나타낸 것과 같은 러너(runner)를 가진 것이다. 일반적으로 소용량기에는 횡축형식, 대용량기에는 입축형식이 채용되고, 낙차 150 m 이상의 중고 낙차 지점에 적용된다.

펠턴수차는 수차, 발전기의 설치 상태와 러너와 노즐 수의 조합에 따라 분류된다. 그림 6-5는 횡축 단륜 이사 펠턴수차의 구조 예이다.

노즐에는 유량조정용 니들과 부하차단용 디플렉터가 설치되어 있고, 노즐을 나온 고속 분류가 그림 6-4와 같이 러너버킷에 충돌하여 러너에 일을 준다.

6-3-3 프랜시스수차

프랜시스수차(Francis turbine)는 낙차 40~500 m에 적용할 수 있고 대용량 수차에 적합하다. 현재 가동중인 10만 kW 이상의 수차의 대부분은 프랜시스수차이다.

입축 프랜시스수차의 구조 예를 그림 6-6에 나타낸다. 프랜시스수차의 구조는 원심펌프의 구조와 유사하고 유수의 방향과 러너의 회전방향이 원심펌프와 반대로 되고 주축에 직결된 발전기로부터 출력을 낸다.

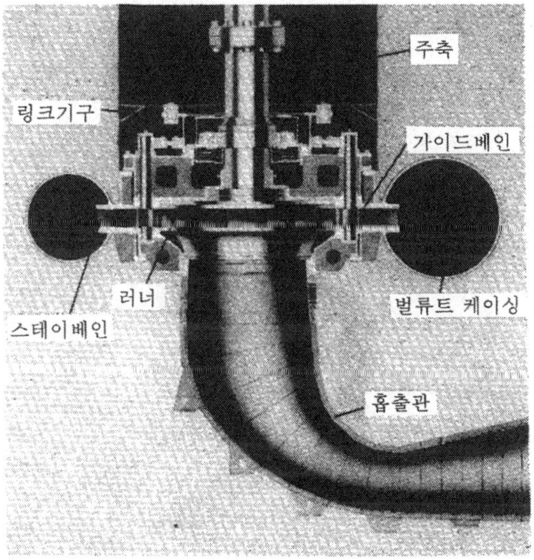

그림 6-6 입축 프랜시스수차의 구조 예

수압관에서 유도된 고압수는 와류케이싱, 스테이베인, 가이드베인을 통하여 러너에 유동된다. 러너 내에서 수차작용을 한 물은 흡출관을 통하여 방수구로 유출된다.

러너는 펌프회전차와 같이 비속도에 의해 그 형상이 변한다. 가이드베인은 링크기구에 의해 설치각을 가변시킬 수 있고 수차출력의 제어는 가이드베인의 개도 조정에 의해 행한다.

6-3-4 사류수차

사류수차(mixed-flow turbine)는 사류펌프와 같이 유효낙차, 비속도 등 프랜시스수차와 프로펠러수차의 중간적인 값을 취하고 낙차 40~180 m에 적용되고 있다.

입축 사류수차의 구조 예를 그림 6-7에 나타낸다. 고압수는 와류케이싱, 가이드베인을 거쳐 러너 축방향으로 유수방향을 바꾸어 러너에 유입한다. 와류케이싱, 스테이베인, 가이드베인의 구조는 프랜시스수차의 구조와 거의 같다.

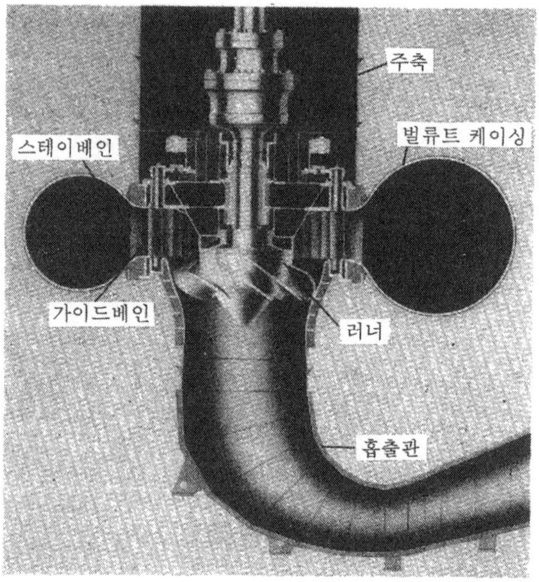

그림 6-7 입축 사류수차의 구조 예

러너는 축방향과 45°(고낙차용) 또는 60°(저낙차용)의 각도로 설치되어 있는 러너베인과, 이것을 지지하고 있는 러너보스로 되어 있고 러너 하류에는 흡출관이 설치되어 있다. 일반적으로 넓은 부하 범위에서 높은 효율을 얻기 위해 러너베인의 설치각을 가이드베인 개도에 대응하여 바꿀 수 있는 구조로 되어 있다. 이러한 형식을 데리아수차(Deriaz turbine)라 한다.

6-3-5 프로펠러수차

프로펠러수차(propeller turbine)는 낙차 5~80 m에 적용되고 있다. 입축 프로펠러수차의 구조 예를 그림 6-8에 나타낸다. 프로펠러수차는 축류펌프의 역작용을 행하는 것이므로, 러너부를 제외하면 입축사류수차의 구조와 거의 같다. 러너는 러너보스에 러너베인이 수차축에 직각으로 설치되어 있다.

프로펠러수차도 용량이 큰 것은 데리아수차와 같이 러너베인의 설치각을 바꿀 수 있는 입축구조가 대부분이며 카플란수차(Kaplan turbine)라고도 한다. 특히 저낙차, 중소용량의 영역에서는 횡축의 프로펠러수차가 사용되고 있다.

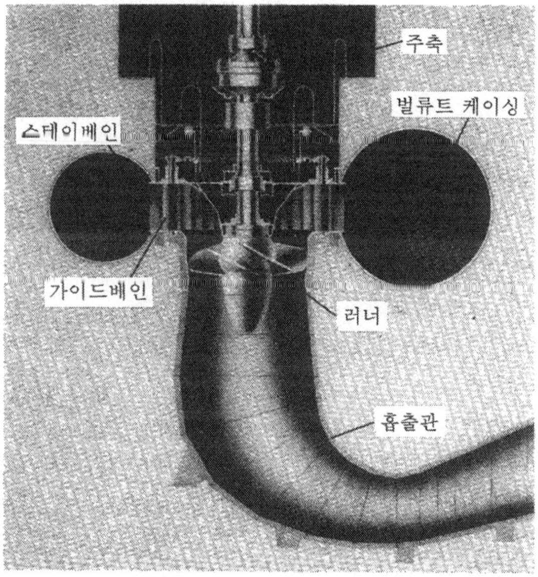

그림 6-8 입축 카플란수차의 구조 예

6-3-6 중소 수력용 수차

지금까지의 수차는 기계의 효율 향상을 위해 대용량화 경향이었으나 최근에는 중소 수력용의 각종 수차가 개발되고 있다.

최근 사용되고 있는 중요한 중소 수력용 수차의 적용범위 예를

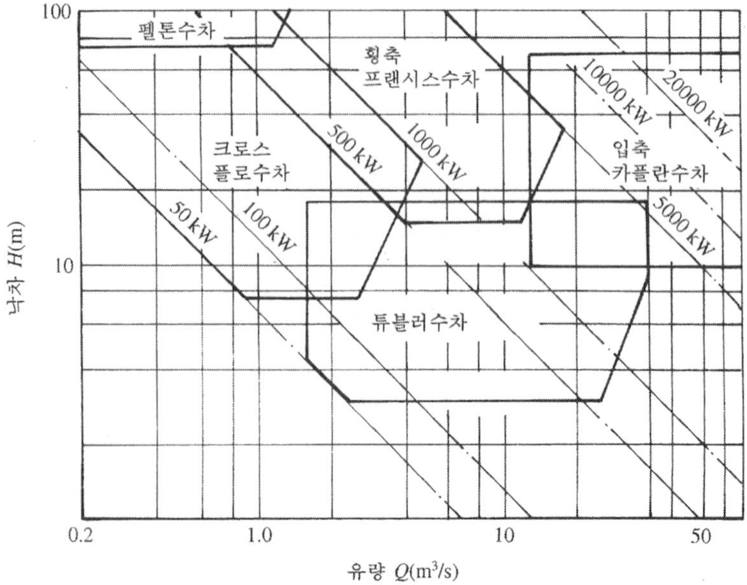

그림 6-9 중소 수력용 수차의 적용 범위

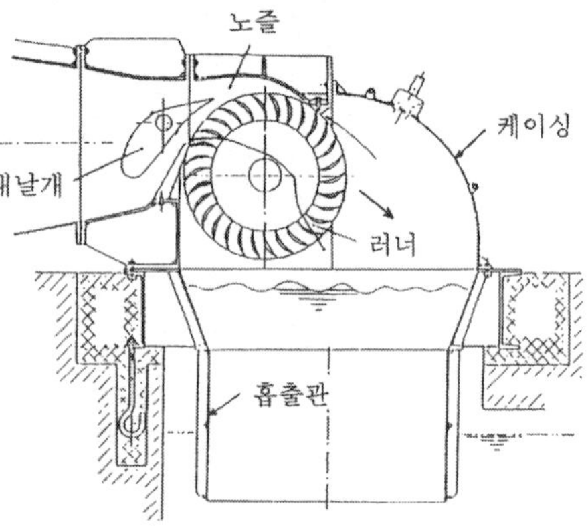

그림 6-10 크로스플로수차의 구조 예

그림 6-9에 나타낸다.

그림 6-10은 크로스플로수차(cross flow turbine)의 구조 예로 횡류회전차를 러너로 하여 이용하고 있고 노즐에서 증속된 제트를 러너 외주에서 유입시켜 구동 토크를 발생시키는 충동형의 일종이다. 러너는 30매 전후의 원현상베인을 등피치로 2매의 측판에 고정시킨 것이다.

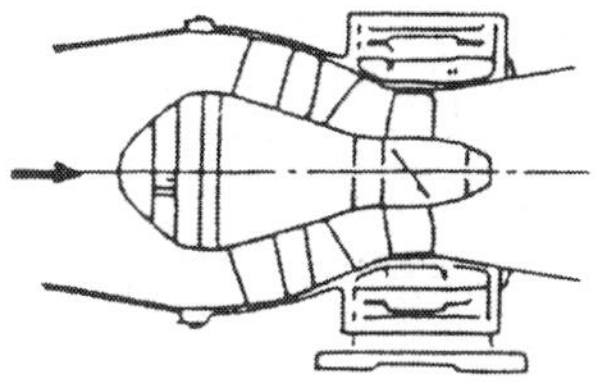

(a) 횡축원통(발전기) 일체수차

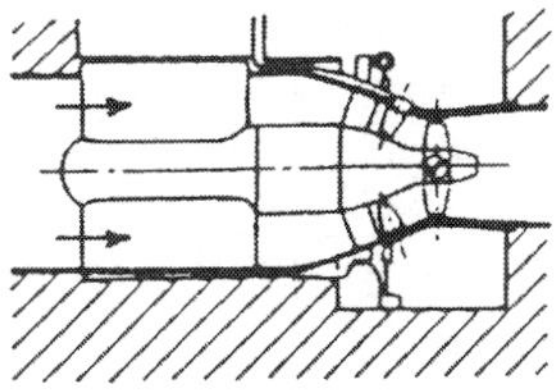

(b) 횡축원통 밸브수차

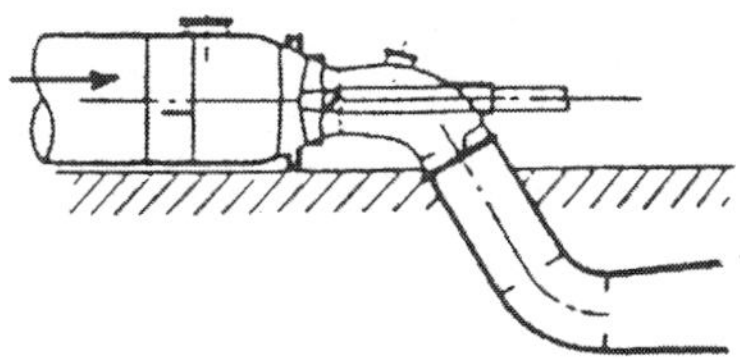

(c) 횡축원통 S형 튜블러수차

그림 6-11 중소 수력용 프로펠러수차의 구조 예

기타의 중소 수력용 수차로서는 특히 저낙차용으로 개발된 프로펠러수차 형식이 있다. 이들 중 중요한 것의 구조 예를 그림 6-11에 나타낸다.

6-4 펌프수차의 형식과 구조

펌프수차는 거의가 100 MW 이상의 대용량기이고 현재 가동중인 양수발전소에는 표 6-2에 나타낸 가역식 펌프수차(reversible pump-turbine)가 채용되고 있다. 수차와 같이 적용 낙차는 축류형, 사류형, 프랜시스형 펌프수차(propeller type reversible pump-turbine, diagonal flow type reversible pump-turbine, Francis type reversible pump-turbine)의 순으로 고낙차에 적용되고, 게다가 고낙차용으로서 일부에서는 다단프랜시스형 펌프수차가 사용되고 있다.

펌프수차의 비속도는 펌프 운전시의 펌프비속도 n_{SQ}[rpm, m^3/s, m]가 이용된다.

$$n_{SQ} = \frac{nQ^{1/2}}{H_p^{3/4}} \tag{6-4}$$

표 6-2 펌프수차의 형식과 적용낙차

형 식	적 용 낙 차 [m]
프랜시스형 펌프수차	40～800
사류형 펌프수차	25～200
축류형 펌프수차	5～25

여기서, n : 정격 회전속도[rpm]

Q : 양수량[m^3/s]

H_p : 전양정[m]

전양정은 식 (6-1)에서 총 낙차에 손실헤드분만을 더한 것으로 다음 식에서 구할 수 있다.

$$H_p = H_G + (H_1 + H_2)\,[\mathrm{m}] \tag{6-5}$$

프랜시스형 펌프수차는 지금까지의 실적에서는 $n_{SQ} > 25$이고, 비속도는 다음 식의 값으로 선정하는 수가 많다.

$$n_{SQ} = \frac{12,500}{H_p + 100} + 10 \tag{6-6}$$

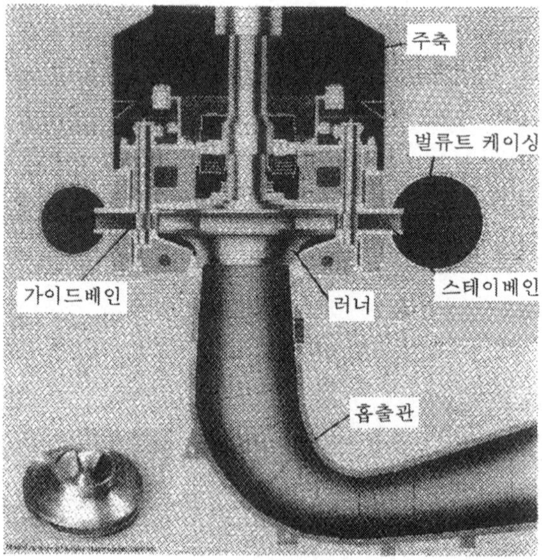

그림 6-12 입축 프랜시스형 펌프수차의 구조 예

펌프수차는 구조적으로는 같은 형식의 수차구조와 거의 같다. 그림 6-12에 입축 프랜시스형 펌프수차의 구조 예를 나타내며, 그림 6-6의 입축 프랜시스수차의 구조와 거의 구별할 수 없다.

가역식 펌프수차는 수차작용과 펌프작용을 러너의 회전방향을 바꾸어 행하나, 감속 흐름이 되는 펌프운전의 경우가 설계조건이 엄격하기 때문에 러너는 주로 펌프작용을 고려하여 설계되고 있다. 러너는 일반적으로 같은 요항의 프랜시스수차에 비하여 외형이 크고, 날개 입구 각도가 작으며, 날개 길이가 길고 그 매수도 적다. 또 가이드베인은 수차의 것과는 달리 수차펌프의 양쪽 운전을 고려하여 출구측과 입구측이 거의 대칭에 가까운 형상을 하고 있다.

예 제

【6-1】 총낙차 200 m, 유량 5 m^3/s가 얻어지는 발전소 건설 지점이 있는 경우, 어떠한 수차를 계획하는 것이 좋은가?

해답 총낙차에서 발전에 유효하게 이용될 수 있는 낙차비율을 95 %로 하면, 유효낙차는 $H = 0.95 \times 200 = 190$ m이다. 지금, 수차효율을 92 %로 하면, 출력은 식 (6-2)에서

$$P = \eta_T \rho g Q H \times 10^{-3} = 0.92 \times 10^3 \times 9.81 \times 5 \times 190 \times 10^{-3}$$
$$= 8574 \text{ kW} (\rho = 10^3 \text{ kg/m}^3)$$

동기발전기에 10극(50 Hz)을 이용하여 $n = 600$ rpm으로 가정하면 수차의 비속도는 식 (6-3)에서

$$n_s = nP^{1/4}/H^{5/4}$$
$$= 600 \times 8574^{1/2} / 190^{5/4}$$
$$= 78.7$$

표 6-1로 미루어 볼 때 프랜시스수차가 된다. 또 표 중의 $21{,}000/(H+25) + 35 = 132 > 78.7$을 만족하고 있다.

7 유체커플링과 토크컨버터

7-1 유체커플링의 작용

기계적 동력을 유체동력으로 변환하고 이것을 다시 기계적 동력으로 바꾸어 동력의 전달을 실현하는 장치를 일반적으로 유체전동장치(hydraulic power transmission)라 한다. 유체동력은 유량 Q와 압력차 ΔP의 곱 $Q\Delta P$로 나타나므로 일정 동력을 전달하는 것을 고려할 때 ΔP를 작게 설정하고 Q를 크게 취하는 방식(유체식 유체전동장치)과 ΔP를 크게 취하고 Q를 작게 하는 방식(유압전동장치)을 선택하게 된다. 유체커플링(fluid coupling)과 토크컨버터(정확하게는 유체토크컨버터 ; hydraulic torque converter)는 유체식 유체전동장치에 속한다. 이 유체식 유체동력장치는 유체식 펌프와 터빈을 조합시켜 동력을 전달하는 것으로 1905년 독일의 Hermann Föttinger에 의해 발명되었다.

유체커플링의 기본구조는 그림 7-1에 나타낸 것과 같이 입력축과 출력축을 동일축에 두고 입력축에 펌프회전차를, 출력축에 터빈회전차를 결합시켜 대향시키고 그 내부에 유체를 넣은 것이다. 입력축의 회전에 의해 펌프회전차 내의 유체(일반적으로 광물유)는 원심력을 받아 바깥으로 압출되어 터빈회전차 내를 화살표 방향으로 흐름으로써 출력축을 회전시키게 된다.

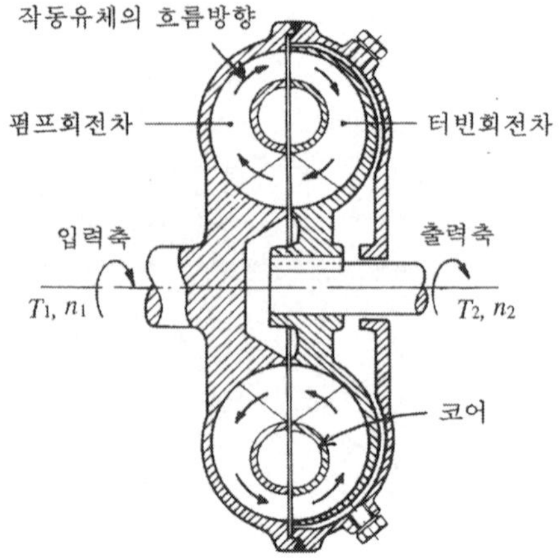

예를 들면 2개의 선풍기를 서로 마주보게 두고, 한쪽의 선풍기(그림에는 펌프회전차)를 회전시킨다. 이에 의해 공기의 흐름이 생기고, 이것이 다른 선풍기(그림의 터빈회전차에 해당)를 돌린다. 이것이 커플링의 작동원리이다.

그림 7-1 유체커플링의 기본구조

7-2 유체커플링의 성능

축출력 L(Ps)과 축토크 T(kgf·m), 축의 회전수 n(rpm)과의 사이에는

$$L = \frac{2\pi Tn}{75 \times 60}, \quad P = \frac{2\pi Tn}{60} \times 10^{-3} \, [\mathrm{kW}]$$

의 관계가 성립한다. 유체커플링에서는 토크를 주고받는 것은 펌프회전차와 터빈회전차뿐이므로 정상상태에서는 유체가 받는 토크의 총화는 0이므로 펌프회전차가 유체에 주는 토크(일반적으로는 입력축 토크 T_1과 같다)는 유체가 터빈회전차에 주는 토크(일반적으로는 출력축 토크 T_2와 같다)와 일치한다. 즉, $T_1 = T_2$이다.

따라서, 동력전달의 효율은 출력 L_2와 입력 L_1의 비이므로 입력축 회전속도 n_1에 대한 출력축 회전속도 n_2의 비로 되어 나타난다. 속도비(speed ratio)를 $e = n_2/n_1$, 토크비(torque ratio)를 $t = T_2/T_1$, 효율을 η로 하면 유체커플링의 성능은

$$t = 1, \quad \eta = e = 1 - \frac{s}{100}$$

가 된다. 여기서 $s = \{(n_1 - n_2)/n_1\} \times 100[\%]$이고, 이것을 미끄럼(slip)이라 한다. 즉, 유체커플링의 특징은 입력축 토크와 출력축 토크가 같고, 효율은 속도비와 같아 미끄럼에 비례하여 저하한다. 실제로는 속도비가 1인 경우를 고려하면, 장치 내 유체의 흐름이 없어져 순환하지 않기 때문에 유량이 0이 되어 유체를 매개로 한 동력을 전달할 수 없게 된다. 따라서 이때 전달토크도 0이 된다. 즉, 베어링 등의 마찰손실이 존재하기 때문에 회전속도비 e= 0.95~0.98인 곳에서 효율 η는 최대가 되고, e가 그것보다 크게 되면 η는 급격히 감소하여 0에 가깝게 된다(그림 7-2 참고).

현재 사용되고 있는 유체커플링은 구조상 일정충전식(일정유량식)과 가변충전식(가변유량식)으로 분류된다. 전자는 회로 내에 언제나 일정량의 유체를 충전하여 두는 방식으로, 드래그토크를

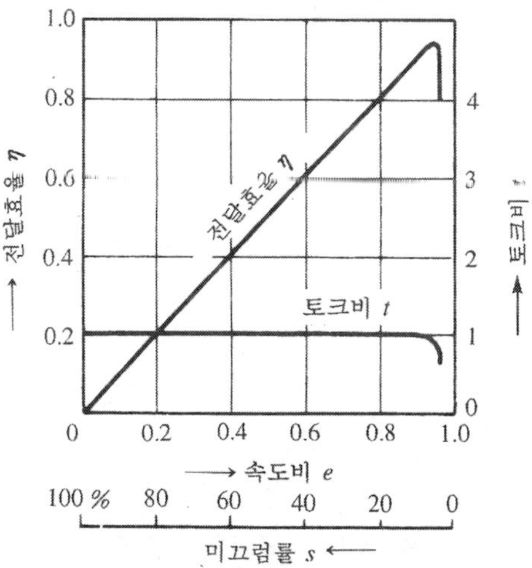

유체커플링은 특수한 경우를 제외하고 미끄럼이 0에 가까운 곳에서 상용되고, 설계점으로서 e=0.95~0.98로 선택되는 경우가 많다. 또 e=0의 상태를 실속상태, 이때의 토크를 드래그토크라 한다. 설계점 토크에 대하여 드래그토크를 작게 하는 것이 요구된다.

그림 7-2 유체커플링의 성능곡선

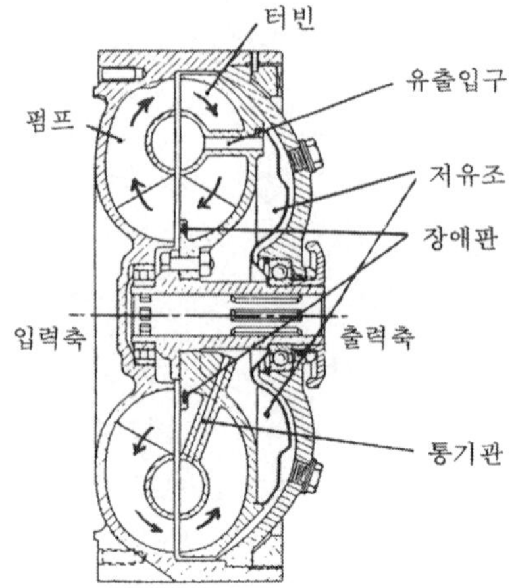

방해판의 효과 : 실속점 근방에서 순환유량이 증대할 때, 방해판에 의해 큰 저항이 생기게 하여 드래그토크를 저하시킨다.
저유조의 효과 : 터빈회전차의 회전이 저하하면 저유조의 압력이 회로 내 압력보다 상대적으로 저하하여 회로 내의 유량이 감소하여 드래그토크가 저하한다.

그림 7-3 방해판 · 저유조가 붙은 유체커플링

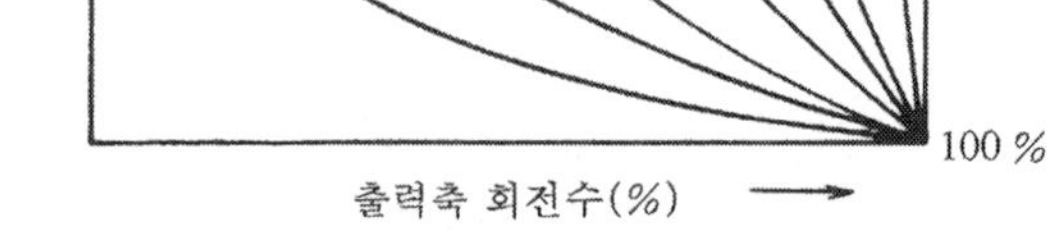

그림 7-4 가변충전식 유체커플링의 성능

낮추기 위해 방해판을 붙인 형식, 환상밸브가 있는 형식, 저유조를 가진 형식 및 회로형상을 특수한 구조로 한 것이 있다. 그림 7-3에 방해판 · 저유조가 붙은 유체커플링의 예를 나타낸다.

가변충전식 유체커플링은 회로 내의 유체량을 자유로이 가감시킬 수 있는 구조로, 충전유량의 조절에 의해 전달토크를 임의로 변화시킨다. 이 충전유량 조절에 의해 입력축의 회전을 일정하게 유지하고 출력축의 회전을 정지상태에서 정상상태까지 부드럽게 자유로이 변화시킬 수 있다. 그림 7-4는 가변충전식 유체커플링의 특성을 나타낸 그림이다.

7-3 유체커플링의 내부 흐름

유체커플링의 성능에 영향을 주는 유체역학적 제 인자에는 회로 단면형상, 날개매수, 작동유체, 충전유체량 등이 있다.

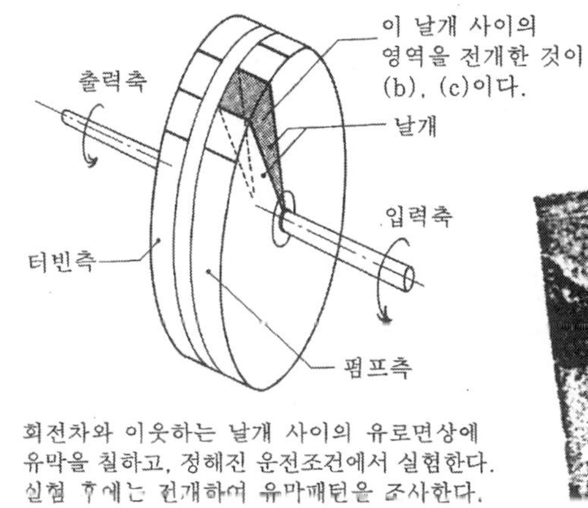

(a) 유체커플링 간이 모델의 스케치

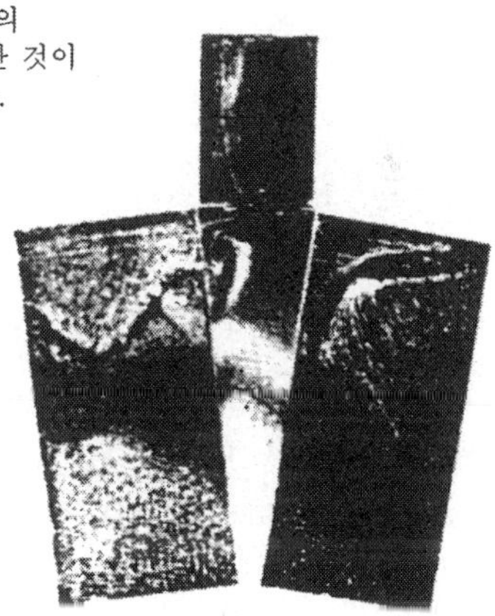

(b) 날개 표면의 유막패턴

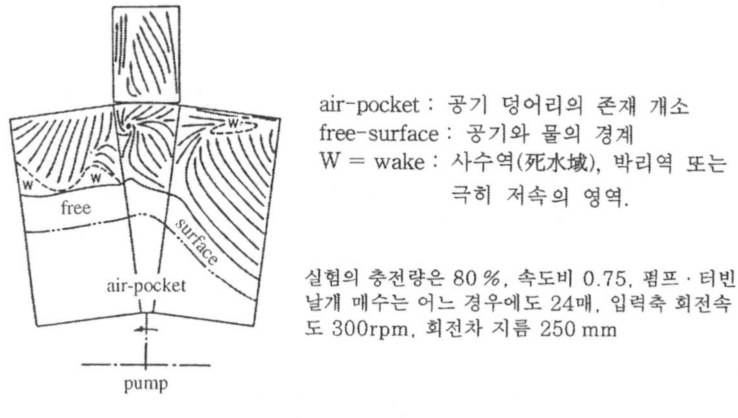

(c) 날개 표면 흐름의 스케치

그림 7-5 회로 내 흐름의 모양

유체커플링의 회로 내 흐름의 모양은 투명한 모형에 의해 외부에서의 관찰과 유막법, 유점법에 의한 날개면 · 유로벽면상 유막패턴의 관찰에 의해 총합적으로 추측되고 있다. 그림 7-5에 단순화된 유체커플링의 펌프 부분의 흐름모양을 나타낸다. 이 유체커플링은 그림 (a)에 나타낸 것과 같이 좌측의 펌프회전차, 우측의 터빈회전차 모두 장방형 단면의 회로형상 가운데 24매의 직선날개를 가지고 있다. 이것을 펌프측 회전속도 300 rpm으로 회전했을 때 펌프회전차와 이웃한 날개 사이의 유로를 전개하여 유막패턴을 기록한 결과 및 그 스케치가 그림 (b) 및 그림 (c)이다. 유체커플링 회로 내의 흐름은 이와 같이 매우 복잡하기 때문에 성능에 미치는 제 인자의 영향은 많은 실험으로부터 평가되고 있다.

7-4 유체토크컨버터

유체토크컨버터는 유체의 운동에너지를 이용하여 토크의 변환을 행하는 것으로, 입력축에 결합된 펌프회전차, 출력축에 결합된 터빈회전차와 케이스에 고정된 스테이터(안내날개)로 구성되고, 내부에 작동유체인 기름이 충만되어 있다. 그림 7-6에 토크컨버터의 기본구조 예를 나타낸다. 유체커플링과의 차이는 터빈과 펌프 사이에 스테이터가 있어 한 방향 클러치에 의해 고정 케이스에 설치되어 있는 것과 날개 형상이 3차원적으로 완곡되어 있어 복잡하다는(유체커플링의 경우는 평판 날개가 방사상으로 부착되어 있다) 것이다.

토크컨버터의 작동원리는 다음과 같다. 펌프회전차는 엔진에 의해 구동되고, 내부의 유체는 코어링을 따라 바깥방향으로 압출되어, 그림 7-6의 화살표 방향으로 흘러 터빈에 유입된다. 이 유체의 운동에너지에 의해 터빈에 토크를 주어 회전시키고, 그 후에 스테이터를 통해 다시 펌프에 유입한다.

토크컨버터의 각 회전차 내 유체의 토크를 도식적으로 표현하면, 그림 7-6의 우측 그림과 같다. 회전하고 있는 펌프, 터빈의 절대 유체흐름의 경로를 보면, 예를 들어 터빈의 회전속도가 저속인 경우에는 각 날개열에서 각각 방향이 변하고, 스테이터 날개열을

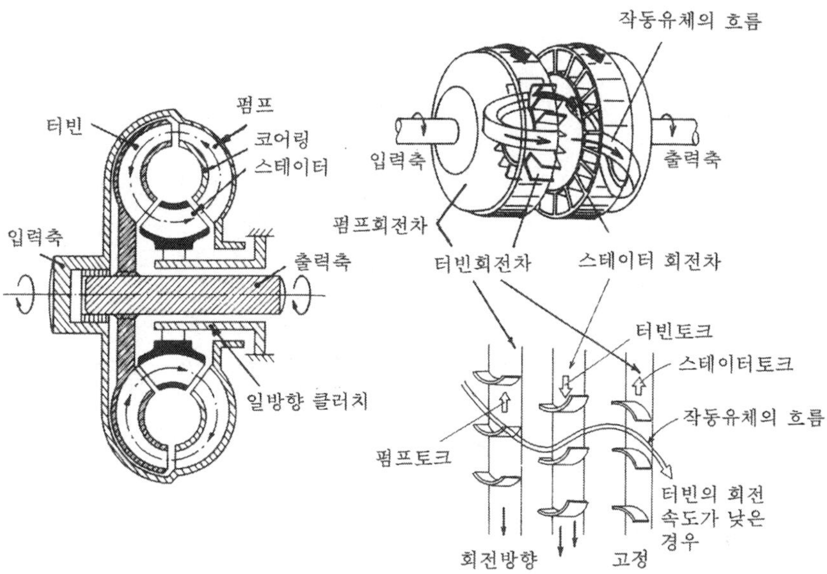

그림 7-6 토크컨버터의 기본구조와 작동원리

나온 후 다시 원래의 펌프 날개열로 돌아간다. 절대 흐름의 방향이 날개열에 의해 바꾸어지면, 각 날개열은 그 반작용으로써 토크를 받는다. 터빈토크 T_2의 방향을 양으로 하면 이 경우, 펌프토크 T_1과 스테이터토크 T_3는 음의 방향이 된다. 이렇게 토크컨버터에서는 유체가 주는 토크는 펌프, 터빈, 스테이터의 3개의 회전차에 대한 것뿐이고, 또 유체는 회로를 일순하여 원래의 상태로 돌아가기 때문에 3개의 회전차가 받는 토크의 총합은 0이 되어야 한다. 즉,

$$T_2 = T_1 + T_3$$

따라서 터빈이 유체로부터 받는 토크는 펌프를 회전시키는 데 필요한 토크보다도 스테이터가 유체로부터 받는 토크만큼 증가하게 된다.

그런데, 터빈회전수 n_2의 펌프회전수 n_1에 대한 비율(속도비 $e = n_2/n_1$)이 변화하면 흐름의 상태도 변화한다. 이 변화의 모양을 그림 7-7에 나타낸다. 그림에서 터빈회전수가 커지면(예를 들어 e

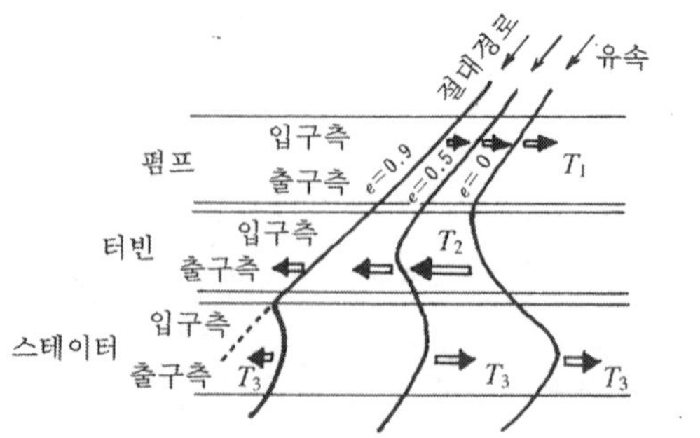

$e=0$: 터빈 정지
$=0.5$: 터빈펌프의 1/2 회전수로 운전되고 있다.
$=0.9$: 터빈 출구의 흐름이 터빈날개의 배면에 닿는다.

그림 7-7 회전차 내 절대흐름과 속도비

$=0.9$) 터빈 출구의 흐름이 스테이터 날개의 지면에 닿아, $T_3<0$ 이 된다. 따라서 이때 T_2는 T_1보다 작아진다. 터빈회전수가 작아지면(예로, $e=0.5$) 터빈 날개열에서 흐름의 전향이 생겨 $T_3>0$이 되고, T_2는 T_1보다도 커진다. 다시 터빈 회전수가 작아지고, 터빈이 정지하려는 케이스에서는 터빈 및 스테이터 날개열에서의 흐름의 방향전환이 커져 T_2는 최대가 된다. 토크컨버터의 토크와 속도비의 계수는 일반적으로 다음의 근사식으로 주어진다.

$$T_1 = K_1 n_1^2 D^5, \quad T_2 = K_2 n_1^2 D^5$$
$$t = K_2/K_1, \quad \eta = t \times e = (K_2/K_1)e$$

여기서, T_1 : 입력축(펌프) 토크, T_2 : 출력축(터빈) 토크, $t=T_2/T_1$: 토크비, η : 효율, 비례계수 K_1, K_2는 회로부분의 구조, 작동유체의 종류와 상태 및 속도비에 의해 변화한다(엄밀히는 표면 조도나 흐름의 레이놀즈수 등의 영향도 받는다).

7-5 토크컨버터의 종류와 성능

토크컨버터는 그 토크비를 올려 효율을 향상시키고 다른 특성을 얻기 위해 많은 종류, 형식이 제안되고 있다. 이 형식의 표시법으로서는 요소(element), 단(stage)과 상(phase)이 이용된다. 요소는 회전차의 총수를 나타낸다. 단은 펌프와 터빈의 조합의 단을 의미하고 터빈회전차의 수와 일치한다. 상은 다른 작용을 갖는 운전범위의 수를 나타낸다. 토크컨버터 내부에서는 클러치 점을 경계로 하여 흐름의 양상이 달라 작용이 변화한다. 따라서 클러치 점이 1개일 때는 2상, 클러치 점이 2개일 때는 3상이 된다. 그림 7-8에 자동차용 토크컨버터의 형식 예를 나타낸다. 현재의 자동차용 자동변속기에는 3요소 1단 2상형 토크컨버터가 많이 사용되고 있다.

종 류	3요소 1단 2 상 형	4요소 1단 3 상 형	3요소 1단 외 향 형 터 빈 형	4요소 2단	6요소 3단
배 열	(a) 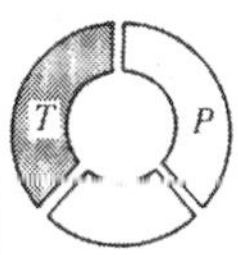	(b) 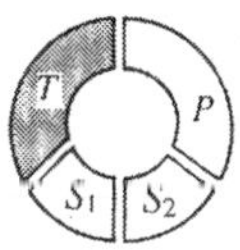	(c) 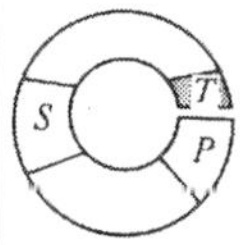	(d) 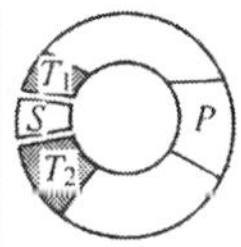	(e) 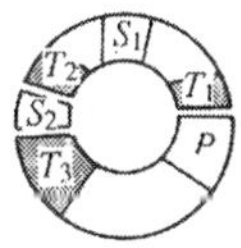
스톨토크비 최고효율	2~3 90~85	2~4 90~80	3~4.5 87~80	3~5(9) 85~80	4~6 85~80

P : 펌프회전차　　S : 스테이터회전차
T : 터빈회전차　　S_v : 가변익 스테이터회전차

그림 7-8 자동차 토크컨버터의 형식모형

이와 같은 형식의 회전차의 배치·형상을 변화시킴으로써 다른 특성의 토크컨버터가 얻어진다. 그 일례로 그림 7-9에 3요소 1단형과 6요소 3단형 토크컨버터의 특성 그림을 나타낸다.

토크컨버터의 전형적인 특성곡선을 나타내면 그림 7-10과 같다. 즉, 토크컨버터는 실속점(stall point, 속도비 0)을 포함하여 광범위한 속도비에 걸쳐 입력축 토크계수 K_1의 변화가 적고, 또 출력축 토크계수 K_2도 출력 일정에 가까운 특성을 나타내고 있다.

따라서 부하토크에 변화가 있으면 그에 대응하여 출력축 회전속도가 자동적으로 변화하게 된다. 또, 토크컨버터의 최고효율을

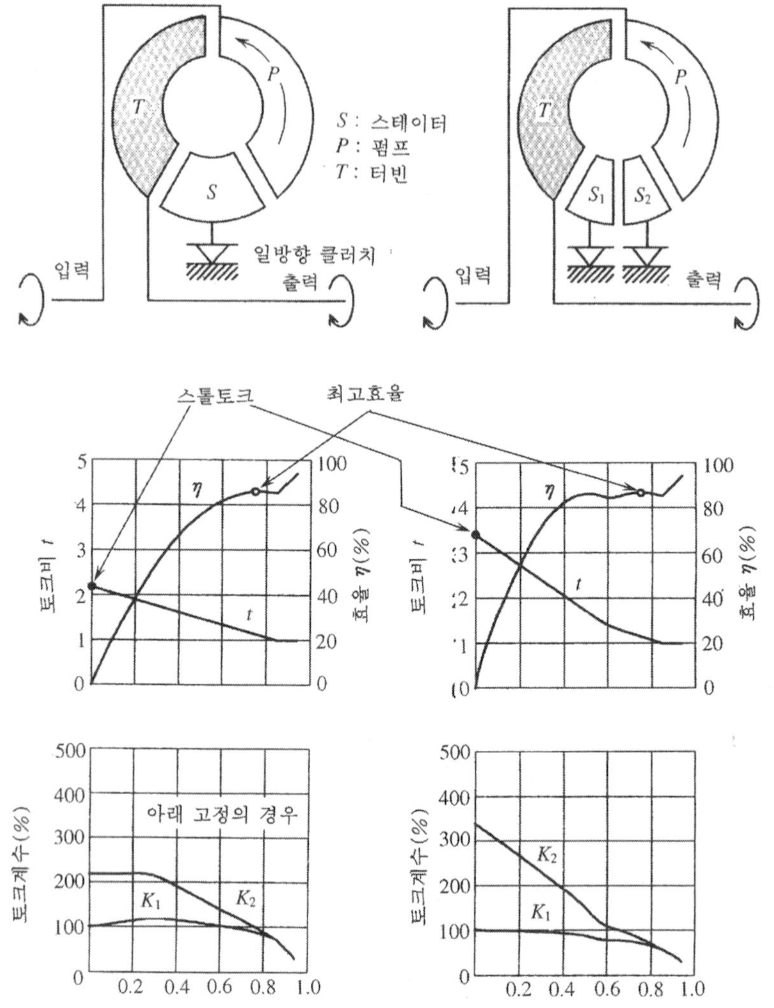

(a) 3요소 1단형 (b) 4요소 1단형

그림 7-9 토크컨버터의 특성 비교

조사해 보면 80 % 전후로 유체커플링의 설계점 효율에 비하여 못하다. 그러나 효율곡선이 속도비에 비해 볼록하여 유체커플링이 1에 가까운 속도비에서 상용 운전되는 것이 적합한 데 반하여 토크컨버터는 상당히 광범위한 속도비에 걸쳐 운전될 수 있다. 따라서 토크컨버터의 설계점이라는 것은 명확하지는 않다.

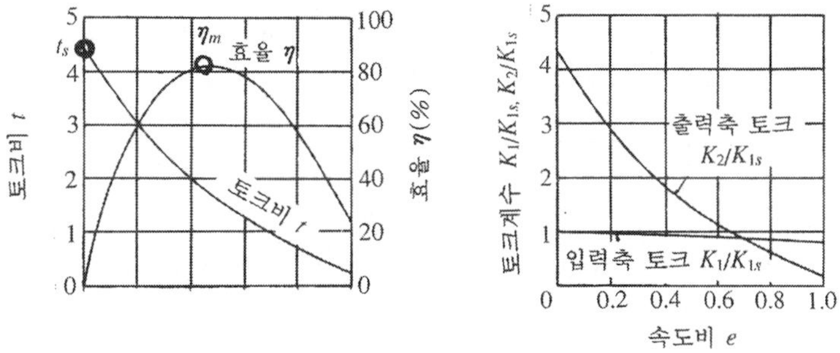

토크컨버터의 성능에서 중요시되는 사항
① 효율이 높을 것
② 실속 토크비가 클 것
③ 입력축 토크계수 K_1과 속도비의 관계가 엔진의 부하 특성에 적합할 것

그림 7-10 전형적인 특성곡선

특성을 논하는 경우에는 일반적으로 최고효율 η_m과 실속토크비 t_s(출력축 정지의 실속점에서 토크비)가 사용된다. 통상은 t_s를 높이면 η_m이 저하하고, η_m을 높이면 t_s가 저하하는 경향이 된다. η_m을 높게 유지하면서 t_s를 높게 하기 위해서는 터빈회전차를 분리하여 다단으로 하거나 회로형상을 특수한 구조로 하는 등의 고안이 필요하다.

7-6 토크컨버터의 날개열에서의 흐름과 성능

토크컨버터의 각 날개열에서의 흐름을 예측하는 것은 유체커플링과 마찬가지로 곤란한 일이나, 최근 컴퓨터의 발달에 수반하여 요소별 날개열에서의 흐름의 수치 해석이 시도되고 있다. 그 한 예를 그림 7-11에 나타낸다. 그림은 난류 해석 프로그램에 의해 토크컨버터의 스테이터, 펌프, 터빈 각 요소 내의 흐름을 각각의 요소의 입구, 출구, 경계조건을 순차적으로 넣어 바꾸어가면서 계산한 경우의 스테이터 날개 사이 흐름의 속도 벡터도이다. 레이놀즈수는 약 48,000, 계산 격자수는 45×24×23(토크컨버터 전체의 격자수는 약 9만 점)이다. 2차 흐름이 생기지 않도록 하는 날개형상을 구하기 위한 기초 데이터로 활용된다.

현재로는 전체 성능의 예측은 평균유속을 정의하여 그 선상에서의 1차원 계산 등을 실행하고, 필요에 따라 유로폭의 영향을 실험적으로 고려하는 방법에 의존하고 있다.

각 날개열에서 흐름 모양을 아는 것은 당연히 토크컨버터의 성능 향상에 영향을 줄 수 있을 것이다. 그 예로서 스테이터의 공전에 의한 성능개선을 취급한다. 스테이터는 고정상태에서 사용되어 터빈토크의 증대에 기여하는 것인데, 그림 7-12에 나타낸 바와 같이 속도가 빨라지면 터빈회전차 내의 흐름은 스테이터 날개에 대하여 음의 큰 앙각을 갖게 되고, 스테이터토크는 음이 된다. 이때 특성곡선은 그림 7-13에 파선으로 나타낸 바와 같이 토크비는 보다 작게 되고, 효율도 저하한다. 따라서, 스테이터에 터빈과 같은 방향으로 회전하는 일방형 클러치를 붙여 이러한 음의 스테이터토크가 발생하게 하는 경우에는 스테이터가 공전하도록 하는 구조로 하면 스테이터토크는 0이 되고, 따라서 $T_1 = T_2$, $t = 1$에서 효율 $\eta = t \cdot e = e$가 되고, 그림 7-13의 실선으로 나타낸 바와 같이 성능이 대폭 개선된다. 이때 스테이터 내의 흐름은 그림 7-14에 나타낸 것과 같이 스테이터 공전의 경우가 손실이 적고, 회로를 순환하는 흐름의 속도는 향상하여 펌프 토크도 증가하게 된다.

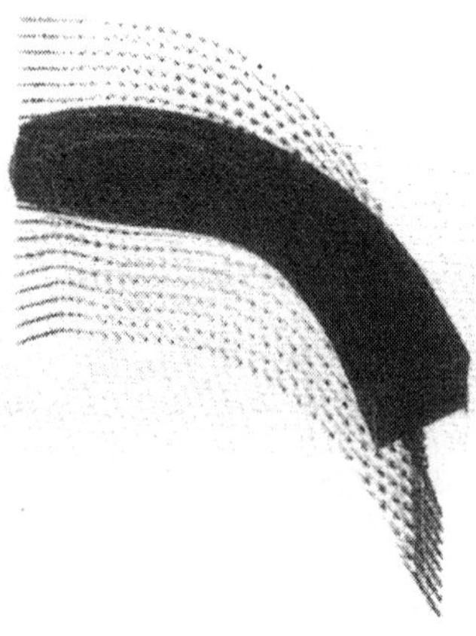

그림 7-11 토크컨버터, 스테이터에서의 흐름 해석

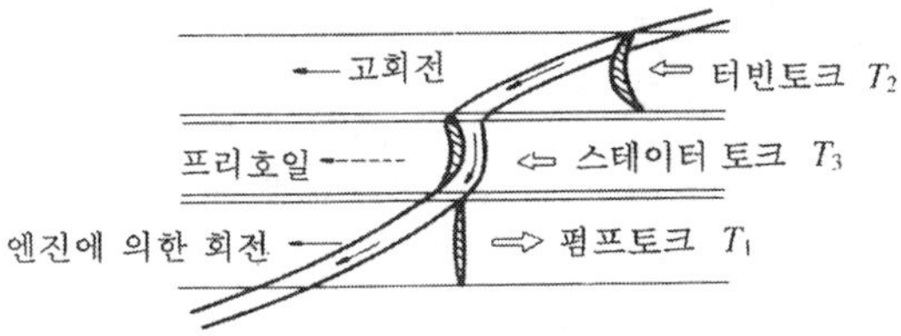

터빈회전차의 회전수가 높은 경우에는 스테이터에 들어가는 흐름은 큰 영각을 가진 스테이터 날개의 배면에 돌입한다.

그림 7-12 회전차 내의 흐름

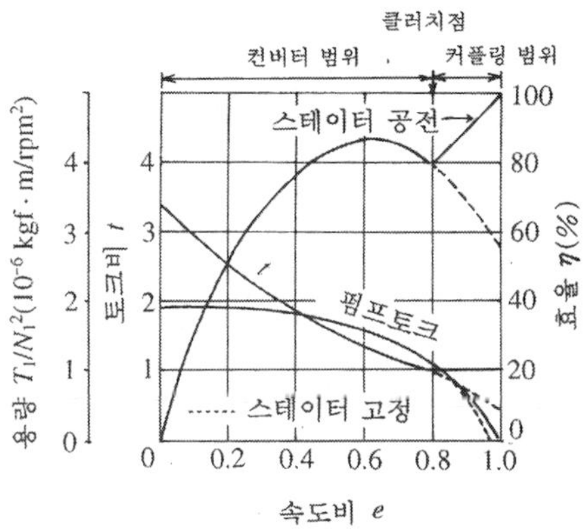

커플링 범위에서 스테이터를 공전시킴으로써 전연박리를 감소시켜 성능의 개선을 꾀한다.
실선 : 스테이터 공진
점선 : 스테이터 고정

그림 7-13 스테이터 공전에 의한 성능 개선

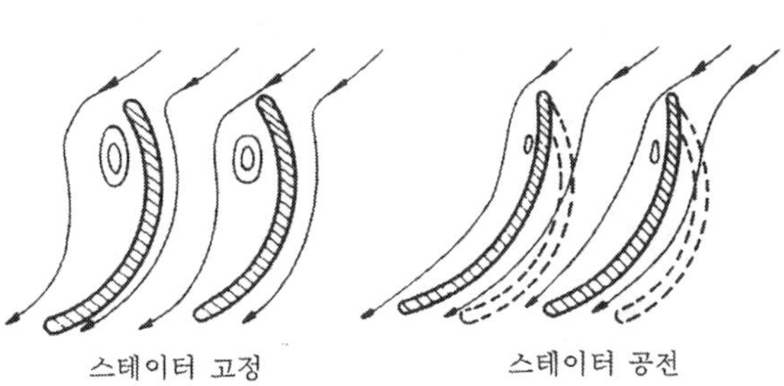

스테이터 고정의 경우는 전연박리가 크나, 스테이터를 공전시킴으로써 흐름장이 자동적으로 크게 개선된다.

그림 7-14 스테이터 내의 흐름의 모식도

터보차저

8

8-1 과급의 종류와 역사

자동차용 엔진의 기본이 되는 오토엔진은 1876년에, 디젤엔진은 1895년에 출현했으나 과급에 의한 엔진 성능의 향상에 대한 개념은 1885년 갓드리프 다이믈러가 낸 특허 중에 나타나 있어 오랜 역사를 갖고 있다. 엔진을 과급(super charge)하는 방식은 표 8-1에 나타낸 것과 같이 분류되며, 주된 것은 기계구동 과급(슈퍼차저)과 배기 터빈구동식 과급(터보차저, turbo supercharger)이다. 기계구동 과급방식은 1920년에 들어와 레이싱카, 시판되는 스포츠카에서 실용화되었고, 1930년대에는 과급엔진이 아니면 레이싱용 엔진이라 할 정도로 보급되었다. 배기터빈 구동식 과급의 방법도 착상은 일찍부터 있었으나 실용화는 늦었다. 제 1 차 세계대전에서 개발이 촉진된 항공엔진의 분야에서조차 1917년에 유체과급의 르노엔진을 탑재한 시험 비행기가 등장했을 정도이다. 이 방식의 최대 문제점은 고온 배기가스에 언제나 닿게 되는 구동용 터빈 블레이드의 재질에 있고 이의 해결은 내열성이 뛰어나고 가공성이 좋은 재료의 등장을 기다려야 했다. 본격적인 유체과급을 실현한 것은 1938년에 보잉 B17에 탑재한 엔진 시스템으로, 1940년대에 항공기용 유체과급은 실용단계에 들어갔다. 자동차 엔진의 유체과급 도입은 훨씬 뒤인 1960년대 중반 제너럴모터사의 스포츠카 골베아에서부터이다. 이후 자동차 레이스용 엔진에서 양산차용 엔진까지 유체과급방식은 폭넓게 채용되었다.

표 8-1 과급방식

기계구동 과급기(mechanically driven supercharger) :
엔진의 출력축에서 기어와 벨트를 개입하여 회전수를 올려 과급기를 구동시킨다. 엔진의 출력축에서 동력을 취출하는 경우 기계적 손실이 크고 효율이 나쁘다.
배기터빈구동 과급기(turbo supercharger) :
배기 에너지를 이용하여 터빈을 회전시키고, 이것으로 과급기를 구동한다. 대기중에 버린 배기 에너지를 이용하기 때문에 효율이 높다.
컴프렉스(comprex)
엔진 배기측의 어느 1개의 세관이 압력 높은 배기관으로 개통하면, 그 개구단에서 압력파가 발생하여 세관 내의 폐입되어 있는 흡기를 압축하는 방식이다.

8-2 터보차저의 원리

엔진출력은 공기와 연료를 혼합하여 연소시킴으로써 얻어진다. 따라서 출력을 향상시키기 위해서는 가능한 한 많은 공기를 실린더 내에 흡입시켜야 한다. 통상의 엔진은 피스톤이 하강하는 경우의 감압에 의해 혼합기를 흡입하나 이것을 강제적으로 행하는 것이 과급이다. 터보차저는 이 과급방식 중에서 배기터빈으로 구동하는 과급기를 가리킨다. 그림 8-1에 터보차저의 작동원리를 나타낸다. 즉, 엔진의 배기 에너지로 터빈을 구동하여 그 회전력으로 동축의 컴프레서를 회전시켜 공기를 압축하여 엔진에 급기압이 높은 혼합기를 공급하는 방식이다.

터보차저의 방식에는 동압방식, 정압방식 및 펄스 컨버터방식이 있다. 동압방식은 주로 엔진의 배기행정 초기에 발생하는 배기의 블로다운 에너지를 이용하는 것으로, 비교적 높은 과급률이 요구되는 버스, 트럭 등의 대형 엔진에 이용되는 수가 많다. 정압방식

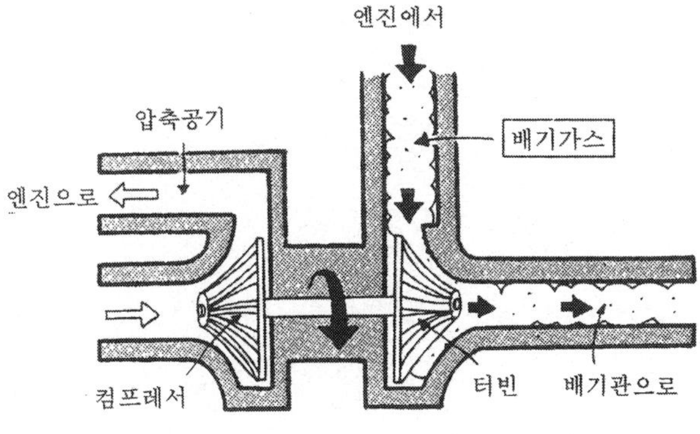

그림 8-1 터보차저의 작동원리

은 배기의 압력 변동을 적게 하여 전주(全周) 유입의 정압형 터빈으로 작동시키도록 하는 것으로, 승용차용 엔진은 거의 이 방식이다. 펄스 컨버터방식은 동압, 정압의 양방식의 이점을 이용하려고 하는 것으로, 예를 들면 다기통엔진의 배기관을 2개로 분류하여 배기를 과급기에 유도하는 방식이다.

8-3 터보차저의 구조와 성능

터보차저의 기본적인 구조 예를 그림 8-2에 나타낸다. 터빈측, 컴프레서측과 양자를 연결하는 축계로 구성된다. 터빈측은 블레이드, 터빈하우징으로 구성되고, 내열성을 고려하여 설계되어 있다. 컴프레서측은 익차, 블레이드와 컴프레서 커버로 구성된다. 터빈, 컴프레서의 구조는 각각 단체의 구조와 같은 모양이고, 설계에서의 고려사항도 단체의 경우와 기본적으로는 같다.

터보차저가 많이 사용되는 곳은 자동차용 엔진이다. 자동차용 터보차저의 과제는 넓은 운전범위에서 높은 효율을 유지하는 것과 회전수 변화에 대한 응답성을 높이는 것이다. 이를 위해 많은 연구가 이루어지고 있다. 예를 들면 터보차저의 컴프레서는 복잡한 형상을 가지게 된다. 최근에는 그림 8-3에 나타낸 백워드레이크 임펠러가 사용된다. 마찬가지로 터빈측에 관해서도 여러 가지가 개선되고 있다. 터빈 블레이드에 관해서는 배기가스의 운동에너지를 이용하는 동압방식의 경우에는 터빈 하우징(스크롤형을

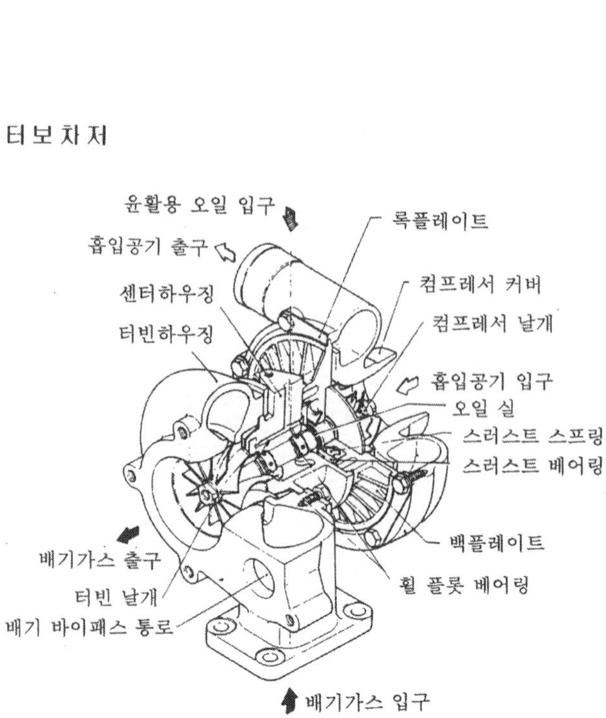

그림 8-2 터보차저의 구조와 각부명칭

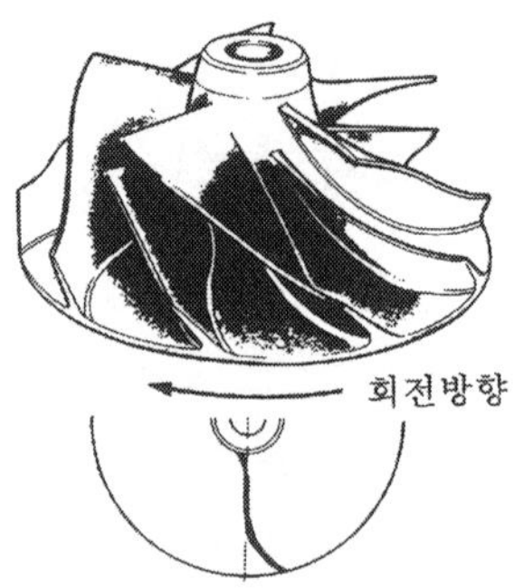

그림 8-3 컴프레서 블레이드

하고 있다)에서 불어 내는 배기가스가 클레이드에 닿는 부분을 평면상으로 하여 두는 충동형 블레이드가 채용되고 있고, 블레이드 사이에 유입된 가스의 팽창에너지를 이용하는 정압방식의 경우에는 만곡한 반동형 블레이드가 선정된다. 또, 터빈의 특성을 결정짓는 중요한 파라미터는 가스를 불어내는 노즐형상, 즉 터빈 하우징의 내부형상이다. 그림 8-4에 나타낸 것과 같이 터빈 블레이드에 내뿜는 가스의 운동에너지는 노즐슬롯부의 단면적에 의한다. 배기유량이 적을 때는 이것을 교축 A/R를 작게 하면 가스의

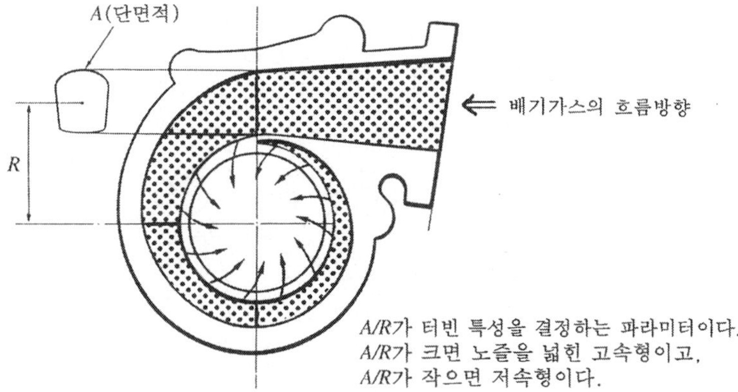

그림 8-4 터빈노즐

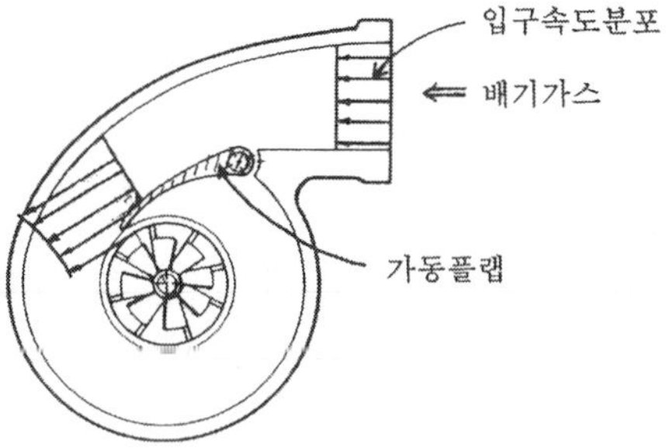

그림 8-5 가동플랩이 붙은 가변용량 터보차저의 터빈 노즐(플랩 개도 확대)

유속은 올라간다. 반대로 배기량이 많아지면 A를 크게 할 필요가 있다. 이와 같이 슬롯면적을 가동식 플랩을 이용하여 연속 가변하는 연구(그림 8-5)나 터빈 흐름을 바꾸는 입구부에 안내날개를 설치하여 그것을 회전시켜 노즐면적과 흐름방향을 바꾸는 가변디퓨저 등의 연구가 행해지고 있다.

8-4 엔진과 터보차저의 매칭

터보차저에서 컴프레서의 토출압력은 회전차의 회전수에 의해 변화한다. 한편, 회전수는 배기가스의 운동에너지에 의존한다. 이 터보차저와 자동차용 레시프로엔진과의 조합을 고찰해 본다. 그림 8-6에 터보차저 엔진의 구성 예를 나타낸다. 자동차에서 과급 효

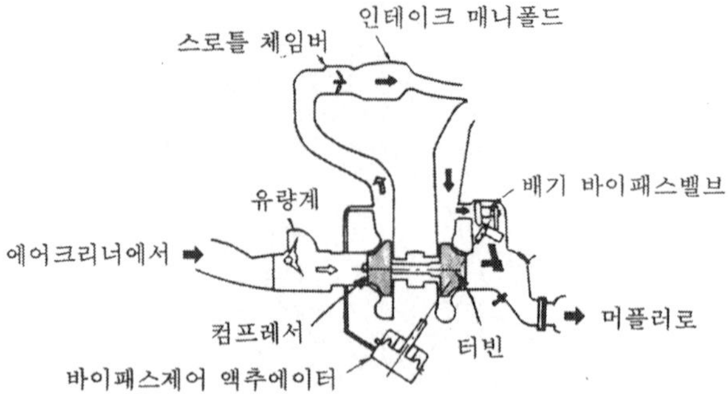

그림 8-6 자동차용 터보차저 엔진의 구조

율을 가장 필요로 할 때는 가속시이다. 그런데 엔진의 부하가 작아 회전수가 낮은 상태에서는 배기가스의 유량은 적고, 터보차저의 회전수도 낮다. 엔진 회전을 상승시켜 배기가스의 유량이 증가하면 터보차저도 가속되고 과급압력도 상승한다. 이 과급압력 상승의 응답 지연을 줄이는 수단으로 일반적으로 배기 바이패스방식(소위 웨이스트 게이트방식)이 이용된다. 이것은 터빈 용량을 미리 작게 하여 두고 과급압력이 설정값에 도달한 경우에는 바이패스밸브를 열어, 여분의 배기가스를 직접 배출하도록 하는 것이다. 이에 의해 응답성은 개선되나 배기가스의 에너지 회수면에서는 마이너스이다.

또 단순히 엔진배기측에 터빈을 장비한 것만으로는 터보차저의 유동 저항에 의한 배압 상승을 초래하고 이것을 감안하여 터보차저를 구동하기 위해서는 엔진이 보다 많은 일을 해야 한다. 가솔린엔진의 경우는 고압력비, 고온에서 노킹을 일으킨다. 이러한 제한을 피하고 터보차저에 의한 과급이 엔진 시스템의 총합적 효율을 상승시킬 수 있도록 단체 성능의 설계와 매칭이 필요하다.

풍 차

9

9-1 풍력에너지의 이용

풍차(wind turbine)는 세계에서 가장 오래된 기계 중의 하나이다. 증기기관으로 대체될 때까지 1000년 이상이나 동력기계로서 사용되어 왔다. 바람을 에너지원으로 처음 이용하게 된 것은 배의 돛으로서이며, 이집트 등에서는 5000년 전에 돛이 사용되어, 기원전 2800년경부터 나일강이나 이집트 연안에서 사용되었다. 이집트의 다우(단순한 삼각돛을 붙인 배, 그림 9-1)에서부터 큰 4각형의 돛을 단 페니키아의 히포(페니키아인이 만든 대형 범선, 그림 9-2) 등 여러 민족이 바람을 이용한 배에 의해 새로운 땅을 발견하여 세계를 넓혀갔다. 지중해의 범선에 사용된 3각 돛이 풍차(세일윈더형 풍차)에 사용되었다고도 한다. 같은 모양으로, 중국의 관개용 횡형 풍차의 날개도 범선의 돛과 닮았다. 배의 돛과 풍차의 날개가 닮은 것은, 풍력에너지의 이용이 극히 자연스런 형태로 발달하여 왔다는 것을 잘 말해주고 있다. 이렇게 보면 풍차나 돛은 자연풍 에너지를 변환하는 장치라는 것을 알 수 있다. 여기서는 풍차에 관해서 기술한다.

일반적으로 바람의 에너지는 풍차에 의해 우선 회전에너지로 변환되고, 이것을 직접 이용하든가 또는 전기나 열 등 다른 에너

그림 9-1 이집트의 다우

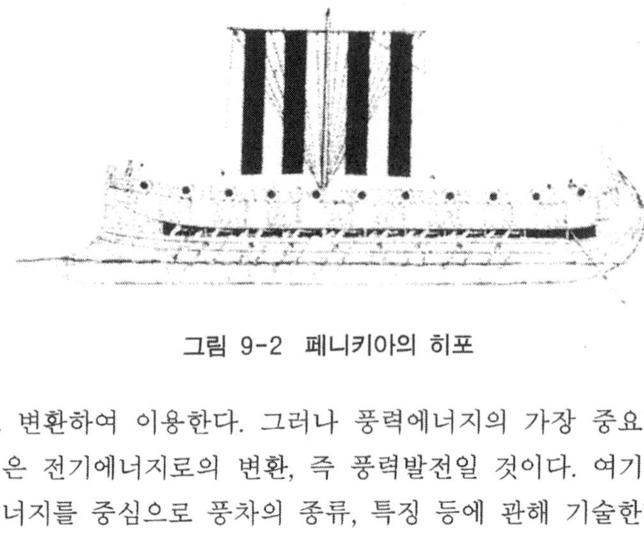

그림 9-2 페니키아의 히포

지로 변환하여 이용한다. 그러나 풍력에너지의 가장 중요한 변환 방식은 전기에너지로의 변환, 즉 풍력발전일 것이다. 여기서는 풍력에너지를 중심으로 풍차의 종류, 특징 등에 관해 기술한다.

9-2 풍차의 분류

바람이 가진 에너지를 동력원으로 하여 이용하는 범선이나 풍차는 고대부터 이용되어 인류에 큰 공헌을 해왔다. 풍차는 자연풍의 에너지를 기계적 에너지로 변환하는 장치이고 발전기나 펌프의 구동, 액체의 교반이나 고체의 마찰 등 여러 용도에 이용되나 여기서는 풍력발전장치를 중심으로 고찰한다. 풍차를 대별하면 회전차의 방향과 형상에 따라 일반적으로 표 9-1과 같이 분류된다.

표 9-1 풍차의 분류

풍 차	수평축 풍차	네덜란드형 및 라클형
		프로펠러형
		다익형
		세일윙형
	수직축 풍차	패들형
		사보니우스형
		자이로밀형
		다리우스형

9-3 풍차의 이론

풍차는 바람의 운동에너지를 받아 이용하는 것이다. 그림 9-3에서 풍속 V_0, 압력 p_0의 일양한 흐름이 풍차를 통과할 때 풍차에 에너지를 빼앗겨 V_m으로 감속된다. 풍차를 나온 후 속도는 V_3까지 감속된다. 풍차 직전, 직후의 압력을 p_1, p_2로 하면 풍차의 전방과 후방의 각각에 베르누이식을 적용하여,

$$\frac{\rho {V_0}^2}{2} + p_0 = \frac{\rho {V_m}^2}{2} + p_1 \tag{9-1}$$

$$\frac{\rho {V_m}^2}{2} + p_2 = \frac{\rho {V_3}^2}{2} + p_3 \tag{9-2}$$

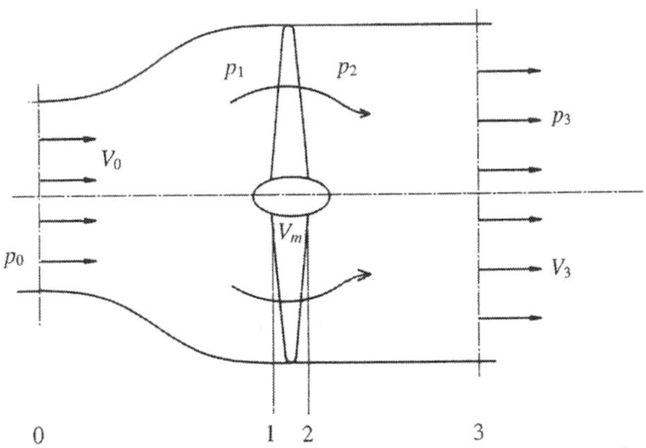

그림 9-3 풍차 내의 흐름

가 된다. 여기서 $p_0 = p_3$(= 대기압)로 하여 식 (9-1)과 (9-2)의 차는

$$\therefore\ p_1 - p_2 = \frac{\rho}{2}(V_0^2 - V_3^2) \tag{9-3}$$

첨자 0, 1, 2, 3은 풍차의 전방, 직전, 직후, 후방을 나타내고 있다. 또 풍차가 받는 힘 F는 이 압력차($p_1 - p_2$)에 풍차의 바람을 받는 면적 A를 곱한 것이므로 다음과 같은 식이 된다.

$$F = (p_1 - p_2)A = \frac{\rho}{2}(V_0^2 - V_3^2)A\ [\mathrm{N}]$$

한편, 운동량의 정리에서 풍량 $Q = A \cdot V_m$으로 하여 단위시간당 운동량의 변화 $\rho A V_m(V_0 - V_3)$는 힘 F와 같으므로

$$F = \rho Q(V_0 - V_3) = \rho V_m(V_0 - V_3)A\ [\mathrm{N}] \tag{9-4}$$

가 된다. 풍차를 통과하는 속도 V_m은

$$V_m = \frac{V_0 + V_3}{2}\ [\mathrm{m/s}] \tag{9-5}$$

가 되고, 풍차의 전후 속도의 평균값이 된다.

한편 풍차가 이용할 수 있는 일률을 L로 하면

$$L = Q\frac{\rho}{2}(V_0^2 - V_3^2) = AV_m\frac{\rho}{2}(V_0^2 - V_3^2)$$

$$= \frac{\rho A}{4}(V_0 - V_3)(V_0 + V_3)^2\ [\mathrm{W}] \tag{9-6}$$

또, 이론풍차동력 L_{th}는 면적 A를 통과하는 바람의 에너지를 모두 흡수한다고 하면

$$L_{th} = \frac{\rho A V_0^{\ 3}}{2} \tag{9-7}$$

이다. 즉, 풍차에 의해 얻어지는 에너지는 풍차의 수평면적에 비례하고, 풍속의 3제곱에 비례한다는 것을 알 수 있다. 따라서, 이론풍차효율 η_{th}는

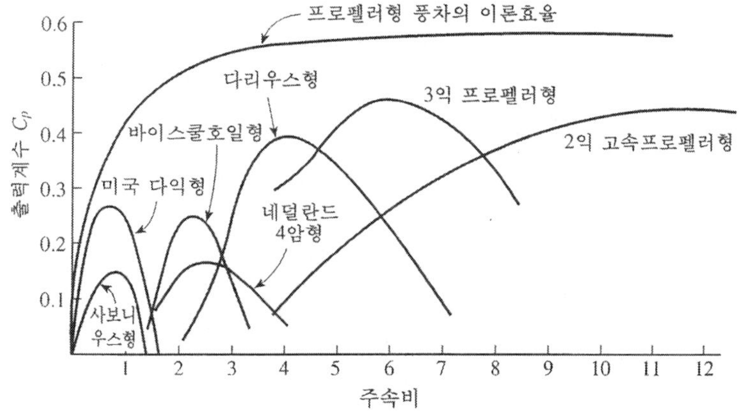

그림 9-4 각종 풍차의 출력계수

$$\eta_{th} = \frac{L}{L_{th}} = \frac{(V_0 - V_3)(V_0 + V_3)^2}{2V_0^{\ 3}} \tag{9-8}$$

로 구해진다. 따라서, 풍차의 최대이론효율 η_{max}은 $d\eta_{th}/dV_3 = 0$일 때이고, $V_0 = 3V_3$이 되고 $\eta_{thmax} = 0.5926$이 된다. 실제의 풍차에서는 전달기계 등에서 손실을 발생하므로 효율은 이것의 절반 이하의 값이 된다.

예를 들면 그림 9-4에서도 알 수 있듯이, 사포니우스형은 0.15, 다익형은 0.25, 다리우스형은 0.35, 프로펠러형은 0.45 등이다.

9-4 풍차의 특성

풍차에 의해 자연풍에서 취출되는 에너지의 비율을 출력계수 C_p(power coefficient)라 하고 다음 식으로 나타낼 수 있다.

$$C_p = \frac{L}{(\rho/2)AV_0^{\ 3}} \tag{9-9}$$

출력계수 C_p의 최대값은 이상적인 풍차에서 0.59261 ≒ 0.6이 된다. 또 풍차의 성능을 비교하는 데 풍차의 주속도 V, 토크 T 및 항력 D도 중요하고, 각각 무차원 계수로써 주속비 Φ, 토크계수 C_T, 항력계수 C_d로 하여 다음과 같이 나타낼 수 있다.

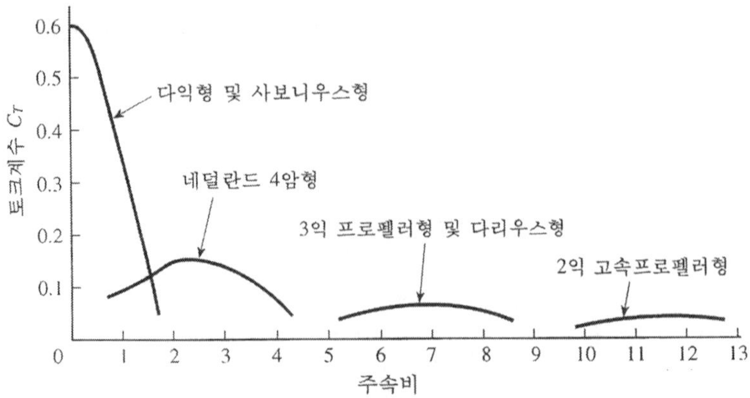

그림 9-5 각종 풍차의 출력계수

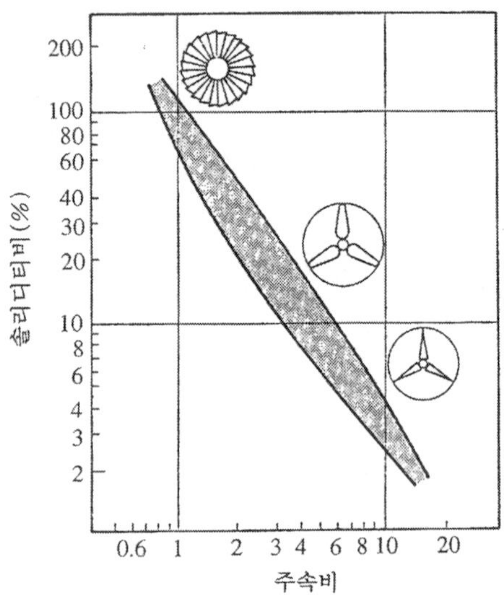

그림 9-6 풍차의 솔리디티비

$$\Phi = \frac{2\pi nR}{V} \tag{9-10}$$

$$C_T = \frac{T}{(\rho/2)V^2AR} \tag{9-11}$$

$$C_d = \frac{D}{(\rho/2)V^2A} \tag{9-12}$$

여기서, n : 풍차의 회전수[rps]

R : 풍차의 반지름[m]

T : 토크[Nm]

D : 항력[N]

각 풍차에 대한 주속비 Φ와 출력계수 C_p의 관계를 그림 9-4에, 또 주속계수와 토크계수의 관계를 그림 9-5에 나타낸다.

이 그림에서 알 수 있는 바와 같이 프로펠러형, 다리우스형은 출력계수가 크나, 토크계수는 작아 발전 등에 적합한 고회전, 저토크의 타입이고, 또 사보니우스형, 다익형은 출력계수가 작고, 토크계수가 크며 저회전, 고토크로 양수 등에 적합하다는 것을 알 수 있다.

또, 그림 9-6은 주속비와 솔리디티(solidity)비($\sigma = bz/\pi R$, b : 날개길이, z : 블레이드수, R : 날개의 바깥반지름), 즉 '풍차의 소과(掃過)면적과 전익면적의 비'와의 관계를 나타낸 것으로, 솔리디티비가 작은 프로펠러형 풍차 등은 주속비가 크고, 솔리디티비가 큰 다익형 풍차 등은 주속비가 작고 기동토크가 큰 것을 알 수 있다.

9-5 풍차의 종류와 특징

풍차는 형상에 따라, 특히 구동축의 방향으로부터 크게 다음 2가지로 나누어진다.

(a) 수차축 풍차(horizontal-axis wind turbine)의 종류와 특징

구동축이 거의 수평으로 배치되고 따라서 몇 매의 블레이드(blade)로 구성되는 회전익(rotor)의 회전면은 일반적으로 풍향에 거의 수직이다.

프로펠러형 풍차(propeller type wind turbine) : 그림 9-7에 프로펠러형 풍차를 나타낸다. 이 형의 풍차는 풍력발전용으로 많이 이용되고 있고, 날개의 형상은 항공기의 프로펠러와 거의 같으며 기본적으로 규모의 대소에는 변함이 없다. 통상 날개의 매수는 2~3매이나, 1매인 것에서부터 수매인 것까지 다양하다. 프로펠러형은 정격풍속까지는 풍향에 대하여 회전면을 정대면시켜야 하므로 방

그림 9-7　프로펠러형 풍차

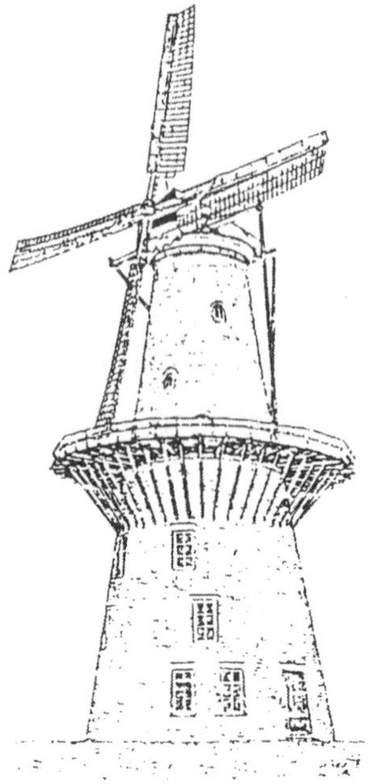

그림 9-8　네덜란드형 풍차

향제어가 필요하다. 따라서 풍향변화가 일어난 때에 수직축 풍차에 비하여 추종 성능이 나쁘다.

네덜란드형 풍차 : 그림 9-8은 유럽에서 다수 사용된 풍차의 대표 예인 네덜란드 풍차를 나타낸다. 이 풍차에는 postmill(포스트밀)과 towermill(타워밀)이 있고, 전자는 풍향에 의해 풍차 전체를 움직여 추종하는 타입이고, 후자는 상부만을 움직이는 타입이다.

다익형 풍차 : 19세기 중엽에 미국의 농장에서 양수용으로 개발된 것으로, 그림 9-9에 나타낸 것과 같이 다수의 날개로 구성된 저속회전, 고토크의 풍차로 현재도 아메리카, 오스트리아 등에서 다수 이용되고 있다.

세일윙형 풍차 : 그리스 등 지중해에서 옛날부터 사용되어온 형식으로 그림 9-10에 나타낸 것과 같이 범선의 돛과 같은 모양으로 풍차의 날개에 돛에 쓰는 베를 이용하고 있다.

(b) 수직축 풍차(vertical-axis wind turbine)의 종류와 특징

구동축은 수직으로 배치되어 있고, 일반적으로 회전익의 기동면

그림 9-9 다익풍차

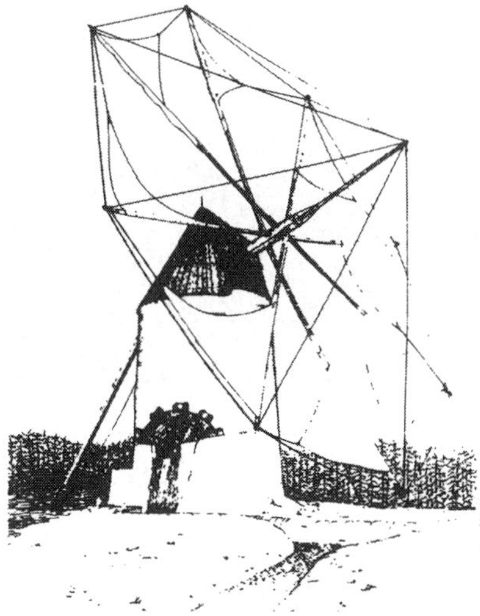

그림 9-10 세일윙형 풍차

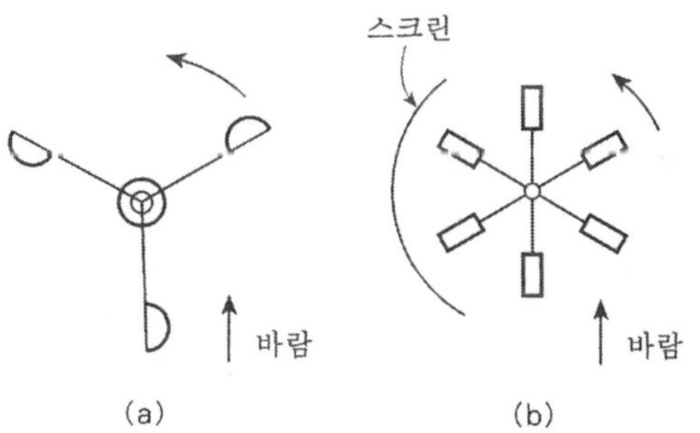

그림 9-11 패들형 풍차

은 입체적이고 방향성이 없다. 따라서 시동시의 궤동이 약간 곤란한 것을 제외하면, 어떠한 방향의 바람에도 같이 작동할 수가 있고, 더구나 출력을 지표설비에 취입할 수 있는 이점을 갖고 있다. 이하에 그 대표적인 것에 관해 예를 든다.

패들형 풍차 : 저항형 풍차로, 그 형상으로부터 패들(paddle)형이라 한다. 그림 9-11에 몇 개의 형식을 나타낸다. 이 풍차의 특징

〔풍차펌프(밭에 양수중)/松村農機製〕

그림 9-12 사보니우스형 풍차

그림 9-13 자이로밀형 풍차

〔神戸市/三菱電機製〕

그림 9-14 다리우스형 풍차

은 바람으로 향하는 날개의 저항을 어떻게 작게 할 것인가 하는 점이며 이에 대해 여러 가지 아이디어가 발표되고 있다. 그림 9-11(a)는 로빈슨 풍속계 등으로 알려져 있는 풍배형과 스크린을 이용한 것인 그림 9-11(b) 등이 있으나 효율은 가장 낮다.

사보니우스형 풍차 : 1929년 핀란드인 S. J. 사보니우스에 의해 발명되어 발명자의 이름을 따서 사보니우스형 풍차라 불린다. 그림 9-12에 나타낸 바와 같이 반원통형상의 날개를 서로 마주보게 하여 편심하여 조합한 형식도 있고, 기동토크가 크다. 효율도 최대 15%를 넘지 않으나, 큰 토크를 낸다.

자이로밀형 풍차 : 그림 9-13에 나타낸 것과 같이 이 풍차는 대칭익형 블레이드가 수직으로 부착되어 있고, 자동적으로 바람에 대하여 최적인 앙각을 가지는 구조로 되어 있다. 또 정속회전을 얻기 위해 풍속에 따라 피치를 바꿀 수 있는 구조도 포함하고 있고, 기동성이 좋고 효율이 대단히 높다.

다리우스형 풍차 : 다리우스형 풍차는 똑같은 단면형상 날개의 양단을 수직축으로 2~3매 붙인 것으로, 프랑스의 G. J. M. 다리우스에 의해 발명되었다. 이 블레이드는 그림 9-14에 나타낸 것과 같이 회전시에 굽힘모멘트가 걸리지 않는 토로포스키엔 형상을 하고 있다. 이 풍차는 풍향에 관계없이 회전할 수 있어, 풍속 이상의 주속이 얻어지는 점, 시스템이 간단한 점 등으로 인해 풍차의 중량당 출력이 높다.

예 제

[9-1] 지름 3 m의 날개 3매의 프로펠러형 풍차를 평균풍속 6 m/s의 지점에 설치하고자 한다. 이때의 출력과 회전수를 구하라. 단, 공기의 밀도 $\rho = 1.20\,\mathrm{kg/m^3}$로 한다(그림 9-4 참조).

해답 그림 9-4에서 최대출력계수 $C_p = 0.45$이다. 따라서 출력은 식 (9-9)에서

$$L = C_P \cdot \left(\frac{\rho}{2}\right) A \cdot V_0{}^3 = 0.45 \times \frac{1.20}{2} \times \frac{\pi \times 3^2}{4} \times 6^3$$
$$= 412.2 \frac{\mathrm{kg \cdot m^2}}{\mathrm{s^3}} = 0.412\,\mathrm{kW}$$

$C_p = 0.45$일 때 주속비 $\Phi \fallingdotseq 5.5$이므로 식 (9-10)에서 풍차의 회전수 n은

$$n = \frac{\Phi \cdot V \times 60}{2\pi R} = \frac{5.5 \times 6 \times 60}{2 \times 3.14 \times 1.5} \fallingdotseq 210$$

답 0.412 kW, 210 rpm

연습문제

1. 어느 원자력발전소에서 터빈입구의 증기압력은 6.7 MPa, 온도는 280℃(비엔탈피는 1.23 MJ/kg), 토출에 있어서는 5 kPa, 30℃이다. 예제 [1-1]과 같은 전력을 얻기 위해 필요한 증기유량을 구하라. 효율은 같다고 한다.

2. 예제 [1-2]는 고낙차 양수발전의 예이고, 회전차는 프란시스형이다. 저낙차의 예로서 낙차 20 m, 유량 440 m^3/s의 프로펠러형 펌프수차를 사용한 경우는 어떻게 되나? 효율은 같다고 한다.

3. 예제 [2-1]에서 원심회전차의 압력헤드 상승과 속도헤드 상승을 구하라. 또, 미끄럼 및 손실을 무시한 경우는 어떠한가?

4. 익렬을 통과하는 흐름의 전향각이 30°이고, 유입속도가 유출속도의 5/6가 되었다고 한다. 이 익렬에 유입하는 흐름이 익렬축과 이루는 각도(β_1)를 구하라.

5. 감속익렬에 들어가는 흐름의 각도 $\beta_1 = 50°$이고, 흐름을 20° 전향시키고자 한다. $C_L = 1.3$, $C_D = 0.039$의 날개를 이용한다면, 익렬의 솔리디티는 얼마로 하면 좋은가? 또 이때의 정압상승률을 구하라.

6. 그림 2-24의 2차원 디퓨저의 $X/W_1 = 4$에서 편측의 벽면상에 따른 경계층의 두께 $\delta = 30$ mm였다. 경계층 내의 속도 u의 분포가 경계층 두께 δ를 이용하여 $u/U = (y/\delta)^{1/7}$로 나타난다. 이때의 배제두께 δ_1, 운동량두께 δ_2 및 형상계수 H를 구하라.

7. 그림의 2중 원관 내를 평균속도 $v = 3$ m/s의 물이 흐르고 있다. 길이 2 m의 흐름의 마찰손실헤드 h_f와 압력손실 Δp를 구하라. 단, 관마찰계수 λ는 0.02로 한다.

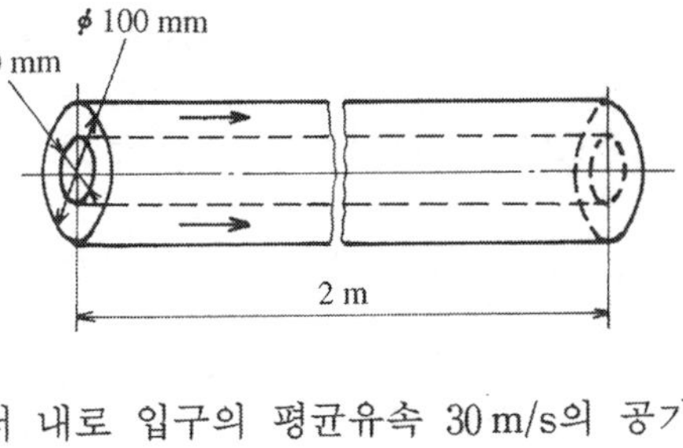

8. 그림의 2차원 디퓨저 내로 입구의 평균유속 30 m/s의 공기(표준상태)가 흐르

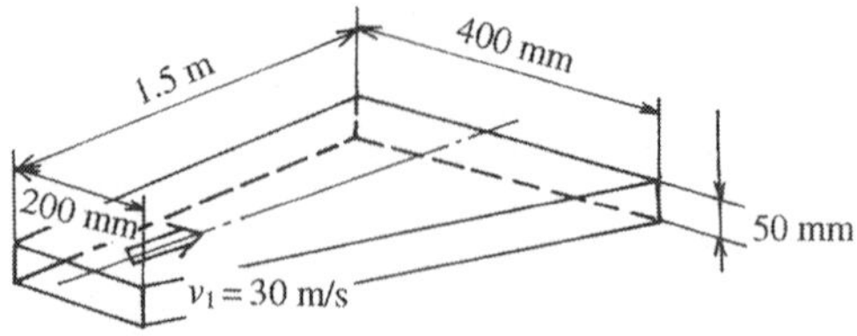

고 있다. 압력손실 $\Delta p = 50$ Pa일 때, 이 디퓨저의 압력회복률을 구하라.

9. 수차의 출력에 대한 상사칙 식 (3-13)을 유도하라.

10. 식 (3-27)을 유도하라.

11. 양정 $H = 13$ m, 유량 $Q = 6.0$ m^3/min, 회전수 $n = 1000$ rpm의 원심펌프로 물을 보내는 경우, 펌프는 수면(대기압)에서 얼마의 높이까지 설치 가능한가? 단, 이 펌프의 흡입비속도 $S = 1300$(rpm, m^3/min, m)으로 하고, 물의 온도는 20℃(포화증기압 $H_v = 0.24$ m), 흡입측 관로의 압력손실은 무시할 수 있는 것으로 한다.

12. 송수관로의 도중에 밸브가 붙어 있다. 이 밸브의 하류에서 진폭 Δp의 압력파가 입사할 때, 상류측의 압력증가(투과파의 진폭) Δp_1, 하류측의 압력증가(반사파의 진폭) Δp_2를 구하는 식을 유도하라. 단, 압력파가 입사하기 전의 정상유속을 u, 밸브의 손실계수를 ζ로 한다. 특히, 밸브가 전폐($\zeta = \infty$) 때와 전개($\zeta = 1$) 때는 각각 $\Delta p_1 = 2\Delta p$, $\Delta p_2 = 0$ 및 $\Delta p_1 = \Delta p_2 = \Delta p$가 되는 것을 확인하라.

13. 펌프양정 10 m, 회전수 1200 rpm, 토출량 3.6 m^3/min일 때, 이 펌프의 비속도는 얼마인가?

14. 유량 2.0 m^3/min, 축동력 12 kW의 와류펌프의 게이지압력을 측정한 결과, 토출측에서 195 kPa, 흡입측에서 −45 kPa이었다. 두 압력계 높이의 차가 50 cm이다. 토출구경 125 mm, 흡입구경 150 mm일 때의 펌프효율을 구하라.

15. 축류펌프와 와류펌프에서 안내날개의 작용에 관해 비교 검토하라.

16. 풍량 170 m^3/min, 전압 55 mmH$_2$O의 축류팬의 효율 $\eta = 68$ %일 때, 이 팬에 요구되는 축동력을 구하라.

17. 압축기의 입구 대기상태가 101.3 kPa, 20℃에서 운전되고, 흡입풍량은 110 m^3/min, 토출압력은 487 kPa이다. 압축과정이 (1) 단열, (2) $n = 1.28$의 폴리

트로프 변화인 것으로 하여 압축동력을 구하라. 여기서, 입구 및 출구에서 기체의 속도에너지는 무시한다.

18. 표준공기상태하에서 공기압축기의 성능시험을 행하여 입구 정압력 95 kPa, 흡입풍량 2.24 m^3/s, 전압압력비 2.2, 구동동력 250 kW를 얻었다. 전단열효율을 구하라.

19. 압축기를 대기상태가 102.5 kPa, 32℃에서 36000 rpm으로 운전하여, 구동동력이 125.5 kW, 유량은 1.76 kg이었다. 이러한 회전수, 구동동력 및 유량이 표준공기상태에서 운전되었다고 할 때 어떠한 값에 상당하나?

20. 유체형 공기기계의 주어진 사용조건에 대하여, 기종의 선정 및 회전차의 개략의 형상 결정은 무엇을 기초로 해서 이루어지는가?

21. 유체팬은 일반적으로 레이디얼팬보다 효율이 높다. 그것은 어떠한 이유에서인가?

22. 다익팬은 효율이 상대적으로 낮고 소음도 크다. 그럼에도 환기나 배기에 많이 이용된다. 그 이유는 무엇인가?

23. 다단압축기 등 고압으로 압축하는 기계에서는 중간냉각기 등이 사용된다. 중간냉각기를 사용함으로써 얻어지는 이점은 무엇인가?

24. 축류공기계의 동일회전속도에서의 가능 유량변화 범위는 원심기계의 그것에 비하여 일반적으로 좁다. 이 결점을 보완하기 위해 어떠한 구조가 채용되고 있는가?

25. 총 낙차 60 m, 유량 12 m^3/s가 얻어지는 수력발전소 지점이 있을 때, 어떠한 수차를 계획하면 좋은가?

26. 총 낙차 350 m에서 유량이 5 m^3/s인 때에, 취수구 수면과 수차 입구 사이의 손실헤드가 10 m, 수차 출구와 방수구 수면 사이의 손실헤드가 2 m인 발전소에 수차효율 93 %의 프란시스수차를 설치했다. 수차출력을 구하라.

27. 발전, 양수시의 수압관로 손실이 총 낙차의 5 %인 양수발전소에 수차운전시의 효율이 92 %, 펌프운전시의 효율이 90 %인 펌프수차를 설치했다. 관로손실 이외를 무시하면, 야간에 양수하는 데 소비한 전력의 몇 %를 낮의 발전에서 회수할 수 있나?

찾아보기

【A】

【B】

【C】

【D】

【T】

【V】

【W】

【ㄱ】

【ㅅ】

【ㅇ】

【ㅈ】

【ㅊ】

【ㅋ】

【ㅌ】

【ㅍ】

【ㅎ】

역/자/소/개

廉萬午

- 부산대학교 공과대학 기계공학과(공학사)
- 부산대학교 대학원 기계공학과(공학석사)
- 부산대학교 대학원 기계공학과(공학박사)
- 한국종합특수강(계장)
- 울산공업전문대학(조교수)
- 일본 Sophia University(上智大學) (객원교수)
- 現 : 경남대학교 공과대학 기계공학부(교수)

流體機械

초판인쇄 | 1997년 8월 20일
발　　행 | 2011년 8월 16일

역 저 자 | 廉萬午
발 행 인 | 이성범
발 행 처 | 문운당
주　　소 | 서울시 종로구 혜화로5길 16 (명륜1가 45-3)
출판등록 | 1962년 7월 4일 제 1-139
전　　화 | (02)762-6010
팩　　스 | 영업 (02)745-0265 / 편집 (02)762-8758
홈페이지 | http://munundang.co.kr
이 메 일 | munun2@chol.com

ISBN 978-89-7393-133-0 93550

정가 18,000원